工程衛士
建設管家

王早生

二〇二二年八月十六日

监理工程师学习丛书

建设工程监理概论

中国建设监理协会　组织编写

中国建筑工业出版社

图书在版编目（CIP）数据

建设工程监理概论／中国建设监理协会组织编写
．— 北京：中国建筑工业出版社，2023.2（2023.12 重印）
（监理工程师学习丛书）
ISBN 978-7-112-28329-3

Ⅰ．①建… Ⅱ．①中… Ⅲ．①建筑工程—监理工作—资格考试—自学参考资料 Ⅳ．①TU712

中国国家版本馆 CIP 数据核字（2023）第 009741 号

本书全面阐释《建设工程监理基本理论和相关法规》科目考试大纲内容，是土木建筑工程、交通运输工程、水利工程 3 类专业人员报考全国监理工程师职业资格考试的指导用书。

本书紧扣考试大纲内容，共分 11 章。分别是：建设工程监理制度；工程建设程序及组织实施模式；建设工程监理相关法律法规及标准；工程监理企业与监理工程师；建设工程监理招标投标与合同管理；建设工程监理组织；监理规划与监理实施细则；建设工程监理工作内容和主要方式；建设工程监理文件资料管理；建设工程项目管理服务；国际工程咨询与组织实施模式。

本书除作为全国监理工程师培训和职业资格考试用书外，还可作为工程监理单位、建设单位、勘察设计单位、施工单位和政府各级建设主管部门有关人员及大专院校工程管理、工程造价、土木工程类专业学生的学习参考书。

责任编辑：边 琨 张 磊
责任校对：赵 菲

监理工程师学习丛书
建设工程监理概论
中国建设监理协会　组织编写
*
中国建筑工业出版社出版、发行（北京海淀三里河路 9 号）
各地新华书店、建筑书店经销
北京红光制版公司制版
北京圣夫亚美印刷有限公司印刷
*
开本：787 毫米×1092 毫米　1/16　印张：14　字数：348 千字
2023 年 1 月第一版　2023 年 12 月第六次印刷
定价：**53.00** 元（含增值服务）
ISBN 978-7-112-28329-3
（41578）

监理工程师学习丛书

审定委员会

主　　　任：王早生

副　主　任：李明安　王学军　修　璐

审定人员：温　健　刘伊生　杨卫东　李　伟　王雪青

李清立　邓铁军　张守健　姜　军

编写委员会

主　　　编：刘伊生

副　主　编：王早生　李明安　王学军　温　健　王雪青

李清立　邓铁军　张守健　姜　军

其他编写人员（按姓氏笔画排序）：

付晓明　刘洪兵　许远明　孙占国　李　伟

杨卫东　何红锋　陈大川　郑大明　赵振宇

龚花强　谭大璐

前　　言

为了更好地适应《监理工程师职业资格制度规定》及《监理工程师职业资格考试实施办法》要求，诠释《建设工程监理基本理论和相关法规》科目考试大纲，中国建设监理协会组织专家编写本书。

由于《建设工程监理基本理论和相关法规》科目属于基础科目，土木建筑工程、交通运输工程、水利工程 3 类专业人员都需要参加本科目测试。因此，本书力求兼顾土木建筑、交通运输、水利 3 类专业工程共性知识，并充分结合当前工程建设管理发展形势，反映了工程建设实施组织模式变革及工程管理信息化、集成化、国际化等内容。

本书共分 11 章。包括：建设工程监理制度；工程建设程序及组织实施模式；建设工程监理相关法律法规及标准；工程监理企业与监理工程师；建设工程监理招标投标与合同管理；建设工程监理组织；监理规划与监理实施细则；建设工程监理工作内容和主要方式；建设工程监理文件资料管理；建设工程项目管理服务；国际工程咨询与组织实施模式。

本书由刘伊生（北京交通大学教授）主编，李明安（中国中元国际工程有限公司教授级高级工程师）主审。第一章、第二章、第十章和第十一章由刘伊生编写，第三章由刘伊生、李清立（北京交通大学副教授）编写，第四章由杨卫东（上海同济工程咨询有限公司董事总经理）编写，第五章由杨卫东、刘伊生编写，第六章和第九章由孙占国（上海市建设工程咨询行业协会原常务副会长）编写，第七章由杨卫东编写，第八章由刘伊生、杨卫东编写。

本书是在原全国监理工程师执业资格考试用书《建设工程监理概论》的基础上编写而成，在此，谨向原书编审者致以诚挚的谢意！

由于水平有限，难免有不妥之处，请广大读者批评指正。

《建设工程监理概论》编写组

2023 年 12 月

目　　录

第一章　建设工程监理制度

自 1988 年实施建设工程监理制度以来，对于加快我国工程建设管理方式向社会化、专业化方向发展，促进工程建设管理水平和投资效益的提高发挥了重要作用。建设工程监理制与项目法人责任制、招标投标制、合同管理制等一起共同构成了我国工程建设领域的重要管理制度。

第一节　建设工程监理性质及法律地位

一、建设工程监理涵义及性质

（一）建设工程监理涵义

建设工程监理是指工程监理单位受建设单位委托，根据法律法规、工程建设标准、勘察设计文件及合同，在施工阶段对建设工程质量、造价、进度进行控制，对合同、信息进行管理，对工程建设相关方关系进行协调，并履行建设工程安全生产管理法定职责的服务活动。

建设单位（业主、项目法人）是工程监理任务的委托方，工程监理单位是监理任务的受托方。工程监理单位在建设单位的委托授权范围内从事专业化服务活动。与国际上一般的工程咨询服务不同，工程监理是一项具有中国特色的工程建设管理制度，目前的工程监理不仅定位于工程施工阶段，而且法律法规将工程质量、安全生产管理方面的责任赋予工程监理单位。

工程监理涵义可从以下几方面理解：

1. 建设工程监理行为主体

《中华人民共和国建筑法》（2019 修正）（以下简称《建筑法》），第三十一条明确规定，实行监理的工程，由建设单位委托具有相应资质条件的工程监理单位实施监理。工程监理的行为主体是工程监理单位。

工程监理不同于政府主管部门的监督管理。后者属于行政性监督管理，其行为主体是政府主管部门。同样，建设单位自行管理、工程总承包单位或施工总承包单位对分包单位的监督管理都不是工程监理。

2. 建设工程监理实施前提

《建筑法》第三十一条明确规定，建设单位与其委托的工程监理单位应当以书面形式订立建设工程监理合同。也就是说，工程监理的实施需要建设单位的委托和授权。工程监理单位只有与建设单位以书面形式订立建设工程监理合同，明确监理工作的范围、内容、服务期限和酬金，以及双方义务、违约责任后，才能在规定的范围内实施监理。工程监理单位在委托监理的工程中拥有一定管理权限，是建设单位授权的结果。

3. 建设工程监理实施依据

建设工程监理实施依据包括法律法规、工程建设标准、勘察设计文件及合同。

（1）法律法规。包括：《建筑法》《中华人民共和国民法典第三编合同》（以下简称

《民法典》第三编合同)、《中华人民共和国安全生产法》(以下简称《安全生产法》)《中华人民共和国招标投标法》(2017修正)(以下简称《招标投标法》),《建设工程质量管理条例》《建设工程安全生产管理条例》《中华人民共和国招标投标法实施条例》(以下简称《招标投标实施条例》)等法律法规;以及地方性法规等。

(2)工程建设标准。包括:有关工程技术标准、规范、规程及《建设工程监理规范》等。近年来,不断发布的相关团体标准也是实施建设工程监理的重要依据。

(3)勘察设计文件及合同。包括:批准的初步设计文件、施工图设计文件,建设工程监理合同以及与所监理工程相关的施工合同、材料设备采购合同等。

4. 建设工程监理实施范围

建设工程监理定位于工程施工阶段,工程监理单位受建设单位委托,按照建设工程监理合同约定,在工程勘察、设计、保修等阶段提供的服务活动均为相关服务。工程监理单位可以拓展自身的经营范围,为建设单位提供投资决策综合性咨询、工程建设全过程咨询乃至全过程工程咨询。

5. 建设工程监理基本职责

建设工程监理是一项具有中国特色的工程建设管理制度。工程监理单位的基本职责是在建设单位委托授权范围内,通过合同管理和信息管理,以及协调工程建设相关方关系,控制建设工程质量、造价和进度三大目标,即"三控两管一协调"。此外,还需履行建设工程安全生产管理的法定职责,这是《建设工程安全生产管理条例》赋予工程监理单位的社会责任。

需要指出的是,工程实践中将建设工程监理概括为"四控两管一协调"或"三控三管一协调",均不准确,也不科学。

(二)建设工程监理性质

建设工程监理性质可概括为服务性、科学性、独立性和公平性四方面。

1. 服务性

在工程建设中,工程监理人员利用自己的知识、技能和经验以及必要的试验、检测手段,为建设单位提供管理和技术服务。工程监理单位既不直接进行工程设计,也不直接进行工程施工;既不向建设单位承包工程造价,也不参与施工单位的利润分成。

工程监理单位的服务对象是建设单位,但不能完全取代建设单位的管理活动。工程监理单位不具有工程建设重大问题的决策权,只能在建设单位授权范围内采用规划、控制、协调等方法,控制建设工程质量、造价和进度,并履行建设工程安全生产管理的监理职责,协助建设单位在计划目标内完成工程建设任务。

2. 科学性

科学性是由建设工程监理的基本任务决定的。工程监理单位以协助建设单位实现其投资目的为己任,力求在计划目标内完成工程建设任务。由于工程建设规模日趋庞大,建设环境日益复杂,功能需求及建设标准越来越高,新技术、新工艺、新材料、新设备不断涌现,工程建设参与单位越来越多,工程风险日渐增加,工程监理单位只有采用科学的思想、理论、方法和手段,才能驾驭工程建设。

为了满足建设工程监理实际工作需求,工程监理单位应由组织管理能力强、工程建设经验丰富的人员担任领导;应有足够数量的、有丰富管理经验和较强应变能力的监理工程师组成的骨干队伍；应有健全的管理制度、科学的管理方法和手段；应积累丰富的技术、经济资料和数据；应有科学的工作态度和严谨的工作作风，能够创造性地开展工作。

3. 独立性

《建设工程监理规范》GB/T 50319—2013 明确要求，工程监理单位应公平、独立、诚信、科学地开展建设工程监理与相关服务活动。独立是工程监理单位公平地实施监理的基本前提。为此，《建筑法》第三十四条规定："工程监理单位与被监理工程的承包单位以及建筑材料、建筑构配件和设备供应单位不得有隶属关系或者其他利害关系。"

按照独立性要求，工程监理单位应严格按照法律法规、工程建设标准、勘察设计文件、建设工程监理合同及有关建设工程合同等实施监理。在建设工程监理工作过程中，必须建立项目监理机构，按照自己的工作计划和程序，根据自己的判断，采用科学的方法和手段，独立开展工程监理工作。

4. 公平性

国际咨询工程师联合会（FIDIC）《土木工程施工合同条件》（红皮书）自 1957 年第一版发布以来，一直都保持一个重要原则，要求（咨询）工程师"公正"（Impartiality），即不偏不倚地处理施工合同中有关问题。该原则也成为我国工程监理制度建立初期的一个重要性质。然而，在 FIDIC《土木工程施工合同条件》（1999 年第一版）中，（咨询）工程师的公正性要求不复存在，而只要求"公平"（Fair）。（咨询）工程师不充当调解人或仲裁人的角色，只是接受业主委托负责进行施工合同管理。

尽管目前的 FIDIC《土木工程施工合同条件》要求（咨询）工程师保持"中立"（Neutral），我国工程监理单位受建设单位委托实施建设工程监理，也无法成为公正或不偏不倚的第三方，但需要公平地对待建设单位和施工单位。公平性是建设工程监理行业能够长期生存和发展的基本职业道德准则。特别是当建设单位与施工单位发生利益冲突或者矛盾时，工程监理单位应以事实为依据，以法律法规和有关合同为准绳，在维护建设单位合法权益的同时，不能损害施工单位的合法权益。例如，在调解建设单位与施工单位之间争议，处理费用索赔和工程延期、进行工程款支付控制及结算时，应尽量客观、公平地对待建设单位和施工单位。

二、建设工程监理的法律地位和责任

（一）工程监理的法律地位

自建设工程监理制度实施以来，有关法律、行政法规、部门规章等逐步明确了工程监理的法律地位。

1. 明确了强制实施监理的工程范围

《建筑法》第三十条规定："国家推行建筑工程监理制度。国务院可以规定实行强制监理的建筑工程的范围。"《建设工程质量管理条例》第十二条规定，有五类工程必须实行监理：①国家重点建设工程；②大中型公用事业工程；③成片开发建设的住宅小区工程；④利用外国政府或者国际组织贷款、援助资金的工程；⑤国家规定必须实行监理的其他工程。

《建设工程监理范围和规模标准规定》（建设部令第 86 号）又进一步细化了必须实行监理的工程范围和规模标准：

（1）国家重点建设工程。是指对国民经济和社会发展有重大影响的骨干项目，包括：

1）基础设施、基础产业和支柱产业中的大型项目；

2）高科技并能带动行业技术进步的项目；

3）跨地区并对全国经济发展或者区域经济发展有重大影响的项目；

4）对社会发展有重大影响的项目；

5）其他骨干项目。

（2）大中型公用事业工程。是指项目总投资额在3000万元以上的下列工程项目：

1）供水、供电、供气、供热等市政工程项目；

2）科技、教育、文化等项目；

3）体育、旅游、商业等项目；

4）卫生、社会福利等项目；

5）其他公用事业项目。

（3）成片开发建设的住宅小区工程。建筑面积在5万m^2以上的住宅建设工程必须实行监理；5万m^2以下的住宅建设工程，可以实行监理，具体范围和规模标准，由省、自治区、直辖市人民政府建设行政主管部门规定。

为了保证住宅质量，对高层住宅及地基、结构复杂的多层住宅应当实行监理。

（4）利用外国政府或者国际组织贷款、援助资金的工程。包括：

1）使用世界银行、亚洲开发银行等国际组织贷款资金的项目；

2）使用国外政府及其机构贷款资金的项目；

3）使用国际组织或者国外政府援助资金的项目。

（5）国家规定必须实行监理的其他工程。是指：

1）项目总投资额在3000万元以上且关系社会公共利益、公众安全的下列基础设施项目：

① 煤炭、石油、化工、天然气、电力、新能源等项目；

② 铁路、公路、管道、水运、民航以及其他交通运输业等项目；

③ 邮政、电信枢纽、通信、信息网络等项目；

④ 防洪、灌溉、排涝、发电、引（供）水、滩涂治理、水资源保护、水土保持等水利建设项目；

⑤ 道路、桥梁、地铁和轻轨交通、污水排放及处理、垃圾处理、地下管道、公共停车场等城市基础设施项目；

⑥ 生态环境保护项目；

⑦ 其他基础设施项目。

2）学校、影剧院、体育场馆项目。

2. 明确了建设单位委托工程监理单位的职责

《建筑法》第三十一条规定："实行监理的建筑工程，由建设单位委托具有相应资质条件的工程监理单位监理。建设单位与其委托的工程监理单位应当订立书面委托监理合同。"

《建设工程质量管理条例》第十二条也规定："实行监理的建设工程，建设单位应当委托具有相应资质等级的工程监理单位进行监理，也可以委托具有工程监理相应资质等级并与被监理工程的施工承包单位没有隶属关系或者其他利害关系的该工程的设计单位进行监理。"

3. 明确了工程监理单位的职责

《建筑法》第三十四条规定："工程监理单位应当在其资质等级许可的监理范围内，承担工程监理业务。"《建设工程质量管理条例》第三十七条规定："工程监理单位应当选派具备相应资格的总监理工程师和监理工程师进驻施工现场。""未经监理工程师签字，建筑材料、建筑构配件和设备不得在工程上使用或者安装，施工单位不得进行下一道工序的施工。未经总监理工程师签字，建设单位不拨付工程款，不进行竣工验收。"

《建设工程安全生产管理条例》第十四条规定："工程监理单位应当审查施工组织设计中的安全技术措施或者专项施工方案是否符合工程建设强制性标准。""工程监理单位在实施监理过程中，发现存在安全事故隐患的，应当要求施工单位整改；情况严重的，应当要求施工单位暂时停止施工，并及时报告建设单位。施工单位拒不整改或者不停止施工的，工程监理单位应当及时向有关主管部门报告。"

4. 明确了工程监理人员的职责

《建筑法》第三十二条规定："工程监理人员认为工程施工不符合工程设计要求、施工技术标准和合同约定的，有权要求建筑施工企业改正。""工程监理人员发现工程设计不符合建筑工程质量标准或者合同约定的质量要求的，应当报告建设单位要求设计单位改正。"

《建设工程质量管理条例》第三十八条规定："监理工程师应当按照工程监理规范的要求，采取旁站、巡视和平行检验等形式，对建设工程实施监理。"

（二）工程监理的法律责任

1. 工程监理单位的法律责任

(1)《建筑法》第三十五条规定："工程监理单位不按照委托监理合同的约定履行监理义务，对应当监督检查的项目不检查或者不按照规定检查，给建设单位造成损失的，应当承担相应的赔偿责任。"《建筑法》第六十九条规定："工程监理单位与建设单位或者建筑施工企业串通，弄虚作假、降低工程质量的，责令改正，处以罚款，降低资质等级或者吊销资质证书；有违法所得的，予以没收；造成损失的，承担连带赔偿责任；构成犯罪的，依法追究刑事责任。""工程监理单位转让监理业务的，责令改正，没收违法所得，可以责令停业整顿，降低资质等级；情节严重的，吊销资质证书。"

(2)《建设工程质量管理条例》第六十条和第六十一条规定，工程监理单位有下列行为的，责令停止违法行为或改正，处合同约定的监理酬金1倍以上2倍以下的罚款，可以责令停业整顿，降低资质等级；情节严重的，吊销资质证书：

1）超越本单位资质等级承揽工程的；

2）允许其他单位或者个人以本单位名义承揽工程的。

《建设工程质量管理条例》第六十二条规定："工程监理单位转让工程监理业务的，责令改正，没收违法所得，处合同约定的监理酬金25%以上50%以下的罚款；可以责令停业整顿，降低资质等级；情节严重的，吊销资质证书。"

《建设工程质量管理条例》第六十七条规定："工程监理单位有下列行为之一的，责令改正，处50万元以上100万元以下的罚款，降低资质等级或者吊销资质证书；有违法所得的，予以没收；造成损失的，承担连带赔偿责任：

1）与建设单位或者施工单位串通，弄虚作假、降低工程质量的；

2）将不合格的建设工程、建筑材料、建筑构配件和设备按照合格签字的。

《建设工程质量管理条例》第六十八条规定："工程监理单位与被监理工程的施工承包单位以及建筑材料、建筑构配件和设备供应单位有隶属关系或者其他利害关系承担该项建设工程的监理业务的，责令改正，处5万元以上10万元以下的罚款，降低资质等级或者吊销资质证书；有违法所得的，予以没收。"

(3)《建设工程安全生产管理条例》第五十七条规定："工程监理单位有下列行为之一的，责令限期改正；逾期未改正的，责令停业整顿，并处10万元以上30万元以下的罚款；情节严重的，降低资质等级，直至吊销资质证书；造成重大安全事故，构成犯罪的，对直接责任人员，依照刑法有关规定追究刑事责任；造成损失的，依法承担赔偿责任：

1）未对施工组织设计中的安全技术措施或者专项施工方案进行审查的；

2）发现安全事故隐患未及时要求施工单位整改或者暂时停止施工的；

3）施工单位拒不整改或者不停止施工，未及时向有关主管部门报告的；

4）未依照法律、法规和工程建设强制性标准实施监理的。"

(4)《中华人民共和国刑法》(以下简称《刑法》)第一百三十七条规定："工程监理单位违反国家规定，降低工程质量标准，造成重大安全事故的，对直接责任人员，处五年以下有期徒刑或者拘役，并处罚金；后果特别严重的，处五年以上十年以下有期徒刑，并处罚金。"

2. 监理工程师的法律责任

工程监理单位是订立工程监理合同的当事人。监理工程师一般要受聘于工程监理单位，代表工程监理单位从事建设工程监理工作。工程监理单位履行工程监理合同是通过监理工程师来实现的。因此，如果监理工程师的工作出现过错，其行为将被视为工程监理单位违约，应承担相应的违约责任。工程监理单位在承担违约赔偿责任后，有权在企业内部向有过错行为的监理工程师追偿损失。因此，由监理工程师个人过失引发的合同违约行为，监理工程师必然要与工程监理单位承担一定的连带责任。

《建设工程质量管理条例》第七十二条规定："监理工程师因过错造成质量事故的，责令停止执业1年；造成重大质量事故的，吊销执业资格证书，5年以内不予注册；情节特别恶劣的，终身不予注册。"《建设工程质量管理条例》第七十四条规定："工程监理单位违反国家规定，降低工程质量标准，造成重大安全事故，构成犯罪的，对直接责任人员依法追究刑事责任。"

《建设工程安全生产管理条例》第五十八条规定："监理工程师未执行法律、法规和工程建设强制性标准的，责令停止执业3个月以上1年以下；情节严重的，吊销执业资格证书，5年内不予注册；造成重大安全事故的，终身不予注册；构成犯罪的，依照刑法有关规定追究刑事责任。"

第二节　建设工程监理相关制度

按照有关规定，我国工程建设应实行项目法人责任制、工程监理制、招标投标制和合同管理制，这些制度相互关联、相互支持，共同构成了我国工程建设管理基本制度。

一、项目法人责任制

为了建立投资约束机制，规范建设单位行为，对于政府投资的经营性工程需实行项目法人责任制，由项目法人对项目的策划、资金筹措、建设实施、生产经营、债务偿还和资产的保值增值，实行全过程负责。项目法人责任制的核心内容是明确由项目法人承担投资风险，项目法人要对工程投资建设及建成后的生产经营实行一条龙管理和全面负责。

（一）项目法人的设立

新上项目在项目建议书被批准后，应由项目的投资方派代表组成项目法人筹备组，具体负责项目法人的筹建工作。有关单位在申报项目可行性研究报告时，须同时提出项目法人的组建方案，否则，其可行性研究报告将不予审批。在项目可行性研究报告被批准后，应正式成立项目法人。按有关规定确保资本金按时到位，并及时办理公司设立登记。项目公司可以是有限责任公司（包括国有独资公司），也可以是股份有限公司。

由原有企业负责建设的大中型基建项目，需新设立子公司的，要重新设立项目法人；只设分公司或分厂的，原企业法人即是项目法人，原企业法人应向分公司或分厂派遣专职管理人员，并实行专项考核。

（二）项目法人的职权

1. 项目董事会的职权

建设项目董事会的职权有：负责筹措建设资金；审核、上报项目初步设计和概算文件；审核、上报年度投资计划并落实年度资金；提出项目开工报告；研究解决建设过程中出现的重大问题；负责提出项目竣工验收申请报告；审定偿还债务计划和生产经营方针，并负责按时偿还债务；聘任或解聘项目总经理，并根据总经理的提名，聘任或解聘其他高级管理人员。

2. 项目总经理的职权

项目总经理的职权有：组织编制项目初步设计文件，对项目工艺流程、设备选型、建设标准、总图布置提出意见，提交董事会审查；组织工程设计、施工监理、施工队伍和设备材料采购的招标工作，编制和确定招标方案、标底和评标标准，评选和确定投标、中标单位；编制并组织实施项目年度投资计划、用款计划、建设进度计划；编制项目财务预算、决算；编制并组织实施归还贷款和其他债务计划；组织工程建设实施，负责控制工程投资、工期和质量；在项目建设过程中，在批准的概算范围内对单项工程的设计进行局部调整（凡引起生产性质、能力、产品品种和标准变化的设计调整以及概算调整，需经董事会决定并报原审批单位批准）；根据董事会授权处理项目实施中的重大紧急事件，并及时向董事会报告；负责生产准备工作和培训有关人员；负责组织项目试生产和单项工程预验收；拟订生产经营计划、企业内部机构设置、劳动定员定额方案及工资福利方案；组织项目后评价，提出项目后评价报告；按时向有关部门报送项目建设、生产信息和统计资料；提请董事会聘任或解聘项目高级管理人员。

（三）项目法人责任制与工程监理制的关系

（1）项目法人责任制是实行工程监理制的必要条件。项目法人责任制的核心是要落实“谁投资，谁决策，谁承担风险”的基本原则。实行项目法人责任制，必然使项目法人面临一个重要问题：“如何做好投资决策和风险承担工作。项目法人为了切实承担其职责，必然需要社会化、专业化机构为其提供服务。这种需求为工程监理的发展提供了坚实基础。”

（2）工程监理制是实行项目法人责任制的基本保障。实行工程监理制，项目法人可以依据自身需求和有关规定委托监理，在工程监理单位协助下，进行建设工程质量、造价、进度目标有效控制，从而为在计划目标内完成工程建设提供了基本保证。

二、招标投标制

为了保护国家利益、社会公共利益，提高经济效益，保证工程项目质量，《招标投标法》规定，在中华人民共和国境内进行下列工程建设项目的勘察、设计、施工、监理以及与工程建设有关的重要设备、材料等的采购，必须进行招标：①大型基础设施、公用事业等关系社会公共利益、公众安全的项目；②全部或者部分使用国有资金投资或者国家融资的项目；③使用国际组织或者外国政府贷款、援助资金的项目。

（一）必须招标的工程项目

国家发展改革委相关文件明确了必须招标的工程范围。

（1）必须招标的工程项目。根据《必须招标的工程项目规定》（国家发展改革委令第16号），下列工程必须招标：

1）全部或者部分使用国有资金投资或者国家融资的项目。包括：

① 使用预算资金200万元人民币以上，且该资金占投资额10%以上的项目。这里的“预算资金”，是指《中华人民共和国预算法》规定的预算资金，包括一般公共预算资金、政府性基金预算资金、国有资本经营预算资金、社会保险基金预算资金。

② 使用国有企业事业单位资金，且该资金占控股或者主导地位的项目。这里的“占控股或者主导地位”，参照《中华人民共和国公司法》（以下简称《公司法》）关于控股股东和实际控制人的理解执行，即“其出资额占有限责任公司资本总额百分之五十以上或者其持有的股份占股份有限公司股本总额百分之五十以上的股东；出资额或者持有股份的比例虽然不足百分之五十，但依其出资额或者持有的股份所享有的表决权已足以对股东会、股东大会的决议产生重大影响的股东”；国有企业事业单位通过投资关系、协议或者其他安排，能够实际支配项目建设的，也属于占控股或者主导地位。

2）使用国际组织或者外国政府贷款、援助资金的项目。包括：

① 使用世界银行、亚洲开发银行等国际组织贷款、援助资金的项目。

② 使用外国政府及其机构贷款、援助资金的项目。

（2）必须招标的基础设施和公用事业项目。根据《必须招标的基础设施和公用事业项目范围规定》（发改法规规〔2018〕843号），不属于《必须招标的工程项目规定》情形的大型基础设施、公用事业等关系社会公共利益、公众安全的项目，必须招标的具体范围包括：

1）煤炭、石油、天然气、电力、新能源等能源基础设施项目；

2）铁路、公路、管道、水运，以及公共航空和A1级通用机场等交通运输基础设施项目；

3）电信枢纽、通信信息网络等通信基础设施项目；

4）防洪、灌溉、排涝、引（供）水等水利基础设施项目；

5）城市轨道交通等城建项目。

（3）必须招标的单项合同估算价标准。根据《必须招标的工程项目规定》（国家发展改革委令第16号），对于上述规定范围内的项目，其勘察、设计、施工、监理以及与工程建设有关的重要设备、材料等的采购达到下列标准之一的，必须进行招标：

1）施工单项合同估算价在400万元人民币以上；

2）重要设备、材料等货物的采购，单项合同估算价在200万元人民币以上；

3）勘察、设计、监理等服务的采购，单项合同估算价在100万元人民币以上。

同一项目中可以合并进行的勘察、设计、施工、监理以及与工程建设有关的重要设备、材料等的采购，合同估算价合计达到上述规定标准的，必须进行招标。

（4）必须招标的工程总承包项目。发包人依法对工程以及与工程建设有关的货物、服务全部或者部分实行总承包发包的，总承包中施工、货物、服务等各部分的估算价中，只要有一项达到相应标准，即：施工部分估算价达到400万元以上，或者货物部分达到200万元以上，或者服务部分达到100万元以上，则整个总承包发包应当招标。

（二）标准招标文件

为指导招标人编制投标资格预审文件和招标文件，规范工程招标行为，国家发展改革委等九部委陆续发布《标准施工招标文件》《标准设计施工总承包招标文件》《标准勘察招标文件》《标准设计招标文件》《标准监理招标文件》。这些标准招标文件为投标资格预审文件的编制提供了范本，也为招标文件的编制、评标及合同签订提供了参考。

（三）招标投标制与工程监理制的关系

（1）招标投标制是实行工程监理制的重要保证。对于法律法规规定必须招标的监理项目，建设单位需要按规定采用招标方式选择工程监理单位。通过工程监理招标，有利于建设单位优选高水平工程监理单位，确保工程监理效果。

（2）工程监理制是落实招标投标制的重要手段。实行工程监理制，建设单位可以通过委托工程监理单位做好招标工作，更好地优选施工单位和材料设备供应单位。

三、合同管理制

工程建设是一个极为复杂的社会生产过程，由于现代社会化大生产和专业化分工，许多单位会参与到工程建设中，而各类合同则是维系各参与单位之间关系的纽带。对建设单位而言，会涉及工程承包（总承包、施工承包）合同、工程勘察合同、工程设计合同、设备和材料采购合同、工程咨询（可行性研究、技术咨询、造价咨询）合同、工程监理合同、工程项目管理服务合同、工程保险合同、贷款合同等；对承包单位而言，会涉及工程承包（总承包、施工承包）合同、工程分包合同、设备和材料采购合同、运输合同、加工合同、租赁合同、劳务分包合同、保险合同等。

自2021年1月1日开始施行的《民法典》第三编合同明确了合同订立、效力、履行、保全、变更和转让、权利义务终止、违约责任等有关内容，规定了包括建设工程合同、委托合同在内的19类典型合同内容，为实行合同管理制提供了重要法律依据。

（一）建设工程合同及委托合同相关规定

（1）建设工程合同相关规定。《民法典》第三编合同相关规定摘要如下：

1）建设工程合同包括工程勘察、设计、施工合同。发包人可以与总承包人订立建设工程合同，也可以分别与勘察人、设计人、施工人订立勘察、设计、施工承包合同。总承包人或者勘察、设计、施工承包人经发包人同意，可以将自己承包的部分工作交由第三人完成。第三人就其完成的工作成果与总承包人或者勘察、设计、施工承包人向发包人承担连带责任。

2）勘察、设计合同的内容一般包括提交有关基础资料和概预算等文件的期限、质量要求、费用以及其他协作条件等条款。

3）施工合同的内容一般包括工程范围、建设工期、中间交工工程的开工和竣工时间、工程质量、工程造价、技术资料交付时间、材料和设备供应责任、拨款和结算、竣工验收、质量保修范围和质量保证期、相互协作等条款。

4）发包人在不妨碍承包人正常作业的情况下，可以随时对作业进度、质量进行检查。

5）隐蔽工程在隐蔽以前，承包人应当通知发包人检查。发包人没有及时检查的，承包人可以顺延工程日期，并有权请求赔偿停工、窝工等损失。

6）建设工程竣工后，发包人应当根据施工图纸及说明书、国家颁发的施工验收规范和质量检验标准及时进行验收。验收合格的，发包人应当按照约定支付价款，并接收该建设工程。建设工程竣工经验收合格后，方可交付使用；未经验收或者验收不合格的，不得交付使用。

7）建设工程施工合同无效，但建设工程经验收合格的，可以参照合同关于工程价款的约定折价补偿承包人。建设工程施工合同无效，且建设工程经验收不合格的，按照以下情形处理：

① 修复后的建设工程经验收合格的，发包人可以请求承包人承担修复费用；

② 修复后的建设工程经验收不合格的，承包人无权请求参照合同关于工程价款的约定折价补偿。

发包人对因建设工程不合格造成的损失有过错的，应当承担相应的责任。

8）发包人未按照约定支付价款的，承包人可以催告发包人在合理期限内支付价款。发包人逾期不支付的，除根据建设工程的性质不宜折价、拍卖外，承包人可以与发包人协议将该工程折价，也可以请求人民法院将该工程依法拍卖。建设工程的价款就该工程折价或者拍卖的价款优先受偿。

（2）委托合同相关规定。《民法典》合同编相关规定摘要如下：

1）受托人应当按照委托人的指示处理委托事务。需要变更委托人指示的，应当经委托人同意；因情况紧急，难以和委托人取得联系的，受托人应当妥善处理委托事务，但是事后应当将该情况及时报告委托人。

2）受托人应当亲自处理委托事务。经委托人同意，受托人可以转委托。转委托经同意或者追认的，委托人可以就委托事务直接指示转委托的第三人，受托人仅就第三人的选任及其对第三人的指示承担责任。转委托未经同意或者追认的，受托人应当对转委托的第三人的行为承担责任；但是，在紧急情况下受托人为了维护委托人的利益需要转委托第三人的除外。

3）受托人完成委托事务的，委托人应当按照约定向其支付报酬。因不可归责于受托人的事由，委托合同解除或者委托事务不能完成的，委托人应当向受托人支付相应的报酬。当事人另有约定的，按照其约定。

4）有偿的委托合同，因受托人的过错造成委托人损失的，委托人可以请求赔偿损失。无偿的委托合同，因受托人的故意或者重大过失造成委托人损失的，委托人可以请求赔偿损失。受托人超越权限造成委托人损失的，应当赔偿损失。

5）受托人处理委托事务时，因不可归责于自己的事由受到损失的，可以向委托人请求赔偿损失。

6）委托人经受托人同意，可以在受托人之外委托第三人处理委托事务。因此造成受托人损失的，受托人可以向委托人请求赔偿损失。

7）两个以上的受托人共同处理委托事务的，对委托人承担连带责任。

8）委托人或者受托人可以随时解除委托合同。因解除合同造成对方损失的，除不可归责于该当事人的事由外，无偿委托合同的解除方应当赔偿因解除时间不当造成的直接损失，有偿委托合同的解除方应当赔偿对方的直接损失和合同履行后可以获得的利益。

（二）合同示范文本

为完善工程合同内容，规范工程合同管理行为，国家发展改革委等九部委陆续发布的标准招标文件中均有“合同条款及格式”，其中的“通用合同条款”需要招标人在编制的招标文件中不加修改地引用。此外，住房和城乡建设部、交通运输部、水利部等部门均分别结合建筑工程和市政基础设施工程、公路工程、水利工程等特点制定和发布了施工合同、监理合同示范文本，其中的“通用合同条款”是合同双方在签订合同时不能改动的，只能通过双方协商一致后利用“专用合同条款”对其进行修改和补充。

（三）合同管理制与工程监理制的关系

（1）合同管理制是实行工程监理制的重要保证。建设单位委托监理时，需要与工程监理单位建立合同关系，明确双方的义务和责任。工程监理单位实施监理时，需要通过合同管理控制工程质量、造价和进度目标。合同管理制的实施，为工程监理单位开展合同管理工作提供了法律和制度支持。

（2）工程监理制是落实合同管理制的重要保障。实行工程监理制，建设单位可以通过委托工程监理单位做好合同管理工作，更好地实现建设工程项目目标。

思考题

1. 何谓建设工程监理？建设工程监理的涵义可从哪些方面理解？

2. 建设工程监理的性质有哪些？

3. 建设工程监理的法律地位体现在哪些方面？

4. 强制实行工程监理的范围是什么？

5.《建筑法》《建设工程质量管理条例》和《建设工程安全生产管理条例》中规定的工程监理单位和监理人员的职责有哪些？

6. 工程监理单位和监理工程师的法律责任有哪些？

7. 建设项目法人责任制的基本内容是什么？项目法人的职权有哪些？建设项目法人责任制与工程监理制的关系是什么？

8. 必须招标的工程项目有哪些？工程招标投标制与工程监理制的关系是什么？

9.《民法典》合同编对建设工程合同及委托合同有哪些规定？合同管理制与工程监理制的关系是什么？

10. 标准招标文件、合同示范文本的作用是什么？

第二章　工程建设程序及组织实施模式

工程建设程序是建设投资决策和实施过程客观规律的反映，是建设工程科学决策和顺利实施的重要保证，工程监理必须遵循工程建设程序。全过程工程咨询和工程总承包是我国目前着力推行的工程建设组织实施模式，工程监理单位及监理工程师需要适应新模式下工程监理职责的履行。

第一节　工程建设程序

工程建设程序是指建设工程从策划、决策、设计、施工，到竣工验收、投入生产或交付使用的整个建设过程中，各项工作必须遵循的先后顺序。按照工程建设内在规律，每一项建设工程都要经过投资决策和建设实施两个发展时期。这两个发展时期又可分为若干阶段，各阶段之间存在着严格的先后次序，可以进行合理交叉，但不能任意颠倒次序。

一、投资决策阶段工作内容

建设工程投资决策阶段工作内容主要包括项目建议书和可行性研究报告的编报和审批。

（一）编报项目建议书

项目建议书是拟建项目单位向政府投资主管部门提出的要求建设某一工程项目的建议文件，是对工程项目建设的轮廓设想。项目建议书的主要作用是推荐一个拟建项目，论述其建设的必要性、建设条件的可行性和获利的可能性，供政府投资主管部门选择并确定是否进行下一步工作。

项目建议书的内容视工程项目不同而有繁有简，但一般应包括以下几方面内容：

（1）项目提出的必要性和依据；

（2）产品方案、拟建规模和建设地点的初步设想；

（3）资源情况、建设条件、协作关系和设备技术引进国别、厂商的初步分析；

（4）投资估算、资金筹措及还贷方案设想；

（5）项目进度安排；

（6）经济效益和社会效益的初步估计；

（7）环境影响的初步评价。

对于政府投资工程，项目建议书按要求编制完成后，应根据建设规模和限额划分报送有关部门审批。项目建议书经批准后，可进行可行性研究工作，但并不表明项目非上不可，批准的项目建议书不是工程项目的最终决策。

（二）编报可行性研究报告

可行性研究是指在工程项目决策之前，通过调查、研究、分析建设工程在技术、经济等方面的条件和情况，对可能的多种方案进行比较论证，同时对工程建成后的综合效益进行预测和评价的一种投资决策分析活动。

可行性研究应完成以下工作内容：

（1）进行市场研究，以解决工程建设的必要性问题；

（2）进行工艺技术方案研究，以解决工程建设的技术可行性问题；

（3）进行财务和经济分析，以解决工程建设的经济合理性问题。

可行性研究工作完成后，需要编写出反映其全部工作成果的“可行性研究报告”。凡经可行性研究未通过的项目，不得进行下一步工作。

（三）投资决策管理制度

根据《国务院关于投资体制改革的决定》（国发［2004］20号），政府投资工程实行审批制；非政府投资工程实行核准制或登记备案制。

1. 政府投资工程

对于采用直接投资和资本金注入方式的政府投资工程，政府需要从投资决策的角度审批项目建议书和可行性研究报告，除特殊情况外，不再审批开工报告，同时还要严格审批其初步设计和概算；对于采用投资补助、转贷和贷款贴息方式的政府投资工程，则只审批资金申请报告。

政府投资工程一般都要经过符合资质要求的咨询中介机构的评估论证，特别重大的工程还应实行专家评议制度。国家将逐步实行政府投资工程公示制度，以广泛听取各方面的意见和建议。

2. 非政府投资工程

对于企业不使用政府资金投资建设的工程，政府不再进行投资决策性质的审批，区别不同情况实行核准制或登记备案制。

（1）核准制。企业投资建设《政府核准的投资项目目录》中的项目时，仅需向政府提交项目申请报告，不再经过批准项目建议书、可行性研究报告和开工报告的程序。

项目申请报告应包括下列内容：①企业基本情况；②项目情况，包括项目名称、建设地点、建设规模、建设内容等；③项目利用资源情况分析及对生态环境的影响分析；④项目对经济和社会的影响分析。

政府核准机关需要审查下列内容：①是否危害经济安全、社会安全、生态安全等国家安全；②是否符合相关发展建设规划、产业政策和技术标准；③是否合理开发并有效利用资源；④是否对重大公共利益产生不利影响。

（2）登记备案制。对于《政府核准的投资项目目录》以外的企业投资项目，实行登记备案制。除国家另有规定外，由企业按照属地原则向地方政府投资主管部门备案。备案告知内容包括：①企业基本情况；②项目名称、建设地点、建设规模、建设内容；③项目总投资额；④项目符合产业政策的声明。

为扩大大型企业集团的投资决策权，对于基本建立现代企业制度的特大型企业集团，投资建设《政府核准的投资项目目录》中的项目时，可以按项目单独申报核准，也可编制中长期发展建设规划，规划经国务院或国务院投资主管部门批准后，规划中属于《政府核准的投资项目目录》中的项目不再另行申报核准，只需办理备案手续。企业集团要及时向国务院有关部门报告规划执行和项目建设情况。

二、建设实施阶段工作内容

建设工程实施阶段的工作内容主要包括勘察设计、建设准备、施工安装及竣工验收。

对于生产性工程项目，在施工安装后期，还需要进行生产准备工作。

（一）勘察设计

1. 工程勘察

工程勘察通过对地形、地质及水文等要素的测绘、勘探、测试及综合评定，提供工程建设所需的基础资料。工程勘察需要对工程建设场地进行详细论证，保证建设工程合理进行，促使建设工程取得最佳的经济效益、社会效益和环境效益。

2. 工程设计

工程设计工作一般划分为两个阶段，即初步设计和施工图设计。重大工程和技术复杂工程，可根据需要增加技术设计阶段。

(1) 初步设计。初步设计是根据可行性研究报告的要求进行具体实施方案设计，目的是为了阐明在指定的地点、时间和投资控制数额内，拟建项目在技术上的可行性和经济上的合理性，并通过对建设工程作出的基本技术经济规定，编制工程总概算。

初步设计不得随意改变被批准的可行性研究报告所确定的建设规模、产品方案、工程标准、建设地址和总投资等控制目标。如果初步设计提出的总概算超过可行性研究报告总投资的10%以上或其他主要指标需要变更时，应说明原因和计算依据，并重新向原审批单位报批可行性研究报告。

(2) 技术设计。技术设计应根据初步设计和更详细的调查研究资料编制，以进一步解决初步设计中的重大技术问题，如：工艺流程、建筑结构、设备选型及数量确定等，使工程设计更具体、更完善，技术指标更好。

(3) 施工图设计。根据初步设计或技术设计的要求，结合工程现场实际情况，完整地表现建筑物外形、内部空间分割、结构体系、构造状况以及建筑群的组成和周围环境的配合。施工图设计还包括各种运输、通信、管道系统、建筑设备的设计。在工艺方面，应具体确定各种设备的型号、规格及各种非标准设备的制造加工图。

3. 施工图设计文件的审查或审批

以房屋建筑和市政基础设施工程为例，根据《房屋建筑和市政基础设施工程施工图设计文件审查管理办法》(住房和城乡建设部令第13号)，建设单位应当将施工图送施工图审查机构审查。施工图审查机构对施工图审查的内容包括：

(1) 是否符合工程建设强制性标准；

(2) 地基基础和主体结构的安全性；

(3) 消防安全性；

(4) 人防工程（不含人防指挥工程）防护安全性；

(5) 是否符合民用建筑节能强制性标准，对执行绿色建筑标准的项目，还应当审查是否符合绿色建筑标准；

(6) 勘察设计企业和注册执业人员以及相关人员是否按规定在施工图上加盖相应的图章和签字；

(7) 法律、法规、规章规定必须审查的其他内容。

任何单位或者个人不得擅自修改审查合格的施工图。确需修改的，凡涉及上述审查内容的，建设单位应当将修改后的施工图送原审查机构审查。对于交通运输等基础设施工程，施工图设计文件则实行审批或审核制度。

（二）建设准备

1．建设准备的工作内容

工程项目在开工建设之前要切实做好各项准备工作，其主要内容包括：

（1）征地、拆迁和场地平整；

（2）完成施工用水、电、通信、道路等接通工作；

（3）组织招标选择工程监理单位、施工单位及设备、材料供应商；

（4）准备必要的施工图纸；

（5）办理工程质量监督和施工许可手续。

2．工程质量监督手续的办理

建设单位在办理施工许可证之前应当到规定的工程质量监督机构办理工程质量监督注册手续。办理质量监督注册手续时需提供下列资料：

（1）施工图设计文件审查报告和批准书；

（2）中标通知书和施工、监理合同；

（3）建设单位、施工单位和监理单位工程项目的负责人和机构组成；

（4）施工组织设计和监理规划（监理实施细则）；

（5）其他需要的文件资料。

3．施工许可证的办理

从事各类房屋建筑及其附属设施的建造、装修装饰和与其配套的线路、管道、设备的安装，以及城镇市政基础设施工程的施工，建设单位在开工前应当向工程所在地县级以上人民政府建设主管部门申请领取施工许可证。必须申请领取施工许可证的建筑工程未取得施工许可证的，一律不得开工。

（三）施工安装

建设工程具备开工条件并取得施工许可后才能开始土建工程施工和机电设备安装。

按照规定，建设工程新开工时间是指工程设计文件中规定的任何一项永久性工程第一次正式破土开槽的开始日期。不需要开槽的工程，以正式开始打桩的日期作为开工日期。铁路、公路、水库等需要进行大量土石方工程的，以开始进行土石方工程施工的日期作为正式开工日期。工程地质勘察、平整场地、旧建筑物拆除、临时建筑、施工用临时道路和水、电等工程开始施工的日期不能算作正式开工日期。分期建设的工程分别按各期工程开工的日期计算，如二期工程应根据工程设计文件规定的永久性工程开工的日期计算。

施工安装活动应按照工程设计要求、施工合同及施工组织设计，在保证工程质量、工期、成本及安全、环保等目标的前提下进行。

（四）生产准备

对于生产性工程项目而言，生产准备是工程项目投产前由建设单位进行的一项重要工作。生产准备是衔接建设和生产的桥梁，是工程项目建设转入生产经营的必要条件。建设单位应适时组成专门机构做好生产准备工作，确保工程项目建成后能及时投产。

生产准备的主要工作内容包括：组建生产管理机构，制定管理有关制度和规定；招聘和培训生产人员，组织生产人员参加设备的安装、调试和工程验收工作；落实原材料、协作产品、燃料、水、电、气等的来源和其他需协作配合的条件，并组织工装、器具、备品、备件等的制造或订货等。

（五）竣工验收

建设工程按设计文件的规定内容和标准全部完成，并按规定将施工现场清理完毕后，达到竣工验收条件时，建设单位即可组织工程竣工验收。工程勘察、设计、施工、监理等单位应参加工程竣工验收。工程竣工验收要审查工程建设的各个环节，审阅工程档案、实地查验建筑安装工程实体，对工程设计、施工和设备质量等进行全面评价。不合格的工程不予验收。对遗留问题要提出具体解决意见，限期落实完成。

工程竣工验收是投资成果转入生产或使用的标志，也是全面考核工程建设成果、检验设计和施工质量的关键步骤。工程竣工验收合格后，建设工程方可投入使用。

建设工程自竣工验收合格之日起即进入工程质量保修期（缺陷责任期）。建设工程自办理竣工验收手续后，发现存在工程质量缺陷的，应及时修复，费用由责任方承担。

第二节 工程建设组织实施模式

工程建设可采用不同的组织实施模式。2017 年 2 月，《国务院办公厅关于促进建筑业持续健康发展的意见》（国办发［2017］19 号）指出，要“完善工程建设组织模式”，包括：培育全过程工程咨询和加快推行工程总承包。

一、全过程工程咨询

《国务院办公厅关于促进建筑业持续健康发展的意见》（国办发［2017］19 号）首次提出，要“培育全过程工程咨询”。这一要求在工程建设领域引起极大反响，也成为工程监理企业转型升级的重要发展方向。

（一）全过程工程咨询的含义及特点

“培育全过程工程咨询”的提出，有其鲜明的时代背景。首先，是为了完善工程建设组织模式，将传统“碎片化”咨询服务整合为整体集成化咨询服务。其次，是为了适应投资咨询、工程设计、监理、造价咨询等工程咨询类企业转型升级、拓展业务领域的实际需求。最后，是为了更好地适应国际化发展需求。建筑市场国际化不仅是国内企业要更好地“走出去”，还要考虑国内建筑市场进一步开放、更多国际公司进入国内市场带来的挑战。

1. 全过程工程咨询的含义

所谓全过程工程咨询，是指工程咨询方综合运用多学科知识、工程实践经验、现代科学技术和经济管理方法，采用多种服务方式组合，为委托方在项目投资决策、建设实施阶段提供阶段性或整体解决方案的综合性智力服务活动。

这里的“工程咨询方”，可以是具备相应资质和能力的一家咨询单位，也可以是多家咨询单位组成的联合体。“委托方”可以是投资方、建设单位，也可以是项目使用或运营单位。这种全过程工程咨询不仅强调投资决策、建设实施全过程，甚至延伸至运营维护阶段；而且强调技术、经济和管理相结合的综合性咨询。

根据《国家发展改革委 住房城乡建设部关于推进全过程工程咨询服务发展的指导意见》（发改投资规［2019］515 号），全过程工程咨询服务内容包括投资决策综合性咨询和工程建设全过程咨询。

（1）投资决策综合性咨询。投资决策综合性咨询是指综合性工程咨询单位接受投资者委托，就投资项目的市场、技术、经济、生态环境、能源、资源、安全等影响可行性的要素，结合国家、地区、行业发展规划及相关重大专项建设规划、产业政策、技术标准及相关审批要求进行分析研究和论证，为投资者提供决策依据和建议，其目的是为了减少分散专项评价评估，避免可行性研究论证碎片化。

（2）工程建设全过程咨询。工程建设全过程咨询是指由一家具有相应资质条件的咨询企业或多家具有相应资质条件的咨询企业组成联合体，为建设单位提供招标代理、勘察、设计、监理、造价、项目管理等全过程咨询服务，满足建设单位一体化服务需求，增强工程建设过程的协同性。

全过程工程咨询企业可以为委托方提供项目决策策划、项目建议书和可行性研究报告编制，项目实施总体策划，项目管理，报批报建管理，勘察及设计管理，规划及设计优化，工程监理，招标代理，造价咨询，后评价和配合审计等咨询服务，也可包括规划和设计等活动。

2. 全过程工程咨询的特点

与传统“碎片化”咨询相比，全过程工程咨询具有以下三大特点：

（1）咨询服务范围广。全过程工程咨询服务覆盖面广，主要体现在两个方面：一是从服务阶段看，全过程工程咨询覆盖项目投资决策、建设实施（设计、招标、施工）全过程集成化服务，有时还会包括运营维护阶段咨询服务；二是从服务内容看，全过程工程咨询包含技术咨询和管理咨询，而不只是侧重于管理咨询。

（2）强调智力性策划。全过程工程咨询单位要运用工程技术、经济学、管理学、法学等多学科知识和经验，为委托方提供智力服务。如：投资机会研究、建设方案策划和比选、融资方案策划、招标方案策划、建设目标分析论证等。全过程工程咨询不只是简单地为委托方“打杂”，或协助委托方办理相关报批手续等。为此，需要全过程工程咨询单位拥有一批高水平复合型人才，同时具备策划决策能力、组织领导能力、集成管控能力、专业技术能力、协调解决能力等。

（3）实施多阶段集成。全过程工程咨询服务不是将各个阶段简单相加，而是要通过多阶段集成化咨询服务，为委托方创造价值。传统的“碎片化”咨询服务如图 2-1 所示，全过程工程咨询要避免工程项目要素分阶段独立运作而出现漏洞和制约，要综合考虑项目质量、安全、环保、投资、工期等目标以及合同管理、资源管理、信息管理、技术管理、风险管理、沟通管理等要素之间的相互制约和影响关系，从技术经济角度实现综合集成。

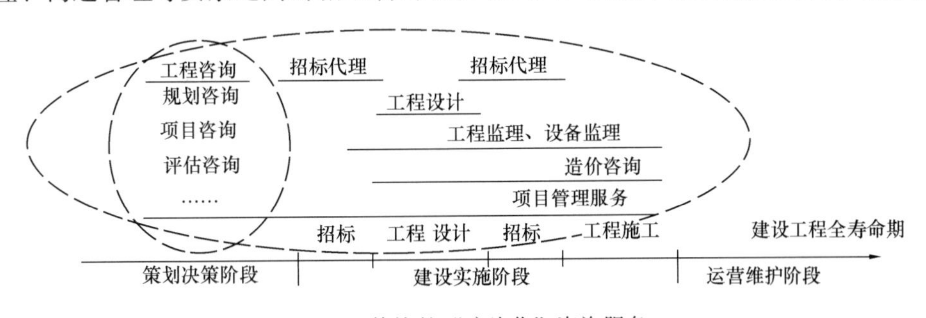

图 2-1　传统的“碎片化”咨询服务

（二）全过程工程咨询的本质和实施策略

1. 全过程工程咨询的本质

全过程工程咨询内涵丰富，要将全过程工程咨询与其他相关概念相区别。首先，要将“制度”与“模式”相区别。全过程工程咨询是一种工程建设组织模式，不是一种制度。工程监理、工程招标投标等属于制度，制度的本质是“强制性”；而模式的本质是“选择性”。全过程工程咨询可包含工程监理，但不是替代关系。其次，要将“全过程工程咨询”与“项目管理服务”相区别。全过程工程咨询强调技术、经济、管理的综合集成服务；而项目管理服务主要侧重于管理咨询。甚至有人说，今天的“全过程工程咨询”就是过去的“项目管理服务”或“工程代建”。这种混淆视听的说法绝对不能有！工程实践中，企业可以接受委托从事“项目管理服务”或“工程代建”，但绝不能用“项目管理服务”或“工程代建”替代“全过程工程咨询”。最后，要将“全过程”与“全寿命期”相区别。全过程工程咨询业务可以覆盖项目投资决策、建设实施全过程，但并非每一个项目都需要从头到尾进行咨询，也可以是其中若干阶段。而且，项目运营维护期咨询可看作全过程工程咨询的“外延”。总之，培育全过程工程咨询，强调的是企业在实施全过程工程咨询方面业务能力的提升，而不是强调咨询业务范围的“全过程”。

在目前建筑市场环境下，发展全过程工程咨询，需要企业具有较大规模，拥有多项资质、多种人才和多类咨询业务基础，否则，只有采用联合经营方式提供全过程工程咨询。由此可见，发展全过程工程咨询，是一部分有潜力的大型综合型咨询类企业发展方向，并非所有咨询类企业之所能，这其中当然包括工程监理企业。为此，需要企业结合自身优势和特点，实施差异化战略，切勿盲目跟风。对于暂不具备条件发展全过程工程咨询的企业，需要主营既有咨询业务，将其“做专”“做精”。对于有潜力发展全过程工程咨询的企业，需要以既有咨询业务为基础，通过科技创新和管理创新，“做优”“做强”全过程工程咨询，提升工程咨询国际竞争力。

2. 全过程工程咨询实施策略

全过程工程咨询的核心是通过采用一系列工程技术、经济、管理方法和多阶段集成化服务，为委托方提供增值服务。工程监理企业要想发展为全过程工程咨询企业，需要在以下几方面作出努力：

（1）加大人才培养引进力度。全过程工程咨询是高智力的知识密集型活动，需要工程技术、经济、管理、法律等多学科人才。目前，我国多数企业拥有的人才专业相对单一，工程监理企业拥有执业资格人数最多的是监理工程师，其他专业人员较少，高素质、复合型人才更少。为适应全过程工程咨询服务需求，企业需要加大培养和引进力度，优化人才结构。

（2）优化调整企业组织结构。目前，除少数特大型工程监理企业外，多数企业内部采用直线制组织结构形式。这种组织结构形式职责清晰、管理简单，但难以适应全过程工程咨询服务需求。全过程工程咨询企业的规模一般较大，所涉及人员、部门较多，咨询服务时间跨度也大。为此，需要企业根据咨询业务范围，科学地划分和设置组织层次、管理部门，明确部门职责，建立适应全过程工程咨询业务特点和要求的组织结构。

（3）创新工程咨询服务模式。实施全过程工程咨询，要么需要通过并购重组扩大企业实力和资质范围；要么通过建立战略合作联盟，以联合体（或合作体）形式实现咨询业务的联合承揽；此外，对于承揽到的咨询项目，也需要建立适应全过程工程咨询的服务模式。

（4）加强现代信息技术应用。全过程工程咨询是一种智力性服务，需要大量的知识和数据支撑，绝不是在现场靠人头来凑数的。现代信息技术的快速发展和广泛应用，可为工程咨询提供强力的技术支撑。企业要掌握先进、科学的工程咨询及项目管理技术和方法，加大工程咨询及项目管理平台的开发和应用力度，综合应用大数据、云平台、物联网、地理信息系统（GIS）、建筑信息建模（BIM）等技术，为委托方提供增值服务。

（5）重视知识管理平台建设。实施全过程工程咨询，需要有大量的信息数据、分析方法，以及类似工程经验；培养高水平人才、解决工程咨询中遇到的问题、各项目团队间共享信息等，均需要有基于互联网的数据库、知识库、方法库。知识经济时代，建设知识管理平台，积累、共享、融合和升华显性知识和隐性知识已成为必然。国际上一些领先的咨询公司都非常重视知识管理和项目数据积累，国内企业需要在这方面花大力气迎头赶上。

随着数字经济的到来，各行业均在推进数字化转型发展。2021 年 12 月，国务院发布的《"十四五"数字经济发展规划》（国发［2021］29 号）指出，要"促进数字技术在全过程工程咨询领域的深度应用，引领咨询服务和工程建设模式转型升级。"对工程监理企业而言，无论是实施监理还是提供全过程工程咨询服务，均需要转变观念，发挥大量工程监理实践和数据资源优势，融合应用建筑信息模型（BIM）、大数据、云计算、物联网、区块链等新一代信息技术，实现工程监理和全过程工程咨询数字化。

二、工程总承包

（一）工程总承包的含义及特点

在我国，工程总承包是指承包单位按照与建设单位签订的合同，对工程设计、采购、施工或者设计、施工等阶段实行总承包，并对工程的质量、安全、工期和造价等全面负责的工程建设组织实施方式。事实上，这里所说的设计、采购、施工（Engineering-Procurement-Construction，EPC）承包或者设计、施工（Design-Build，DB）承包，只是工程总承包的两种主要代表性模式，工程总承包还有多种不同模式。此外，近年来国际上还出现了 EPC＋O&M（Engineering-Procurement-Construction＋Operation & Maintenance）、DBO（Design-Build-Operation）等模式。

需要特别说明的是，EPC（Engineering-Procurement-Construction）常被翻译为设计-采购-施工。但是，将"Engineering"一词简单地译为"设计"未必恰当。"Engineering"一词有着丰富含义。在 EPC 中，它不仅包括具体的设计工作（Design），而且包括整个建设工程的总体策划、组织管理策划和具体管理工作。因此，很难用一个简单的中文词来准确表达"Engineering"一词在这里的含义。

1. 工程总承包模式

工程总承包任务可由同时具有相应工程设计资质和施工资质的一家承包单位承担，也可由具有相应资质的设计单位和施工单位组成联合体承担。设计单位和施工单位组成联合体的，应根据承包项目特点和复杂程度，合理确定联合体牵头单位，并在联合体协议中明确联合体成员单位的责任和权利。联合体各方应共同与建设单位签订工程总承包合同，并就工程总承包项目承担连带责任。

采用联合体方式承包工程，可集中联合体各方在资金、技术和管理等方面的优势，克服单一公司力不能及的困难，不仅有利于增强竞争能力，而且有利于增强抗风险能力。工程总承包单位应具有相应的项目管理体系和项目管理能力、财务和风险承担能力，以及与发包工程相类似的设计、施工或者工程总承包业绩。设计单位和施工单位组成联合体承包工程的，要避免“联”而不合、设计施工缺乏融合等问题。

2. 工程总承包特点

工程总承包具有以下特点：

(1) 有利于缩短建设工期。采用工程总承包模式，工程设计、采购及施工任务均由总承包单位负责，可使工程设计、采购与施工之间的衔接得到极大改善。有些施工和采购准备工作可与设计工作同时进行或搭接进行，从而可缩短建设工期。

(2) 便于较早确定工程造价。采用工程总承包模式，建设单位与总承包单位之间通常签订总价合同。总承包单位负责工程总体控制，有利于减少工程设计变更，有利于将工程造价控制在预算范围内，可减小建设单位工程造价失控风险。

(3) 有利于控制工程质量。在工程总承包模式下，总承包单位通常会将部分专业工程分包给其他承包单位。由于总承包单位与分包单位之间通过分包合同建立了责、权、利关系，这样就会在承包单位内部增加工程质量监控环节，工程质量既有分包单位的自控，又有总承包单位的监督管理。

(4) 工程项目责任主体单一。由总承包单位负责工程设计和施工，可减少工程实施中的争议和索赔发生。工程设计与施工责任主体合一，能够激励总承包单位更加注重提高工程项目整体质量和效益。

(5) 可减轻建设单位合同管理负担。采用工程总承包模式，与建设单位直接签订合同的参建方减少，合同结构简单，可大量减少建设单位协调工作量，合同管理工作量也大大减少。

但由于工程总承包单位的选择范围小，同时因工程总承包的责任重、风险大，为应对工程实施风险，总承包单位通常会提高报价，最终导致工程总承包合同价会较高。

（二）工程总承包模式适用条件

(1) 对于建设内容明确、技术方案成熟的工程，建设单位能给予投标人充分的资料和时间，以便使投标人能够仔细研究“业主要求”。由于总承包单位将承担工程建设的大部分风险，因此，在招标阶段投标人需要有充裕的时间仔细研究“业主要求”（这是招标文件的重要内容），从而详细地了解工程建设目的、范围、设计标准和其他技术要求，在此基础上进行工程规划设计、风险评估及工程估价等工作，进而向招标人提交一份技术先进可靠、价格和工期合理的投标书。

(2) 建设单位或其代表有权监督总承包单位工作，但不能过分干预总承包单位工作，也不要审批大多数施工图纸。既然合同规定由总承包单位负责全部设计，并承担全部责任，只要其设计和所完成的工程符合合同约定，就应认为总承包单位已履行合同义务。

(3) 由于采用总价合同，因而工程的期中支付款应由建设单位直接按合同约定支付，可按月支付，也可按阶段（形象进度或里程碑事件）支付，但不需要先由监理工程师审查工程量和总承包单位结算报告，再签发工程款支付证书。

（三）工程总承包管理组织

根据《建设项目工程总承包管理规范》GB/T 50358—2017，工程总承包单位应建立与工程总承包项目相适应的项目管理组织，并行使项目管理职能，实行项目经理负责制。

1. 项目经理

工程总承包单位应在工程总承包合同生效后，任命项目经理，并由工程总承包单位法定代表人签发书面授权委托书。

（1）工程总承包项目经理应具备下列条件：

1）取得工程建设类注册执业资格或高级专业技术职称；

2）具备决策、组织、领导和沟通能力，能正确处理和协调与建设单位、项目相关方之间及企业内部各专业、各部门之间的关系；

3）具有工程总承包项目管理及相关的经济、法律法规和标准化知识；

4）具有类似项目的管理经验；

5）具有良好的信誉。

（2）工程总承包项目经理应履行下列职责：

1）执行工程总承包单位管理制度，维护企业合法权益；

2）代表企业组织实施工程总承包项目管理，对实现合同约定的项目目标负责；

3）完成项目管理目标责任书规定的任务；

4）在授权范围内负责与项目干系人的协调，解决项目实施中出现的问题；

5）对项目实施全过程进行策划、组织、协调和控制；

6）负责组织项目的管理收尾和合同收尾工作。

2. 项目部

工程总承包单位承担建设项目工程总承包，宜采用矩阵式管理。项目部应由项目经理领导，并接受工程总承包单位职能部门指导、监督、检查和考核。项目部的基本职能如下：

（1）项目部应具有工程总承包项目组织实施和控制职能；

（2）项目部应对项目质量、安全、费用、进度、职业健康和环境保护目标负责；

（3）项目部应具有内外部沟通协调管理职能。

思　考　题

1. 何谓工程建设程序？工程建设程序包括哪些工作内容？
2. 目前我国投资决策管理制度的主要内容有哪些？
3. 施工图设计文件的审查内容有哪些？
4. 全过程工程咨询的含义和特点是什么？
5. 工程监理企业发展全过程工程咨询的策略有哪些？
6. 工程总承包的含义和特点是什么？
7. 设计单位和施工单位组成联合体承担工程总承包任务的优点和不足有哪些？
8. 工程总承包模式适用条件有哪些？
9. 工程总承包项目经理应具备什么条件？
10. 工程总承包项目部的基本职能有哪些？

第三章　建设工程监理相关法律法规及标准

建设工程监理相关法律、行政法规是建设工程监理的法律依据。此外，有关工程监理的部门规章和规范性文件，以及地方性法规、地方政府规章及规范性文件，行业标准、地方标准和团体标准等，也是建设工程监理的法律依据和工作指南。

第一节　建设工程监理相关法律及行政法规

一、相关法律

建设工程法律是指由全国人民代表大会及其常务委员会通过的规范工程建设活动的法律规范，以国家主席令形式予以公布。与建设工程监理密切相关的法律有：《建筑法》《招标投标法》《民法典》第三编合同和《安全生产法》。

（一）《建筑法》主要内容

《建筑法》是我国工程建设领域的一部大法，以建筑市场管理为中心，以建筑工程质量和安全管理为重点，主要包括：建筑许可、建筑工程发包与承包、建筑工程监理、建筑安全生产管理和建筑工程质量管理等方面内容。

1. 建筑许可

建筑许可包括建筑工程施工许可和从业资格两方面。

（1）建筑工程施工许可。建筑工程施工许可是建设行政主管部门根据建设单位的申请，依法对建筑工程所应具备的施工条件进行审查，对符合规定条件者准许其开始施工并颁发施工许可证的一种管理制度。

1）施工许可证的申领。建筑工程开工前，建设单位应当按照国家有关规定向工程所在地县级以上人民政府建设主管部门申请领取施工许可证。按照国务院规定的权限和程序批准开工报告的建筑工程，不再领取施工许可证。

建设单位申请领取施工许可证，应当具备下列条件：

① 已经办理建筑工程用地批准手续；

② 依法应当办理建设工程规划许可证的，已经取得建设工程规划许可证；

③ 需要拆迁的，其拆迁进度符合施工要求；

④ 已经确定建筑施工企业；

⑤ 有满足施工需要的资金安排、施工图纸及技术资料；

⑥ 有保证工程质量和安全的具体措施。

2）施工许可证有效期。

① 建设单位应当自领取施工许可证之日起 3 个月内开工。因故不能按期开工的，应当向发证机关申请延期；延期以两次为限，每次不超过 3 个月。既不开工又不申请延期或者超过延期时限的，施工许可证自行废止。

② 在建的建筑工程因故中止施工的，建设单位应当自中止施工之日起 1 个月内，向发证机关报告，并按照规定做好建筑工程的维护管理工作。建筑工程恢复施工时，应当向

发证机关报告。中止施工满 1 年的工程恢复施工前，建设单位应当报发证机关核验施工许可证。

（2）从业资格。从业资格包括工程建设参与单位资质和专业技术人员执业资格两方面。

1）工程建设参与单位资质要求。从事建筑活动的建筑施工企业、勘察单位、设计单位和工程监理单位，应当具备下列条件：

① 有符合国家规定的注册资本；

② 有与其从事的建筑活动相适应的具有法定执业资格的专业技术人员；

③ 有从事相关建筑活动所应有的技术装备；

④ 法律、行政法规规定的其他条件。

从事建筑活动的建筑施工企业、勘察单位、设计单位和工程监理单位，按照其拥有的注册资本、专业技术人员、技术装备和已完成的建筑工程业绩等资质条件，划分为不同的资质等级，经资质审查合格，取得相应等级的资质证书后，方可在其资质等级许可的范围内从事建筑活动。

2）专业技术人员执业资格要求。从事建筑活动的专业技术人员，应当依法取得相应的执业资格证书，并在执业资格证书许可的范围内从事建筑活动。如：建筑师、监理工程师、造价工程师、建造师等。

2. 建筑工程发包与承包

建筑工程的发包单位与承包单位应当依法订立书面合同，明确双方的权利和义务。发包单位和承包单位应当全面履行合同约定的义务。不按照合同约定履行义务的，依法承担违约责任。建筑工程造价应当按照国家有关规定，由发包单位与承包单位在合同中约定。发包单位应当按照合同的约定，及时拨付工程款项。

（1）建筑工程发包。建筑工程实行招标发包的，发包单位应当将建筑工程发包给依法中标的承包单位。建筑工程实行直接发包的，发包单位应当将建筑工程发包给具有相应资质条件的承包单位。

提倡对建筑工程实行总承包，禁止将建筑工程肢解发包。建筑工程的发包单位可以将建筑工程的勘察、设计、施工、设备采购一并发包给一个工程总承包单位，也可以将建筑工程勘察、设计、施工、设备采购的一项或者多项发包给一个工程总承包单位；但是，不得将应当由一个承包单位完成的建筑工程肢解成若干部分发包给几个承包单位。

按照合同约定，建筑材料、建筑构配件和设备由工程承包单位采购的，发包单位不得指定承包单位购入用于工程的建筑材料、建筑构配件和设备或者指定生产厂、供应商。

（2）建筑工程承包。承包建筑工程的单位应当持有依法取得的资质证书，并在其资质等级许可的业务范围内承揽工程。禁止建筑施工企业超越本企业资质等级许可的业务范围或者以任何形式用其他建筑施工企业的名义承揽工程。禁止建筑施工企业以任何形式允许其他单位或者个人使用本企业的资质证书、营业执照，以本企业的名义承揽工程。

1）联合体承包。大型建筑工程或者结构复杂的建筑工程，可以由两个以上的承包单位联合共同承包。两个以上不同资质等级的单位实行联合共同承包的，应当按照资质等级低的单位的业务许可范围承揽工程。共同承包的各方对承包合同的履行承担连带责任。

2）禁止转包。禁止承包单位将其承包的全部建筑工程转包给他人，禁止承包单位将其承包的全部建筑工程肢解以后以分包的名义分别转包给他人。

3）分包。建筑工程总承包单位可以将承包工程中的部分工程发包给具有相应资质条件的分包单位；但是，除总承包合同中约定的分包外，必须经建设单位认可。施工总承包的，建筑工程主体结构的施工必须由总承包单位自行完成。建筑工程总承包单位按照总承包合同的约定对建设单位负责；分包单位按照分包合同的约定对总承包单位负责。总承包单位和分包单位就分包工程对建设单位承担连带责任。禁止总承包单位将工程分包给不具备相应资质条件的单位。禁止分包单位将其承包的工程再分包。

3. 建筑安全生产管理

建筑工程安全生产管理必须坚持安全第一、预防为主的方针，建立健全安全生产的责任制度和群防群治制度。

（1）建设单位的安全生产管理。建设单位应当向建筑施工企业提供与施工现场相关的地下管线资料，建筑施工企业应当采取措施加以保护。

有下列情形之一的，建设单位应当按照国家有关规定办理申请批准手续：

1）需要临时占用规划批准范围以外场地的；

2）可能损坏道路、管线、电力、邮电通信等公共设施的；

3）需要临时停水、停电、中断道路交通的；

4）需要进行爆破作业的；

5）法律、法规规定需要办理报批手续的其他情形。

（2）建筑施工企业的安全生产管理。建筑施工企业必须依法加强对建筑安全生产的管理，执行安全生产责任制度，采取有效措施，防止伤亡和其他安全生产事故的发生。

1）施工现场安全管理。施工现场安全由建筑施工企业负责。实行施工总承包的，由总承包单位负责。分包单位向总承包单位负责，服从总承包单位对施工现场的安全生产管理。

2）安全生产教育培训。建筑施工企业应当建立健全劳动安全生产教育培训制度，加强对职工安全生产的教育培训；未经安全生产教育培训的人员，不得上岗作业。

3）安全生产防护。建筑施工企业和作业人员在施工过程中，应当遵守有关安全生产的法律、法规和建筑行业安全规章、规程，不得违章指挥或者违章作业。作业人员有权对影响人身健康的作业程序和作业条件提出改进意见，有权获得安全生产所需的防护用品。作业人员对危及生命安全和人身健康的行为有权提出批评、检举和控告。

4）工伤保险和意外伤害保险。建筑施工企业应当依法为职工参加工伤保险缴纳工伤保险费。鼓励企业为从事危险作业的职工办理意外伤害保险，支付保险费。

5）装修工程施工安全。涉及建筑主体和承重结构变动的装修工程，建设单位应当在施工前委托原设计单位或者具有相应资质条件的设计单位提出设计方案；没有设计方案的，不得施工。

6）房屋拆除安全。房屋拆除应当由具备保证安全条件的建筑施工单位承担，由建筑施工单位负责人对安全负责。

7）施工安全事故处理。施工中发生事故时，建筑施工企业应当采取紧急措施减少人员伤亡和事故损失，并按照国家有关规定及时向有关部门报告。

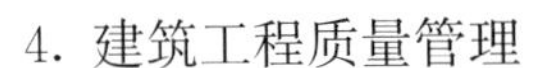

4. 建筑工程质量管理

国家对从事建筑活动的单位推行质量体系认证制度。从事建筑活动的单位根据自愿原则可以向国务院产品质量监督管理部门或者国务院产品质量监督管理部门授权的部门认可的认证机构申请质量体系认证。经认证合格的，由认证机构颁发质量体系认证证书。

建筑工程实行总承包的，工程质量由工程总承包单位负责，总承包单位将建筑工程分包给其他单位的，应当对分包工程的质量与分包单位承担连带责任。分包单位应当接受总承包单位的质量管理。

（1）建设单位的工程质量管理。建设单位不得以任何理由，要求建筑设计单位或者建筑施工企业在工程设计或者施工作业中，违反法律、行政法规和建筑工程质量、安全标准，降低工程质量。

（2）勘察、设计单位的工程质量管理。建筑工程的勘察、设计单位必须对其勘察、设计的质量负责。勘察、设计文件应当符合有关法律、行政法规的规定和建筑工程质量、安全标准、建筑工程勘察、设计技术规范以及合同的约定。设计文件选用的建筑材料、建筑构配件和设备，应当注明其规格、型号、性能等技术指标，其质量要求必须符合国家规定的标准。

建筑设计单位对设计文件选用的建筑材料、建筑构配件和设备，不得指定生产厂、供应商。

（3）施工单位的工程质量管理。建筑施工企业对工程的施工质量负责。建筑施工企业必须按照工程设计图纸和施工技术标准施工，不得偷工减料。工程设计的修改由原设计单位负责，建筑施工企业不得擅自修改工程设计。

建筑施工企业必须按照工程设计要求、施工技术标准和合同的约定，对建筑材料、建筑构配件和设备进行检验，不合格的不得使用。

建筑工程竣工时，屋顶、墙面不得留有渗漏、开裂等质量缺陷；对已发现的质量缺陷，建筑施工企业应当修复。

（二）《招标投标法》主要内容

《招标投标法》围绕招标和投标活动的各个环节，明确了招标方式、招标投标程序及有关各方的职责和义务，主要包括：招标、投标、开标、评标和中标等方面内容。

任何单位和个人不得将依法必须进行招标的项目化整为零或者以其他任何方式规避招标。依法必须进行招标的项目，其招标投标活动不受地区或者部门的限制。任何单位和个人不得违法限制或者排斥本地区、本系统以外的法人或者其他组织参加投标，不得以任何方式非法干涉招标投标活动。

1. 招标

（1）招标方式。招标分为公开招标和邀请招标两种方式。公开招标是指招标人以招标公告的方式邀请不特定的法人或者其他组织投标。邀请招标是指招标人以投标邀请书的方式邀请特定的法人或者其他组织投标。

1）招标人采用公开招标方式的，应当发布招标公告。依法必须进行招标的项目，应当通过国家指定的报刊、信息网络或者媒介发布招标公告。

2）招标人采用邀请招标方式的，应当向 3 个以上具备承担招标项目的能力、资信良好的特定法人或者其他组织发出投标邀请书。

招标公告或投标邀请书应当载明招标人的名称和地址，招标项目的性质、数量、实施地点和时间，以及获取招标文件的办法等事项。招标人不得以不合理的条件限制或者排斥潜在投标人，不得对潜在投标人实行歧视待遇。

（2）招标文件。招标人应当根据招标项目的特点和需要编制招标文件。招标文件应当包括招标项目的技术要求、对投标人资格审查的标准、投标报价要求和评标标准等所有实质性要求和条件以及拟签订合同的主要条款。招标项目需要划分标段、确定工期的，招标人应当合理划分标段、确定工期，并在招标文件中载明。

招标文件不得要求或者标明特定的生产供应者以及含有倾向或者排斥潜在投标人的其他内容。招标人不得向他人透露已获取招标文件的潜在投标人的名称、数量及可能影响公平竞争的有关招标投标的其他情况。

招标人对已发出的招标文件进行必要的澄清或者修改的，应当在招标文件要求提交投标文件截止时间至少 15 日前，以书面形式通知所有招标文件收受人。该澄清或者修改的内容为招标文件的组成部分。

（3）其他规定。招标人根据招标项目的具体情况，可以组织潜在投标人踏勘项目现场。招标人设有标底的，标底必须保密。招标人应当确定投标人编制投标文件所需要的合理时间。依法必须进行招标的项目，自招标文件开始发出之日起至投标人提交投标文件截止之日止，最短不得少于 20 日。

2. 投标

投标人应当具备承担招标项目的能力。国家有关规定对投标人资格条件或者招标文件对投标人资格条件有规定的，投标人应当具备规定的资格条件。

（1）投标文件。

1）投标文件的内容。投标人应当按照招标文件的要求编制投标文件。投标文件应当对招标文件提出的实质性要求和条件作出响应。建设施工项目的投标文件应当包括拟派出的项目负责人与主要技术人员的简历、业绩和拟用于完成招标项目的机械设备等内容。

根据招标文件载明的项目实际情况，投标人拟在中标后将中标项目的部分非主体、非关键工程进行分包的，应当在投标文件中载明。投标人在招标文件要求提交投标文件的截止时间前，可以补充、修改或者撤回已提交的投标文件，并书面通知招标人。补充、修改的内容为投标文件的组成部分。

2）投标文件的送达。投标人应当在招标文件要求提交投标文件的截止时间前，将投标文件送达投标地点。招标人收到投标文件后，应当签收保存，不得开启。投标人少于 3 个的，招标人应当依照《招标投标法》重新招标。

在招标文件要求提交投标文件的截止时间后送达的投标文件，招标人应当拒收。

（2）联合投标。两个以上法人或者其他组织可以组成一个联合体，以一个投标人的身份共同投标。联合体各方均应具备承担招标项目的相应能力。国家有关规定或者招标文件对投标人资格条件有规定的，联合体各方均应当具备规定的相应资格条件。由同一专业的单位组成的联合体，按照资质等级较低的单位确定资质等级。

联合体各方应当签订共同投标协议，明确约定各方拟承担的工作和责任，并将共同投标协议连同投标文件一并提交给招标人。联合体中标的，联合体各方应当共同与招标人签订合同，就中标项目向招标人承担连带责任。

招标人不得强制投标人组成联合体共同投标，不得限制投标人之间的竞争。

（3）其他规定。投标人不得相互串通投标报价，不得排挤其他投标人的公平竞争、损害招标人或其他投标人的合法权益。投标人不得与招标人串通投标，损害国家利益、社会公共利益或者他人的合法权益。投标人不得以低于成本的报价竞标，也不得以他人名义投标或者以其他方式弄虚作假，骗取中标。禁止投标人以向招标人或评标委员会成员行贿的手段谋取中标。

3. 开标、评标和中标

（1）开标。开标应当在招标人主持下，在招标文件确定的提交投标文件截止时间的同一时间公开进行。开标地点应当为招标文件中预先确定的地点。开标应邀请所有投标人参加。开标时，由投标人或者其推选的代表检查投标文件的密封情况，也可以由招标人委托的公证机构检查并公证。经确认无误后，由工作人员当众拆封，宣读投标人名称、投标价格和投标文件的其他主要内容。

招标人在招标文件要求提交投标文件的截止时间前收到的所有投标文件，开标时都应当当众予以拆封、宣读。开标过程应当记录，并存档备查。

（2）评标。评标由招标人依法组建的评标委员会负责。

1）评标委员会的组成。依法必须进行招标的项目，其评标委员会由招标人的代表和有关技术、经济等方面的专家组成，成员人数为 5 人以上单数。其中，技术、经济等方面的专家不得少于成员总数的 2/3。评标委员会的专家成员应当从事相关领域工作满八年并具有高级职称或者具有同等专业水平，由招标人从国务院有关部门或者省、自治区、直辖市人民政府有关部门提供的专家名册或者招标代理机构的专家库内的相关专业的专家名单中确定。一般招标项目可以采取随机抽取方式，特殊招标项目可以由招标人直接确定。

与投标人有利害关系的人不得进入相关项目的评标委员会，已经进入的应当进行更换。评标委员会成员的名单在中标结果确定前应当保密。

2）投标文件的澄清或者说明。评标委员会可以要求投标人对投标文件中含义不明确的内容作必要的澄清或者说明，但澄清或者说明不得超出投标文件的范围或改变投标文件的实质性内容。

3）评标保密与中标条件。招标人应当采取必要的措施，保证评标在严格保密的情况下进行。评标委员会应当按照招标文件确定的评标标准和方法，对投标文件进行评审和比较。设有标底的，应当参考标底。中标人的投标应当符合下列条件之一：

① 能够最大限度地满足招标文件中规定的各项综合评价标准；

② 能够满足招标文件的实质性要求，并且经评审的投标价格最低。但是，投标价格低于成本的除外。

评标委员会经评审，认为所有投标都不符合招标文件要求的，可以否决所有投标。

评标委员会完成评标后，应当向招标人提出书面评标报告，并推荐合格的中标候选人。招标人据此确定中标人。招标人也可以授权评标委员会直接确定中标人。在确定中标人前，招标人不得与投标人就投标价格、投标方案等实质性内容进行谈判。

（3）中标。中标人确定后，招标人应当向中标人发出中标通知书，并同时将中标结果通知所有未中标的投标人。中标通知书对招标人和中标人具有法律效力，中标通知书发出后，招标人改变中标结果或者中标人放弃中标项目的，应当依法承担法律责任。

招标人和中标人应当自中标通知书发出之日起 30 日内，按照招标文件和中标人的投标文件订立书面合同。招标人和中标人不得再订立背离合同实质性内容的其他协议。

招标文件要求中标人提交履约保证金的，中标人应当提交。依法必须进行招标的项目，招标人应当自确定中标人之日起 15 日内，向有关行政监督部门提交招标投标情况的书面报告。

（三）《民法典》第三编合同主要内容

《民法典》第三编合同指出，合同是民事主体之间设立、变更、终止民事法律关系的协议。《民法典》合同编第一分编通则中明确了合同订立、合同效力、合同履行、合同保全、合同变更和转让、合同权利义务终止、违约责任等事项。第二分编典型合同中明确了 19 类合同，即：买卖合同，供用电、水、气、热力合同，赠与合同，借款合同，保证合同，租赁合同，融资租赁合同，保理合同，承揽合同，建设工程合同，运输合同，技术合同，保管合同，仓储合同，委托合同，物业服务合同，行纪合同，中介合同，合伙合同。其中，建设工程合同包括工程勘察、设计、施工合同；建设工程监理合同、项目管理服务合同则属于委托合同。第三分编准合同明确了无因管理和不当得利。

1.《民法典》第三编合同通则主要内容

（1）合同订立。当事人订立合同，应当具有相应的民事权利能力和民事行为能力。当事人依法可以委托代理人订立合同。

1）合同形式。当事人订立合同，可以采用书面形式、口头形式或者其他形式。书面形式是指合同书、信件、电报、电传、传真等可以有形地表现所载内容的形式。以电子数据交换、电子邮件等方式能够有形地表现所载内容，并可以随时调取查用的数据电文，视为书面形式。建设工程合同、建设工程监理合同、项目管理服务合同应当采用书面形式。口头形式是指当事人以谈话方式订立的合同，如当面交谈、电话联系等。其他形式是指除书面形式、口头形式以外的方式来表现合同内容的形式。主要包括默示形式和推定形式。

2）合同内容。合同内容由当事人约定，一般包括下列条款：①当事人的姓名或名称和住所；②标的；③数量；④质量；⑤价款或者报酬；⑥履行期限、地点和方式；⑦违约责任；⑧解决争议的方法。当事人可以参照各类合同的示范文本订立合同。

3）合同订立程序。当事人订立合同，可以采取要约、承诺方式或者其他方式。

①要约。要约是希望与他人订立合同的意思表示。要约应当符合下列条件：a. 内容具体确定；b. 表明经受要约人承诺，要约人即受该意思表示约束。也就是说，要约必须是特定人的意思表示，必须是以缔结合同为目的，必须具备合同的主要条款。

有些要约之前还会有要约邀请。所谓要约邀请，是希望他人向自己发出要约的表示。要约邀请是当事人订立合同的预备行为，这种表示的内容往往不确定，不含有合同得以成立的主要内容和相对人同意后受其约束的表示，在法律上无需承担责任。拍卖公告、招标公告、招股说明书、债券募集办法、基金招募说明书、商业广告和宣传、寄送的价目表等为要约邀请。商业广告和宣传的内容符合要约条件的，构成要约。

a. 要约生效。要约到达受要约人时生效。采用数据电文形式订立合同，受要约人指定特定系统接收数据电文的，该数据电文进入该特定系统时生效；未指定特定系统的，受要约人知道或者应当知道该数据电文进入其系统时生效。当事人对采用数据电文形式的意思表示的生效时间另有约定的，按照其约定。

b. 要约撤回和撤销。要约可以撤回，撤回要约的通知应当在要约到达受要约人前或者与要约同时到达受要约人。

要约可以撤销，但是有下列情形之一的除外：

(a) 要约人已确定承诺期限或者以其他形式明示要约不可撤销；

(b) 受要约人有理由认为要约是不可撤销的，并已经为履行合同做了合理准备工作。

撤销要约的意思表示以对话方式作出的，该意思表示的内容应当在受要约人作出承诺之前为受要约人所知道；撤销要约的意思表示以非对话方式作出的，应当在受要约人作出承诺之前到达受要约人。

c. 要约失效。有下列情形之一的，要约失效：

(a) 要约被拒绝；

(b) 要约被依法撤销；

(c) 承诺期限届满，受要约人未作出承诺；

(d) 受要约人对要约的内容作出实质性变更。

②承诺。承诺是受要约人同意要约的意思表示。除根据交易习惯或者要约表明可以通过行为作出承诺外，承诺应当以通知的方式作出。

a. 承诺期限。承诺应当在要约确定的期限内到达要约人。要约没有确定承诺期限的，承诺应当依照下列规定到达：

(a) 要约以对话方式作出的，应当即时作出承诺；

(b) 要约以非对话方式作出的，承诺应当在合理期限内到达。

要约以信件或者电报作出的，承诺期限自信件载明的日期或者电报交发之日开始计算。信件未载明日期的，自投寄该信件的邮戳日期开始计算。要约以电话、传真、电子邮件等快速通信方式作出的，承诺期限自要约到达受要约人时开始计算。

b. 承诺生效。承诺通知到达要约人时生效。承诺不需要通知的，根据交易习惯或者要约的要求作出承诺的行为时生效。

受要约人在承诺期限内发出承诺，按照通常情形能够及时到达要约人，但是因其他原因致使承诺到达要约人时超过承诺期限的，除要约人及时通知受要约人因承诺超过期限不接受该承诺外，该承诺有效。

c. 承诺撤回。承诺可以撤回，撤回承诺的通知应当在承诺通知到达要约人前或者与承诺通知同时到达要约人。

d. 逾期承诺。受要约人超过承诺期限发出承诺，或者在承诺期限内发出承诺，按照通常情形不能及时到达要约人的，为新要约。但要约人及时通知受要约人该承诺有效的除外。

e. 要约内容变更。承诺的内容应当与要约的内容一致。受要约人对要约的内容作出实质性变更的，为新要约。有关合同标的、数量、质量、价款或者报酬、履行期限、履行地点和方式、违约责任和解决争议方法等的变更，是对要约内容的实质性变更。

承诺对要约的内容作出非实质性变更的，除要约人及时表示反对或者要约表明承诺不得对要约的内容作出任何变更外，该承诺有效，合同的内容以承诺的内容为准。

4) 合同成立。承诺生效时合同成立，但是法律另有规定或者当事人另有约定的除外。

①合同成立时间。当事人采用合同书形式订立合同的，自当事人均签字、盖章或者按

指印时合同成立。当事人采用信件、数据电文等形式订立合同要求签订确认书的，签订确认书时合同成立。

当事人一方通过互联网等信息网络发布的商品或者服务信息符合要约条件的，对方选择该商品或者服务并提交订单成功时合同成立，但是当事人另有约定的除外。

②合同成立地点。承诺生效的地点为合同成立的地点。采用数据电文形式订立合同的，收件人的主营业地为合同成立的地点；没有主营业地的，其住所地为合同成立的地点。当事人另有约定的，按照其约定。当事人采用合同书形式订立合同的，最后签名、盖章或者按指印的地点为合同成立的地点，但是当事人另有约定的除外。

③合同成立的其他情形。合同成立的情形包括：

a. 法律、行政法规规定或者当事人约定合同应当采用书面形式订立，当事人未采用书面形式但是一方已经履行主要义务，对方接受的；

b. 采用合同书形式订立合同，在签名、盖章或者按指印之前，当事人一方已经履行主要义务，对方接受的。

5）特殊合同。

①特殊需求合同。国家根据抢险救灾、疫情防控或者其他需要下达国家订货任务、指令性任务的，有关民事主体之间应当依照有关法律、行政法规规定的权利和义务订立合同。

依照法律、行政法规的规定，负有发出要约义务的当事人，应当及时发出合理的要约。负有作出承诺义务的当事人，不得拒绝对方合理的订立合同要求。

②预约合同。当事人约定在将来一定期限内订立合同的认购书、订购书、预订书等，构成预约合同。当事人一方不履行预约合同约定的订立合同义务的，对方可以请求其承担预约合同的违约责任。

6）格式条款。格式条款是当事人为了重复使用而预先拟定，并在订立合同时未与对方协商的条款。

①格式条款提供者的义务。采用格式条款订立合同的，提供格式条款的一方应当遵循公平原则确定当事人之间的权利和义务，并采取合理的方式提示对方注意免除或减轻其责任等与对方有重大利害关系的条款，按照对方的要求，对该条款予以说明。

提供格式条款的一方未履行提示或者说明义务，致使对方没有注意或者理解与其有重大利害关系的条款的，对方可以主张该条款不成为合同的内容。

②格式条款无效。提供格式条款一方不合理地免除或者减轻其责任、加重对方责任、限制或者排除对方主要权利的，该条款无效。此外，《民法典》合同编规定的无效合同情形，同样适用于格式合同条款。

③格式条款争议解决。对格式条款的理解发生争议的，应当按照通常理解予以解释。对格式条款有两种以上解释的，应当作出不利于提供格式条款一方的解释。格式条款和非格式条款不一致的，应当采用非格式条款。

7）缔约过失责任。当事人在订立合同过程中有下列情形之一，给对方造成损失的，应当承担赔偿责任：①假借订立合同，恶意进行磋商；②故意隐瞒与订立合同有关的重要事实或者提供虚假情况；③有其他违背诚信原则的行为。

当事人在订立合同过程中知悉的商业秘密或者其他应当保密的信息，无论合同是否成

立，不得泄露或者不正当地使用。泄露、不正当地使用该商业秘密或者信息，给对方造成损失的，应当承担赔偿责任。

（2）合同效力。

1）合同生效。依法成立的合同，自成立时生效，但是法律另有规定或者当事人另有约定的除外。

依照法律、行政法规的规定，合同应当办理批准等手续的，依照其规定。未办理批准等手续影响合同生效的，不影响合同中履行报批等义务条款以及相关条款的效力。应当办理申请批准等手续的当事人未履行义务的，对方可以请求其承担违反该义务的责任。

依照法律、行政法规的规定，合同的变更、转让、解除等情形应当办理批准等手续的，适用前述规定。

2）无权代理人代订合同。无权代理人以被代理人的名义订立合同，被代理人已经开始履行合同义务或者接受相对人履行的，视为对合同的追认。

法人的法定代表人或者非法人组织的负责人超越权限订立的合同，除相对人知道或者应当知道其超越权限外，该代表行为有效，订立的合同对法人或者非法人组织发生效力。

当事人超越经营范围订立的合同的效力，应当依照法律规定确定，不得仅以超越经营范围确认合同无效。

3）合同中免责条款无效情形。合同有下列情形之一的，合同无效：①造成对方人身损害的；②因故意或者重大过失造成对方财产损失的。

（3）合同履行。当事人应当按照约定全面履行自己的义务。当事人应当遵循诚信原则，根据合同的性质、目的和交易习惯履行通知、协助、保密等义务。当事人在履行合同过程中，还应当避免浪费资源、污染环境和破坏生态。

1）合同履行的一般规则。合同生效后，当事人就质量、价款或者报酬、履行地点等内容没有约定或者约定不明确的，可以协议补充；不能达成补充协议的，按照合同有关条款或者交易习惯确定。依照上述规定仍不能确定的，适用下列规定：

①质量要求不明确的，按照强制性国家标准履行；没有强制性国家标准的，按照推荐性国家标准履行；没有推荐性国家标准的，按照行业标准履行；没有国家标准、行业标准的，按照通常标准或者符合合同目的的特定标准履行。

②价款或者报酬不明确的，按照订立合同时履行地的市场价格履行；依法应当执行政府定价或者政府指导价的，按照规定履行。

③履行地点不明确，给付货币的，在接受货币一方所在地履行；交付不动产的，在不动产所在地履行；其他标的，在履行义务一方所在地履行。

④履行期限不明确的，债务人可以随时履行，债权人也可以随时要求履行，但应当给对方必要的准备时间。

⑤履行方式不明确的，按照有利于实现合同目的的方式履行。

⑥履行费用的负担不明确的，由履行义务一方负担；因债权人原因增加的履行费用，由债权人负担。

2）合同履行的特殊规则。

①电子合同履行。通过互联网等信息网络订立的电子合同的标的为交付商品并采用快递物流方式交付的，收货人的签收时间为交付时间。电子合同的标的为提供服务的，生成

的电子凭证或者实物凭证中载明的时间为提供服务时间；前述凭证没有载明时间或者载明时间与实际提供服务时间不一致的，以实际提供服务的时间为准。

电子合同的标的物为采用在线传输方式交付的，合同标的物进入对方当事人指定的特定系统且能够检索识别的时间为交付时间。

电子合同当事人对交付商品或者提供服务的方式、时间另有约定的，按照其约定。

②价格调整。执行政府定价或政府指导价的，在合同约定的交付期限内政府价格调整时，按照交付时的价格计价。逾期交付标的物的，遇价格上涨时，按照原价格执行；价格下降时，按照新价格执行。逾期提取标的物或者逾期付款的，遇价格上涨时，按照新价格执行；价格下降时，按照原价格执行。

③债务履行。以支付金钱为内容的债，除法律另有规定或者当事人另有约定外，债权人可以请求债务人以实际履行地的法定货币履行。

a. 多项标的的履行。标的有多项而债务人只需履行其中一项的，债务人享有选择权；但法律另有规定、当事人另有约定或者另有交易习惯的除外。

享有选择权的当事人在约定期限内或者履行期限届满未作选择，经催告后在合理期限内仍未选择的，选择权转移至对方。

当事人行使选择权应当及时通知对方，通知到达对方时，标的确定。标的确定后不得变更，但是经对方同意的除外。

可选择的标的发生不能履行情形的，享有选择权的当事人不得选择不能履行的标的，但是该不能履行的情形是由对方造成的除外。

b. 多个债权人情形。债权人为二人以上，标的可分，按照份额各自享有债权的，为按份债权；债务人为二人以上，标的可分，按照份额各自负担债务的，为按份债务。按份债权人或者按份债务人的份额难以确定的，视为份额相同。

债权人为二人以上，部分或者全部债权人均可以请求债务人履行债务的，为连带债权；债务人为二人以上，债权人可以请求部分或者全部债务人履行全部债务的，为连带债务。连带债权或者连带债务，由法律规定或者当事人约定。

c. 连带债务。连带债务人之间的份额难以确定的，视为份额相同。

实际承担债务超过自己份额的连带债务人，有权就超出部分在其他连带债务人未履行的份额范围内向其追偿，并相应地享有债权人的权利，但是不得损害债权人的利益。其他连带债务人对债权人的抗辩，可以向该债务人主张。

被追偿的连带债务人不能履行其应分担份额的，其他连带债务人应当在相应范围内按比例分担。

部分连带债务人履行、抵销债务或者提存标的物的，其他债务人对债权人的债务在相应范围内消灭；该债务人可以依据前条规定向其他债务人追偿。

部分连带债务人的债务被债权人免除的，在该连带债务人应当承担的份额范围内，其他债务人对债权人的债务消灭。

部分连带债务人的债务与债权人的债权同归于一人的，在扣除该债务人应当承担的份额后，债权人对其他债务人的债权继续存在。

债权人对部分连带债务人的给付受领迟延的，对其他连带债务人发生效力。

d. 连带债权。连带债权人之间的份额难以确定的，视为份额相同。实际受领债权的连带债权人，应当按比例向其他连带债权人返还。

④代为履行。当事人约定由债务人向第三人履行债务，债务人未向第三人履行债务或者履行债务不符合约定的，应当向债权人承担违约责任。

法律规定或者当事人约定第三人可以直接请求债务人向其履行债务，第三人未在合理期限内明确拒绝，债务人未向第三人履行债务或者履行债务不符合约定的，第三人可以请求债务人承担违约责任；债务人对债权人的抗辩，可以向第三人主张。

当事人约定由第三人向债权人履行债务，第三人不履行债务或者履行债务不符合约定的，债务人应当向债权人承担违约责任。

债务人不履行债务，第三人对履行该债务具有合法利益的，第三人有权向债权人代为履行；但根据债务性质、按照当事人约定或者依照法律规定只能由债务人履行的除外。

债权人接受第三人履行后，其对债务人的债权转让给第三人，但债务人和第三人另有约定的除外。

⑤抗辩权。当事人互负债务，没有先后履行顺序的，应当同时履行。一方在对方履行之前有权拒绝其履行要求。一方在对方履行债务不符合约定时，有权拒绝其相应的履行要求。

当事人互负债务，有先后履行顺序，先履行一方未履行的，后履行一方有权拒绝其履行要求。先履行一方履行债务不符合约定的，后履行一方有权拒绝其相应的履行要求。

应当先履行债务的当事人，有确切证据证明对方有下列情形之一的，可以中止履行：a. 经营状况严重恶化；b. 转移财产、抽逃资金，以逃避债务；c. 丧失商业信誉；d. 有丧失或者可能丧失履行债务能力的其他情形。

当事人没有确切证据中止履行的，应当承担违约责任。当事人依照前述规定中止履行的，应当及时通知对方。当对方提供适当担保的，应当恢复履行。中止履行后，对方在合理期限内未恢复履行能力并且未提供适当担保的，视为以自己的行为表明不履行主要债务，中止履行的一方可以解除合同并可以请求对方承担违约责任。

债权人分立、合并或者变更住所没有通知债务人，致使履行债务发生困难的，债务人可以中止履行或者将标的物提存。

⑥提前履行。债权人可以拒绝债务人提前履行债务，但提前履行不损害债权人利益的除外。债务人提前履行债务给债权人增加的费用，由债务人负担。

⑦部分履行。债权人可以拒绝债务人部分履行债务，但部分履行不损害债权人利益的除外。债务人部分履行债务给债权人增加的费用，由债务人负担。

⑧相关事项变更后的处置。合同生效后，当事人不得因姓名、名称的变更或者法定代表人、负责人、承办人的变动而不履行合同义务。

合同成立后，合同的基础条件发生了当事人在订立合同时无法预见的、不属于商业风险的重大变化，继续履行合同对于当事人一方明显不公平的，受不利影响的当事人可以与对方重新协商；在合理期限内协商不成的，当事人可以请求人民法院或者仲裁机构变更或者解除合同。

人民法院或者仲裁机构应当结合案件的实际情况，根据公平原则变更或者解除合同。

（4）合同保全。

1）代位权。因债务人怠于行使其债权或者与该债权有关的从权利，影响债权人的到期债权实现的，债权人可以向人民法院请求以自己的名义代位行使债务人对相对人的权利，但该权利专属于债务人自身的除外。代位权的行使范围以债权人的到期债权为限。债权人行使代位权的必要费用，由债务人负担。相对人对债务人的抗辩，可以向债权人主张。

债权人的债权到期前，债务人的债权或者与该债权有关的从权利存在诉讼时效期间即将届满或者未及时申报破产债权等情形，影响债权人的债权实现的，债权人可以代位向债务人的相对人请求其向债务人履行、向破产管理人申报或者作出其他必要的行为。

人民法院认定代位权成立的，由债务人的相对人向债权人履行义务，债权人接受履行后，债权人与债务人、债务人与相对人之间相应的权利义务终止。债务人对相对人的债权或者与该债权有关的从权利被采取保全、执行措施，或者债务人破产的，依照相关法律的规定处理。

2）撤销权。债务人以放弃其债权、放弃债权担保、无偿转让财产等方式无偿处分财产权益，或者恶意延长其到期债权的履行期限，影响债权人的债权实现的，债权人可以请求人民法院撤销债务人的行为。债务人以明显不合理的低价转让财产、以明显不合理的高价受让他人财产或者为他人的债务提供担保，影响债权人的债权实现，债务人的相对人知道或者应当知道该情形的，债权人可以请求人民法院撤销债务人的行为。

撤销权的行使范围以债权人的债权为限。债权人行使撤销权的必要费用，由债务人负担。撤销权自债权人知道或者应当知道撤销事由之日起 1 年内行使，自债务人的行为发生之日起 5 年内没有行使撤销权的，该撤销权消灭。债务人影响债权人的债权实现的行为被撤销的，自始没有法律约束力。

（5）合同变更和转让。

1）合同变更。当事人协商一致，可以变更合同。当事人对合同变更的内容约定不明确的，推定为未变更。

2）合同转让。合同转让是合同变更的一种特殊形式，合同转让不是变更合同中规定的权利义务内容，而是变更合同主体。

①债权转让。债权人可以将债权的全部或者部分转让给第三人。但有下列情形之一的除外：a. 根据债权性质不得转让；b. 按照当事人约定不得转让；c. 依照法律规定不得转让。

当事人约定非金钱债权不得转让的，不得对抗善意第三人。当事人约定金钱债权不得转让的，不得对抗第三人。

债权人转让债权，未通知债务人的，该转让对债务人不发生效力。债权转让的通知不得撤销，但是经受让人同意的除外。

债权人转让债权的，受让人取得与债权有关的从权利，但是该从权利专属于债权人自身的除外。受让人取得从权利不因该从权利未办理转移登记手续或者未转移占有而受到影响。

②抗辩与抵销。债务人接到债权转让通知后，债务人对让与人的抗辩，可以向受让人主张。

有下列情形之一的，债务人可以向受让人主张抵销：a. 债务人接到债权转让通知时，债务人对让与人享有债权，且债务人的债权先于转让的债权到期或者同时到期；b. 债务人的债权与转让的债权是基于同一合同产生。

因债权转让增加的履行费用，由让与人负担。

③债务转让。债务人将债务的全部或者部分转移给第三人的，应当经债权人同意。债务人或者第三人可以催告债权人在合理期限内予以同意，债权人未作表示的，视为不同意。

第三人与债务人约定加入债务并通知债权人，或者第三人向债权人表示愿意加入债务，债权人未在合理期限内明确拒绝的，债权人可以请求第三人在其愿意承担的债务范围内和债务人承担连带债务。

④债务转移。债务人转移债务的，新债务人可以主张原债务人对债权人的抗辩；原债务人对债权人享有债权的，新债务人不得向债权人主张抵销。

债务人转移债务的，新债务人应当承担与主债务有关的从债务，但是该从债务专属于原债务人自身的除外。

⑤债权债务一并转让。当事人一方经对方同意，可以将自己在合同中的权利和义务一并转让给第三人。合同的权利和义务一并转让的，适用债权转让、债务转移的有关规定。

（6）合同权利义务终止。

1）合同终止的条件。有下列情形之一的，债权债务终止：①债务已经履行；②债务相互抵销；③债务人依法将标的物提存；④债权人免除债务；⑤债权债务同归于一人；⑥法律规定或者当事人约定终止的其他情形。

合同解除的，该合同的权利义务关系终止。债权债务终止后，当事人应当遵循诚信等原则，根据交易习惯履行通知、协助、保密、旧物回收等义务。

债权债务终止时，债权的从权利同时消灭，但是法律另有规定或者当事人另有约定的除外。

2）债务履行。债务人对同一债权人负担的数项债务种类相同，债务人的给付不足以清偿全部债务的，除当事人另有约定外，由债务人在清偿时指定其履行的债务。

债务人未作指定的，应当优先履行已经到期的债务；数项债务均到期的，优先履行对债权人缺乏担保或者担保最少的债务；均无担保或者担保相等的，优先履行债务人负担较重的债务；负担相同的，按照债务到期的先后顺序履行；到期时间相同的，按照债务比例履行。

债务人在履行主债务外，还应当支付利息和实现债权的有关费用，其给付不足以清偿全部债务的，除当事人另有约定外，应当按照下列顺序履行：①实现债权的有关费用；②利息；③主债务。

3）合同解除。

①合同解除的条件。合同解除的条件可分为约定解除条件和法定解除条件。

约定解除条件：a. 当事人协商一致，可以解除合同；b. 当事人可以约定一方解除合同的事由。解除合同的事由发生时，解除权人可以解除合同。

法定解除条件。有下列情形之一的，当事人可以解除合同：a. 因不可抗力致使不能实现合同目的；b. 在履行期限届满前，当事人一方明确表示或者以自己的行为表明不履行主要债务；c. 当事人一方迟延履行主要债务，经催告后在合理期限内仍未履行；d. 当事人一方迟延履行债务或者有其他违约行为致使不能实现合同目的；e. 法律规定的其他情形。

以持续履行的债务为内容的不定期合同，当事人可以随时解除合同，但是应当在合理期限之前通知对方。

②合同解除权的行使。法律规定或者当事人约定解除权行使期限，期限届满当事人不行使的，该权利消灭。法律没有规定或者当事人没有约定解除权行使期限，自解除权人知道或者应当知道解除事由之日起一年内不行使，或者经对方催告后在合理期限内不行使的，该权利消灭。

当事人一方依法主张解除合同的，应当通知对方。合同自通知到达对方时解除；通知载明债务人在一定期限内不履行债务则合同自动解除，债务人在该期限内未履行债务的，合同自通知载明的期限届满时解除。对方对解除合同有异议的，任何一方当事人均可以请求人民法院或者仲裁机构确认解除行为的效力。

当事人一方未通知对方，直接以提起诉讼或者申请仲裁的方式依法主张解除合同，人民法院或者仲裁机构确认该主张的，合同自起诉状副本或者仲裁申请书副本送达对方时解除。

③合同解除后续事宜。合同解除后，尚未履行的，终止履行；已经履行的，根据履行情况和合同性质，当事人可以请求恢复原状或者采取其他补救措施，并有权请求赔偿损失。

合同因违约解除的，解除权人可以请求违约方承担违约责任，但是当事人另有约定的除外。

主合同解除后，担保人对债务人应当承担的民事责任仍应当承担担保责任，但是担保合同另有约定的除外。

合同的权利义务关系终止，不影响合同中结算和清理条款的效力。

4）合同债务抵销。当事人互负债务，该债务的标的物种类、品质相同的，任何一方可以将自己的债务与对方的到期债务抵销；但根据债务性质、按照当事人约定或者依照法律规定不得抵销的除外。

当事人主张抵销的，应当通知对方。通知自到达对方时生效。抵销不得附条件或者附期限。

当事人互负债务，标的物种类、品质不相同的，经协商一致，也可以抵销。

5）标的物提存。有下列情形之一，难以履行债务的，债务人可以将标的物提存：①债权人无正当理由拒绝受领；②债权人下落不明；③债权人死亡未确定继承人、遗产管理人，或者丧失民事行为能力未确定监护人；④法律规定的其他情形。标的物不适于提存或者提存费用过高的，债务人可以依法拍卖或者变卖标的物，提存所得的价款。

债务人将标的物或者将标的物依法拍卖、变卖所得价款交付提存部门时，提存成立。提存成立的，视为债务人在其提存范围内已经交付标的物。

标的物提存后，债务人应当及时通知债权人或债权人的继承人、遗产管理人、监护人、财产代管人。标的物提存后，毁损、灭失的风险由债权人承担。提存期间，标的物的孳息归债权人所有。提存费用由债权人负担。

债权人可以随时领取提存物，但债权人对债务人负有到期债务的，在债权人未履行债务或提供担保之前，提存部门根据债务人的要求应当拒绝其领取提存物。债权人领取提存

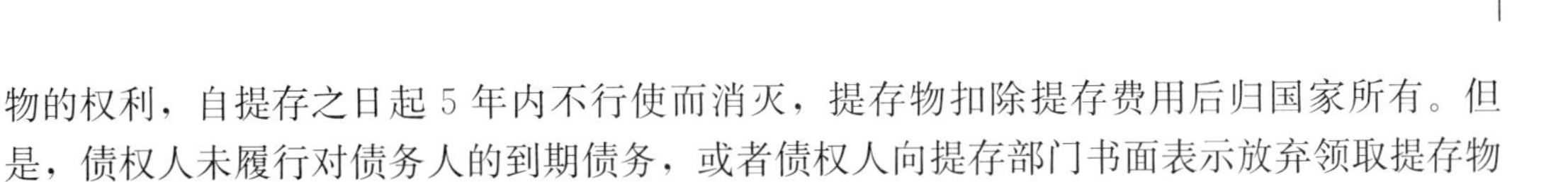

物的权利，自提存之日起5年内不行使而消灭，提存物扣除提存费用后归国家所有。但是，债权人未履行对债务人的到期债务，或者债权人向提存部门书面表示放弃领取提存物权利的，债务人负担提存费用后有权取回提存物。

(7) 违约责任。当事人一方不履行合同义务或者履行合同义务不符合约定的，应当承担继续履行、采取补救措施或者赔偿损失等违约责任。

1) 继续履行。当事人一方未支付价款、报酬、租金、利息，或者不履行其他金钱债务的，对方可以请求其支付。当事人一方不履行非金钱债务或者履行非金钱债务不符合约定的，对方可以请求履行，但有下列情形之一的除外：①法律上或者事实上不能履行；②债务的标的不适于强制履行或者履行费用过高；③债权人在合理期限内未请求履行。

有前述规定的除外情形之一，致使不能实现合同目的的，人民法院或者仲裁机构可以根据当事人的请求终止合同权利义务关系，但是不影响违约责任的承担。

当事人一方不履行债务或者履行债务不符合约定，根据债务的性质不得强制履行的，对方可以请求其负担由第三人替代履行的费用。

2) 采取补救措施。履行不符合约定的，应当按照当事人的约定承担违约责任。对违约责任没有约定或者约定不明确，依据本法第五百一十条的规定仍不能确定的，受损害方根据标的的性质以及损失的大小，可以合理选择请求对方承担修理、重作、更换、退货、减少价款或者报酬等违约责任。

当事人一方不履行合同义务或者履行合同义务不符合约定的，在履行义务或者采取补救措施后，对方还有其他损失的，应当赔偿损失。

3) 赔偿损失。当事人一方不履行合同义务或者履行合同义务不符合约定，造成对方损失的，损失赔偿额应当相当于因违约所造成的损失，包括合同履行后可以获得的利益；但是，不得超过违约一方订立合同时预见到或者应当预见到的因违约可能造成的损失。

当事人一方违约后，对方应当采取适当措施防止损失的扩大；没有采取适当措施致使损失扩大的，不得就扩大的损失要求赔偿。当事人因防止损失扩大而支出的合理费用，由违约方承担。

4) 支付违约金。当事人可以约定一方违约时应当根据违约情况向对方支付一定数额的违约金，也可以约定因违约产生的损失赔偿额的计算方法。约定的违约金低于造成的损失的，人民法院或者仲裁机构可以根据当事人的请求予以增加；约定的违约金过分高于造成的损失的，人民法院或者仲裁机构可以根据当事人的请求予以适当减少。

当事人就迟延履行约定违约金的，违约方支付违约金后，还应当履行债务。

5) 定金。当事人可以约定一方向对方给付定金作为债权的担保。定金合同自实际交付定金时成立。

定金的数额由当事人约定；但不得超过主合同标的额的20%，超过部分不产生定金的效力。实际交付的定金数额多于或者少于约定数额的，视为变更约定的定金数额。

债务人履行债务的，定金应当抵作价款或者收回。给付定金的一方不履行债务或者履行债务不符合约定，致使不能实现合同目的的，无权请求返还定金；收受定金的一方不履行债务或者履行债务不符合约定，致使不能实现合同目的的，应当双倍返还定金。

当事人既约定违约金，又约定定金的，一方违约时，对方可以选择适用违约金或者定金条款。定金不足以弥补一方违约造成的损失的，对方可以请求赔偿超过定金数额的损失。

2. 建设工程合同有关规定

建设工程合同是指承包人进行工程建设，发包人支付价款的合同。建设工程合同属于一种特殊的承揽合同，包括工程勘察、设计、施工合同。《民法典》合同编关于建设工程合同的主要规定如下：

（1）建设工程承发包。发包人可以与总承包人订立建设工程合同，也可以分别与勘察人、设计人、施工人订立勘察、设计、施工承包合同。发包人不得将应当由一个承包人完成的建设工程肢解成若干部分发包给数个承包人。

总承包人或者勘察、设计、施工承包人经发包人同意，可以将自己承包的部分工作交由第三人完成。第三人就其完成的工作成果与总承包人或者勘察、设计、施工承包人向发包人承担连带责任。承包人不得将其承包的全部建设工程转包给第三人或者将其承包的全部建设工程肢解以后以分包的名义分别转包给第三人。

禁止承包人将工程分包给不具备相应资质条件的单位。禁止分包单位将其承包的工程再分包。建设工程主体结构的施工必须由承包人自行完成。

（2）建设工程合同主要内容。勘察、设计合同的内容一般包括提交有关基础资料和概预算等文件的期限、质量要求、费用以及其他协作条件等条款。施工合同的内容一般包括工程范围、建设工期、中间交工工程的开工和竣工时间、工程质量、工程造价、技术资料交付时间、材料和设备供应责任、拨款和结算、竣工验收、质量保修范围和质量保证期、双方相互协作等条款。

（3）建设工程合同履行。

1）发包人权利和义务。

①发包人在不妨碍承包人正常作业的情况下，可以随时对作业进度、质量进行检查。

②因发包人变更计划，提供的资料不准确，或者未按照期限提供必需的勘察、设计工作条件而造成勘察、设计的返工、停工或者修改设计，发包人应当按照勘察人、设计人实际消耗的工作量增付费用。

③因施工人的原因致使建设工程质量不符合约定的，发包人有权要求施工人在合理期限内无偿修理或者返工、改建。经过修理或者返工、改建后，造成逾期交付的，施工人应当承担违约责任。

④承包人将建设工程转包、违法分包的，发包人可以解除合同。

⑤建设工程竣工后，发包人应当根据施工图纸及说明书、国家颁发的施工验收规范和质量检验标准及时进行验收。验收合格的，发包人应当按照约定支付价款，并接收该建设工程。建设工程竣工经验收合格后，方可交付使用；未经验收或者验收不合格的，不得交付使用。

2）承包人权利和义务。

①勘察、设计的质量不符合要求或者未按照期限提交勘察、设计文件拖延工期，造成发包人损失的，勘察人、设计人应当继续完善勘察、设计，减收或者免收勘察、设计费并赔偿损失。

②发包人未按照约定的时间和要求提供原材料、设备、场地、资金、技术资料的，承包人可以顺延工程日期，并有权要求赔偿停工、窝工等损失。

③因发包人的原因致使工程中途停建、缓建的，发包人应当采取措施弥补或者减少损

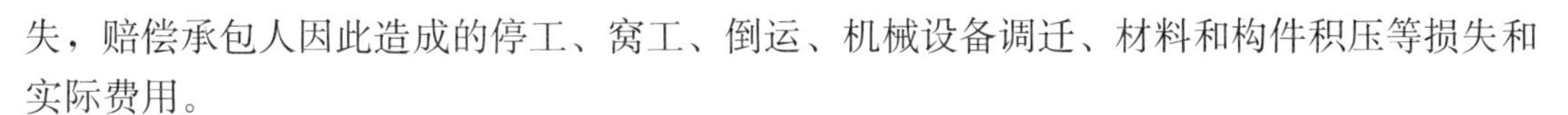

失，赔偿承包人因此造成的停工、窝工、倒运、机械设备调迁、材料和构件积压等损失和实际费用。

④隐蔽工程在隐蔽以前，承包人应当通知发包人检查。发包人没有及时检查的，承包人可以顺延工程日期，并有权要求赔偿停工、窝工等损失。

⑤发包人提供的主要建筑材料、建筑构配件和设备不符合强制性标准或者不履行协助义务，致使承包人无法施工，经催告后在合理期限内仍未履行相应义务的，承包人可以解除合同。

⑥因承包人的原因致使建设工程在合理使用期限内造成人身和财产损害的，承包人应当承担损害赔偿责任。

⑦发包人未按照约定支付价款的，承包人可以催告发包人在合理期限内支付价款。发包人逾期不支付的，除按照建设工程的性质不宜折价、拍卖外，承包人可以与发包人协议将该工程折价，也可以申请人民法院将该工程依法拍卖。建设工程的价款就该工程折价或者拍卖的价款优先受偿。

(4) 建设工程施工合同无效的处置。建设工程施工合同无效，但是建设工程经验收合格的，可以参照合同关于工程价款的约定折价补偿承包人。建设工程施工合同无效，且建设工程经验收不合格的，按照以下情形处理：

1) 修复后的建设工程经验收合格的，发包人可以请求承包人承担修复费用；

2) 修复后的建设工程经验收不合格的，承包人无权请求参照合同关于工程价款的约定折价补偿。

发包人对因建设工程不合格造成的损失有过错的，应当承担相应的责任。

3. 委托合同有关规定

委托合同是指委托人和受托人约定，由受托人处理委托人事务的合同。委托人可以特别委托受托人处理一项或者数项事务，也可以概括委托受托人处理一切事务。

建设工程实行监理的，发包人应当与监理人采用书面形式订立委托监理合同。发包人与监理人的权利和义务以及法律责任，应当依照《民法典》合同编委托合同及其他有关法律、行政法规的规定。《民法典》合同编关于委托合同的主要规定如下：

(1) 委托人主要权利和义务。

1) 委托人应当预付处理委托事务的费用。受托人为处理委托事务垫付的必要费用，委托人应当偿还该费用及其利息。

2) 有偿的委托合同，因受托人的过错给委托人造成损失的，委托人可以要求赔偿损失。无偿的委托合同，因受托人的故意或者重大过失给委托人造成损失的，委托人可以要求赔偿损失。受托人超越权限给委托人造成损失的，应当赔偿损失。

3) 受托人完成委托事务的，委托人应当向其支付报酬。因不可归责于受托人的事由，委托合同解除或者委托事务不能完成的，委托人应当向受托人支付相应的报酬。当事人另有约定的，按照其约定。

(2) 受托人主要权利和义务。

1) 受托人应当按照委托人的指示处理委托事务。需要变更委托人指示的，应当经委托人同意；因情况紧急，难以和委托人取得联系的，受托人应当妥善处理委托事务，但事后应当将该情况及时报告委托人。

2）受托人应当亲自处理委托事务。经委托人同意，受托人可以转委托。转委托经同意或者追认的，委托人可以就委托事务直接指示转委托的第三人，受托人仅就第三人的选任及其对第三人的指示承担责任。转委托未经同意或者追认的，受托人应当对转委托的第三人的行为承担责任，但在紧急情况下受托人为了维护委托人的利益需要转委托第三人的除外。

3）受托人应当按照委托人的要求，报告委托事务的处理情况。委托合同终止时，受托人应当报告委托事务的结果。

4）受托人处理委托事务时，因不可归责于自己的事由受到损失的，可以向委托人要求赔偿损失。

5）委托人经受托人同意，可以在受托人之外委托第三人处理委托事务。因此给受托人造成损失的，受托人可以向委托人要求赔偿损失。

6）两个以上的受托人共同处理委托事务的，对委托人承担连带责任。

（四）《安全生产法》主要内容

《安全生产法》强调建立生产经营单位负责、职工参与、政府监管、行业自律和社会监督的安全生产管理机制，要求树牢安全发展理念，坚持安全第一、预防为主、综合治理的方针，从源头上防范化解重大安全风险。《安全生产法》主要包括：生产经营单位的安全生产保障、从业人员的安全生产权利义务、安全生产的监督管理、生产安全事故的应急救援与调查处理等方面内容。

1. 生产经营单位的安全生产保障

生产经营单位应当具备相关法律、行政法规和国家标准或者行业标准规定的安全生产条件；不具备安全生产条件的，不得从事生产经营活动。

（1）生产经营单位的主要负责人对本单位安全生产工作的职责。包括：①建立健全本单位全员安全生产责任制，加强安全生产标准化建设；②组织制定并实施本单位安全生产规章制度和操作规程；③组织制定并实施本单位安全生产教育和培训计划；④保证本单位安全生产投入的有效实施；⑤组织建立并落实安全风险分级管控和隐患排查治理双重预防工作机制，督促、检查本单位的安全生产工作，及时消除生产安全事故隐患；⑥组织制定并实施本单位的生产安全事故应急救援预案；⑦及时、如实报告生产安全事故。

（2）生产经营单位的安全生产管理机构及安全生产管理人员职责。矿山、金属冶炼、建筑施工、运输单位和危险物品的生产、经营、储存、装卸单位，应当设置安全生产管理机构或者配备专职安全生产管理人员。上述单位以外的其他生产经营单位，从业人员超过100人的，应当设置安全生产管理机构或者配备专职安全生产管理人员；从业人员在100人以下的，应当配备专职或者兼职的安全生产管理人员。

生产经营单位的安全生产管理机构及安全生产管理人员履行下列职责：①组织或参与拟订本单位安全生产规章制度、操作规程和生产安全事故应急救援预案；②组织或参与本单位安全生产教育和培训，如实记录安全生产教育和培训情况；③组织开展危险源辨识和评估，督促落实本单位重大危险源的安全管理措施；④组织或参与本单位应急救援演练；⑤检查本单位的安全生产状况，及时排查生产安全事故隐患，提出改进安全生产管理的建议；⑥制止和纠正违章指挥、强令冒险作业、违反操作规程的行为；⑦督促落实本单位安全生产整改措施。

生产经营单位可以设置专职安全生产分管负责人，协助本单位主要负责人履行安全生产管理职责。

（3）安全生产教育和培训。生产经营单位应当对从业人员进行安全生产教育和培训，保证从业人员具备必要的安全生产知识，熟悉有关的安全生产规章制度和安全操作规程，掌握本岗位的安全操作技能，了解事故应急处理措施，知悉自身在安全生产方面的权利和义务。未经安全生产教育和培训合格的从业人员，不得上岗作业。

（4）安全风险分级管控及事故隐患排查治理制度。生产经营单位应当建立安全风险分级管控制度，按照安全风险分级采取相应的管控措施。生产经营单位应当建立健全并落实生产安全事故隐患排查治理制度，采取技术、管理措施，及时发现并消除事故隐患。事故隐患排查治理情况应当如实记录，并通过职工大会或者职工代表大会、信息公示栏等方式向从业人员通报。其中，重大事故隐患排查治理情况应当及时向负有安全生产监督管理职责的部门和职工大会或者职工代表大会报告。

（5）生产经营单位投保责任。生产经营单位必须依法参加工伤保险，为从业人员缴纳保险费。国家鼓励生产经营单位投保安全生产责任保险；属于国家规定的高危行业、领域的生产经营单位，应当投保安全生产责任保险。

2. 从业人员的安全生产权利义务

（1）生产经营单位的从业人员有权了解其作业场所和工作岗位存在的危险因素、防范措施及事故应急措施，有权对本单位的安全生产工作提出建议。

（2）从业人员有权对本单位安全生产工作中存在的问题提出批评、检举、控告；有权拒绝违章指挥和强令冒险作业。

（3）从业人员发现直接危及人身安全的紧急情况时，有权停止作业或者在采取可能的应急措施后撤离作业场所。

（4）因生产安全事故受到损害的从业人员，除依法享有工伤保险外，依照有关民事法律尚有获得赔偿的权利的，有权提出赔偿要求。

（5）从业人员在作业过程中，应当严格落实岗位安全责任，遵守本单位的安全生产规章制度和操作规程，服从管理，正确佩戴和使用劳动防护用品。

（6）从业人员应当接受安全生产教育和培训，掌握本职工作所需的安全生产知识，提高安全生产技能，增强事故预防和应急处理能力。

（7）从业人员发现事故隐患或者其他不安全因素，应当立即向现场安全生产管理人员或者本单位负责人报告；接到报告的人员应当及时予以处理。

3. 安全生产的监督管理

应急管理部门应当按照分类分级监督管理的要求，制定安全生产年度监督检查计划，并按照年度监督检查计划进行监督检查，发现事故隐患，应及时处理。

生产经营单位对负有安全生产监督管理职责部门的监督检查人员依法履行监督检查职责，应当予以配合，不得拒绝、阻挠。

4. 生产安全事故的应急救援与调查处理

（1）应急救援。县级以上地方各级人民政府应当组织有关部门制定本行政区域内生产安全事故应急救援预案，建立应急救援体系。生产经营单位应当制定本单位生产安全事故应急救援预案，与所在地县级以上地方人民政府组织制定的生产安全事故应急救援预案相衔接，并定期组织演练。

危险物品的生产、经营、储存单位及矿山、金属冶炼、城市轨道交通运营、建筑施工单位应当建立应急救援组织；生产经营规模较小的，可以不建立应急救援组织，但应当指定兼职的应急救援人员。这些单位应当配备必要的应急救援器材、设备和物资，并进行经常性维护、保养，保证正常运转。

（2）事故报告与调查处理。生产经营单位发生生产安全事故后，事故现场有关人员应当立即报告本单位负责人。单位负责人接到事故报告后，应当迅速采取有效措施，组织抢救，防止事故扩大，减少人员伤亡和财产损失，并按照国家有关规定立即如实报告当地负有安全生产监督管理职责的部门，不得隐瞒不报、谎报或者迟报，不得故意破坏事故现场、毁灭有关证据。

事故调查处理应当按照科学严谨、依法依规、实事求是、注重实效的原则，及时、准确地查清事故原因，查明事故性质和责任，评估应急处置工作，总结事故教训，提出整改措施，并对事故责任单位和个人提出处理建议。事故调查报告应当依法及时向社会公布。

事故发生单位应当及时全面落实整改措施，负有安全生产监督管理职责的部门应当加强监督检查。

二、行政法规

建设工程行政法规法律是指由国务院通过的规范工程建设活动的法律规范，以国务院令形式予以公布。与建设工程监理密切相关的行政法规有：《建设工程质量管理条例》《建设工程安全生产管理条例》《生产安全事故报告和调查处理条例》和《招标投标法实施条例》等。

（一）《建设工程质量管理条例》相关内容

为了加强对建设工程质量的管理，保证建设工程质量，《建设工程质量管理条例》明确了建设单位、勘察单位、设计单位、施工单位、工程监理单位的质量责任和义务，以及工程质量保修期限。

1. 建设单位的质量责任和义务

（1）工程发包。建设单位应当将工程发包给具有相应资质等级的单位。建设单位不得将建设工程肢解发包。

建设单位应当依法对工程建设项目的勘察、设计、施工、监理以及与工程建设有关的重要设备、材料等的采购进行招标。不得迫使承包方以低于成本的价格竞标，不得任意压缩合理工期；不得明示或者暗示设计单位或者施工单位违反工程建设强制性标准，降低建设工程质量。

建设单位必须向有关的勘察、设计、施工、工程监理等单位提供与建设工程有关的原始资料。原始资料必须真实、准确、齐全。

（2）施工图设计文件审查。施工图设计文件未经审查批准的，不得使用。

（3）委托工程监理。实行监理的建设工程，建设单位应当委托监理。具体规定详见第一章。

（4）工程施工阶段责任和义务。

1）建设单位在领取施工许可证或者开工报告前，应当按照国家有关规定办理工程质量监督手续。

2）按照合同约定，由建设单位采购建筑材料、建筑构配件和设备的，建设单位应当保证建筑材料、建筑构配件和设备符合设计文件和合同要求。建设单位不得明示或者暗示施工单位使用不合格的建筑材料、建筑构配件和设备。

3）涉及建筑主体和承重结构变动的装修工程，建设单位应当在施工前委托原设计单位或者具有相应资质等级的设计单位提出设计方案；没有设计方案的，不得施工。房屋建筑使用者在装修过程中，不得擅自变动房屋建筑主体和承重结构。

（5）组织工程竣工验收。建设单位收到建设工程竣工报告后，应当组织设计、施工、工程监理等有关单位进行竣工验收。建设工程经验收合格的，方可交付使用。

建设工程竣工验收应当具备下列条件：

1）完成建设工程设计和合同约定的各项内容；

2）有完整的技术档案和施工管理资料；

3）有工程使用的主要建筑材料、建筑构配件和设备的进场试验报告；

4）有勘察、设计、施工、工程监理等单位分别签署的质量合格文件；

5）有施工单位签署的工程保修书。

建设单位应当严格按照国家有关档案管理的规定，及时收集、整理建设项目各环节的文件资料，建立健全建设项目档案，并在建设工程竣工验收后，及时向建设行政主管部门或者其他有关部门移交建设项目档案。

2. 勘察、设计单位的质量责任和义务

（1）工程承揽。从事建设工程勘察、设计的单位应当依法取得相应等级的资质证书，并在其资质等级许可的范围内承揽工程。禁止勘察、设计单位超越其资质等级许可的范围或者以其他勘察、设计单位的名义承揽工程。禁止勘察、设计单位允许其他单位或者个人以本单位的名义承揽工程。勘察、设计单位不得转包或者违法分包所承揽的工程。

（2）勘察设计过程中的质量责任和义务。勘察、设计单位必须按照工程建设强制性标准进行勘察、设计，并对其勘察、设计的质量负责。勘察单位提供的地质、测量、水文等勘察成果必须真实、准确。设计单位应当根据勘察成果文件进行建设工程设计。设计文件应当符合国家规定的设计深度要求，注明工程合理使用年限。注册建筑师、注册结构工程师等注册执业人员应当在设计文件上签字，对设计文件负责。设计单位还应当就审查合格的施工图设计文件向施工单位作出详细说明。

设计单位在设计文件中选用的建筑材料、建筑构配件和设备，应当注明规格、型号、性能等技术指标，其质量要求必须符合国家规定的标准。除有特殊要求的建筑材料、专用设备、工艺生产线等外，设计单位不得指定生产厂、供应商。

设计单位还应当参与建设工程质量事故分析，并对因设计造成的质量事故，提出相应的技术处理方案。

3. 施工单位的质量责任和义务

（1）工程承揽。施工单位应当依法取得相应等级的资质证书，并在其资质等级许可的范围内承揽工程。禁止施工单位超越本单位资质等级许可的业务范围或者以其他施工单位的名义承揽工程；禁止施工单位允许其他单位或者个人以本单位的名义承揽工程。施工单位不得转包或者违法分包工程。

（2）工程施工质量责任和义务。施工单位对建设工程的施工质量负责。施工单位应当建立质量责任制，确定工程项目的项目经理、技术负责人和施工管理负责人。施工单位还应当建立、健全教育培训制度，加强对职工的教育培训；未经教育培训或者考核不合格的人员，不得上岗作业。

建设工程实行总承包的，总承包单位应当对全部建设工程质量负责；建设工程勘察、设计、施工、设备采购的一项或者多项实行总承包的，总承包单位应当对其承包的建设工程或者采购的设备的质量负责。

总承包单位依法将建设工程分包给其他单位的，分包单位应当按照分包合同的约定对其分包工程的质量向总承包单位负责，总承包单位与分包单位对分包工程的质量承担连带责任。

施工单位必须按照工程设计图纸和施工技术标准施工，不得擅自修改工程设计，不得偷工减料。施工单位在施工过程中发现设计文件和图纸有差错的，应当及时提出意见和建议。

（3）质量检验。施工单位必须按照工程设计要求、施工技术标准和合同约定，对建筑材料、建筑构配件、设备和商品混凝土进行检验，检验应当有书面记录和专人签字；未经检验或者检验不合格的，不得使用。

施工人员对涉及结构安全的试块、试件以及有关材料，应当在建设单位或者工程监理单位监督下现场取样，并送具有相应资质等级的质量检测单位进行检测。

施工单位必须建立、健全施工质量的检验制度，严格工序管理，做好隐蔽工程的质量检查和记录。隐蔽工程在隐蔽前，施工单位应当通知建设单位和建设工程质量监督机构。施工单位对施工中出现质量问题的建设工程或者竣工验收不合格的建设工程，应当负责返修。

4. 工程监理单位的质量责任和义务

（1）建设工程监理业务承揽。工程监理单位应当依法取得相应等级的资质证书，并在其资质等级许可的范围内承担工程监理业务。禁止工程监理单位超越本单位资质等级许可的范围或者以其他工程监理单位的名义承担建设工程监理业务；禁止工程监理单位允许其他单位或者个人以本单位的名义承担建设工程监理业务。工程监理单位不得转让建设工程监理业务。

工程监理单位与被监理工程的施工承包单位以及建筑材料、建筑构配件和设备供应单位有隶属关系或者其他利害关系的，不得承担该项建设工程的监理业务。

（2）建设工程监理实施。工程监理单位应当依照法律、法规以及有关技术标准、设计文件和建设工程承包合同，代表建设单位对施工质量实施监理，并对施工质量承担监理责任。

监理工程师应当按照建设工程监理规范的要求，采取旁站、巡视和平行检验等形式，对建设工程实施监理。

工程监理单位的质量责任和义务的其他内容详见第一章。

5. 工程质量保修

（1）建设工程质量保修制度。建设工程实行质量保修制度。建设工程承包单位在向建设单位提交工程竣工验收报告时，应当向建设单位出具质量保修书。质量保修书中应当明确建设工程的保修范围、保修期限和保修责任等。建设工程的保修期，自竣工验收合格之日起计算。

建设工程在保修范围和保修期限内发生质量问题的，施工单位应当履行保修义务，并对造成的损失承担赔偿责任。建设工程在超过合理使用年限后需要继续使用的，产权所有人应当委托具有相应资质等级的勘察、设计单位鉴定，并根据鉴定结果采取加固、维修等措施，重新界定使用期。

（2）建设工程最低保修期限。在正常使用条件下，建设工程最低保修期限为：

1）基础设施工程、房屋建筑的地基基础工程和主体结构工程，为设计文件规定的该工程合理使用年限。

2）屋面防水工程、有防水要求的卫生间、房间和外墙面的防渗漏，为 5 年。

3）供热与供冷系统，为 2 个采暖期、供冷期。

4）电气管道、给水排水管道、设备安装和装修工程，为 2 年。

其他工程的保修期限由发包方与承包方约定。

6. 工程竣工验收备案和质量事故报告

（1）工程竣工验收备案。建设单位应当自建设工程竣工验收合格之日起 15 日内，将建设工程竣工验收报告和规划、公安消防、环保等部门出具的认可文件或者准许使用文件报建设行政主管部门或者其他有关部门备案。

（2）工程质量事故报告。建设工程发生质量事故，有关单位应当在 24 小时内向当地建设行政主管部门和其他有关部门报告。对重大质量事故，事故发生地的建设行政主管部门和其他有关部门应当按照事故类别和等级向当地人民政府和上级建设行政主管部门和其他有关部门报告。特别重大质量事故的调查程序按照国务院有关规定办理。任何单位和个人对建设工程的质量事故、质量缺陷都有权检举、控告、投诉。

（二）《建设工程安全生产管理条例》相关内容

为了加强建设工程安全生产监督管理，《建设工程安全生产管理条例》明确了建设单位、勘察单位、设计单位、施工单位、工程监理单位及其他与建设工程安全生产有关单位的安全生产责任，以及生产安全事故应急救援和调查处理的相关事宜。

1. 建设单位的安全责任

（1）提供资料。建设单位应当向施工单位提供施工现场及毗邻区域内供水、排水、供电、供气、供热、通信、广播电视等地下管线资料，气象和水文观测资料，相邻建筑物和构筑物、地下工程的有关资料，并保证资料的真实、准确、完整。

（2）禁止行为。建设单位不得对勘察、设计、施工、工程监理等单位提出不符合建设工程安全生产法律、法规和强制性标准规定的要求，不得压缩合同约定的工期；不得明示或者暗示施工单位购买、租赁、使用不符合安全施工要求的安全防护用具、机械设备、施工机具及配件、消防设施和器材。

（3）安全施工措施及其费用。建设单位在编制工程概算时，应当确定建设工程安全作业环境及安全施工措施所需费用；在申请领取施工许可证时，应当提供建设工程有关安全施工措施的资料。

依法批准开工报告的建设工程，建设单位应当自开工报告批准之日起 15 日内，将保证安全施工的措施报送建设工程所在地的县级以上地方人民政府建设行政主管部门或者其他有关部门备案。

（4）拆除工程发包与备案。建设单位应当将拆除工程发包给具有相应资质等级的施工单位，并在拆除工程施工 15 日前，将下列资料报送建设工程所在地的县级以上地方人民政府建设行政主管部门或者其他有关部门备案：

1）施工单位资质等级证明；

2）拟拆除建筑物、构筑物及可能危及毗邻建筑的说明；

3）拆除施工组织方案；

4）堆放、清除废弃物的措施。

实施爆破作业的，应当遵守国家有关民用爆炸物品管理的规定。

2. 勘察、设计、工程监理及其他有关单位的安全责任

（1）勘察单位的安全责任。勘察单位应当按照法律、法规和工程建设强制性标准进行勘察，提供的勘察文件应当真实、准确，满足建设工程安全生产的需要。

勘察单位在勘察作业时，应当严格执行操作规程，采取措施保证各类管线、设施和周边建筑物、构筑物的安全。

（2）设计单位的安全责任。设计单位应当按照法律、法规和工程建设强制性标准进行设计，防止因设计不合理导致生产安全事故的发生。

设计单位应当考虑施工安全操作和防护的需要，对涉及施工安全的重点部位和环节在设计文件中注明，并对防范生产安全事故提出指导意见。采用新结构、新材料、新工艺的建设工程和特殊结构的建设工程，设计单位应当在设计中提出保障施工作业人员安全和预防生产安全事故的措施建议。设计单位和注册建筑师等注册执业人员应当对其设计负责。

（3）工程监理单位的安全责任。工程监理单位和监理工程师应当按照法律、法规和工程建设强制性标准实施监理，并对建设工程安全生产承担监理责任。工程监理单位的具体职责详见第一章。

（4）机械设备配件供应单位的安全责任。为建设工程提供机械设备和配件的单位，应当按照安全施工的要求配备齐全有效的保险、限位等安全设施和装置。出租的机械设备和施工机具及配件，应当具有生产（制造）许可证、产品合格证。出租单位应当对出租的机械设备和施工机具及配件的安全性能进行检测，在签订租赁协议时，应当出具检测合格证明。禁止出租检测不合格的机械设备和施工机具及配件。

（5）施工机械设施安装单位的安全责任。在施工现场安装、拆卸施工起重机械和整体提升脚手架、模板等自升式架设设施，必须由具有相应资质的单位承担。安装、拆卸上述机械和设施，应当编制拆装方案、制定安全施工措施，并由专业技术人员现场监督。安装完毕后，安装单位应当自检，出具自检合格证明，并向施工单位进行安全使用说明，办理验收手续并签字。上述机械和设施的使用达到国家规定的检验检测期限的，必须经具有专业资质的检验检测机构检测。检验检测机构应当出具安全合格证明文件，并对检测结果负责。经检测不合格的，不得继续使用。

3. 施工单位的安全责任

（1）工程承揽。施工单位从事建设工程的新建、扩建、改建和拆除等活动，应当具备国家规定的注册资本、专业技术人员、技术装备和安全生产等条件，依法取得相应等级的资质证书，并在其资质等级许可的范围内承揽工程。

（2）安全生产责任制度。施工单位主要负责人依法对本单位的安全生产工作全面负责。施工单位应当建立健全安全生产责任制度，制定安全生产规章制度和操作规程，保证本单位安全生产条件所需资金的投入，对所承担的建设工程进行定期和专项安全检查，并做好安全检查记录。

施工单位的项目负责人应当由取得相应执业资格的人员担任，对建设工程项目的安全施工负责，落实安全生产责任制度、安全生产规章制度和操作规程，确保安全生产费用的有效使用，并根据工程的特点组织制定安全施工措施，消除安全事故隐患，及时、如实报告生产安全事故。

建设工程实行施工总承包的，由总承包单位对施工现场的安全生产负总责。总承包单位依法将建设工程分包给其他单位的，分包合同中应当明确各自的安全生产方面的权利、义务。总承包单位和分包单位对分包工程的安全生产承担连带责任。分包单位应当服从总承包单位的安全生产管理，如分包单位不服从管理导致生产安全事故，由分包单位承担主要责任。

（3）安全生产管理费用。施工单位对列入建设工程概算的安全作业环境及安全施工措施所需费用，应当用于施工安全防护用具及设施的采购和更新、安全施工措施的落实、安全生产条件的改善，不得挪作他用。

（4）施工现场安全生产管理。施工单位应当设立安全生产管理机构，配备专职安全生产管理人员。建设工程施工前，施工单位负责项目管理的技术人员应当对有关安全施工的技术要求向施工作业班组、作业人员作出详细说明，并由双方签字确认。

专职安全生产管理人员负责对安全生产进行现场监督检查。发现安全事故隐患，应当及时向项目负责人和安全生产管理机构报告；对违章指挥、违章操作应当立即制止。

（5）安全生产教育培训。施工单位的主要负责人、项目负责人、专职安全生产管理人员应当经建设行政主管部门或者其他有关部门考核合格后方可任职。施工单位应当建立健全安全生产教育培训制度，应当对管理人员和作业人员每年至少进行一次安全生产教育培训，其教育培训情况记入个人工作档案。安全生产教育培训考核不合格的人员，不得上岗。

作业人员进入新的岗位或者新的施工现场前，应当接受安全生产教育培训。未经教育培训或者教育培训考核不合格的人员，不得上岗作业。施工单位在采用新技术、新工艺、新设备、新材料时，应当对作业人员进行相应的安全生产教育培训。

垂直运输机械作业人员、安装拆卸工、爆破作业人员、起重信号工、登高架设作业人员等特种作业人员，必须按照国家有关规定经过专门的安全作业培训，并取得特种作业操作资格证书后，方可上岗作业。

（6）安全技术措施和专项施工方案。施工单位应当在施工组织设计中编制安全技术措施和施工现场临时用电方案，对下列达到一定规模的危险性较大的分部分项工程编制专项施工方案，并附具安全验算结果，经施工单位技术负责人、总监理工程师签字后实施，由专职安全生产管理人员进行现场监督：①基坑支护与降水工程；②土方开挖工程；③模板工程；④起重吊装工程；⑤脚手架工程；⑥拆除、爆破工程；⑦国务院建设行政主管部门或者其他有关部门规定的其他危险性较大的工程。上述工程中涉及深基坑、地下暗挖工程、高大模板工程的专项施工方案，施工单位还应当组织专家进行论证、审查。

（7）施工现场安全防护。施工单位应当在施工现场入口处、施工起重机械、临时用电设施、脚手架、出入通道口、楼梯口、电梯井口、孔洞口、桥梁口、隧道口、基坑边沿、爆破物及有害危险气体和液体存放处等危险部位，设置明显的符合国家标准的安全警示标志。施工单位应当根据不同施工阶段和周围环境及季节、气候的变化，在施工现场采取相应的安全施工措施。施工现场暂时停止施工的，施工单位应当做好现场防护，所需费用由责任方承担，或者按照合同约定执行。

施工单位应当向作业人员提供安全防护用具和安全防护服装，并书面告知危险岗位的操作规程和违章操作的危害。作业人员应当遵守安全施工的强制性标准、规章制度和操作规程，正确使用安全防护用具、机械设备等。

（8）施工现场卫生、环境与消防安全管理。施工单位应当将施工现场的办公、生活区与作业区分开设置，并保持安全距离；办公、生活区的选址应当符合安全性要求。职工的膳食、饮水、休息场所等应当符合卫生标准。施工单位不得在尚未竣工的建筑物内设置员工集体宿舍。施工现场临时搭建的建筑物应当符合安全使用要求。施工现场使用的装配式活动房屋应当具有产品合格证。

施工单位对因建设工程施工可能造成损害的毗邻建筑物、构筑物和地下管线等，应当采取专项防护措施。施工单位应当遵守有关环境保护法律、法规的规定，在施工现场采取措施，防止或者减少粉尘、废气、废水、固体废物、噪声、振动和施工照明对人和环境的危害和污染。在城市市区内的建设工程，施工单位应当对施工现场实行封闭围挡。

施工单位应当在施工现场建立消防安全责任制度，确定消防安全责任人，制定用火、用电、使用易燃易爆材料等各项消防安全管理制度和操作规程，设置消防通道、消防水源，配备消防设施和灭火器材，并在施工现场入口处设置明显标志。

（9）施工机具设备安全管理。施工单位采购、租赁的安全防护用具、机械设备、施工机具及配件，应当具有生产（制造）许可证、产品合格证，并在进入施工现场前进行查验。

施工现场的安全防护用具、机械设备、施工机具及配件必须由专人管理，定期进行检查、维修和保养，建立相应的资料档案，并按照国家有关规定及时报废。

施工单位在使用施工起重机械和整体提升脚手架、模板等自升式架设设施前，应当组织有关单位进行验收，也可以委托具有相应资质的检验检测机构进行验收；使用承租的机械设备和施工机具及配件的，应由施工总承包单位、分包单位、出租单位和安装单位共同进行验收。验收合格的方可使用。《特种设备安全监察条例》规定的施工起重机械，在验收前应当经有相应资质的检验检测机构监督检验合格。

施工单位应当自施工起重机械和整体提升脚手架、模板等自升式架设设施验收合格之日起 30 日内，向建设行政主管部门或者其他有关部门登记。登记标志应当置于或者附着于该设备的显著位置。

（10）意外伤害保险。施工单位应当为施工现场从事危险作业的人员办理意外伤害保险。意外伤害保险费由施工单位支付。实行施工总承包的，由总承包单位支付意外伤害保险费。意外伤害保险期限自建设工程开工之日起至竣工验收合格止。

4. 生产安全事故的应急救援和调查处理

（1）生产安全事故应急救援。县级以上地方人民政府建设行政主管部门应当根据本级人民政府的要求，制定本行政区域内建设工程特大生产安全事故应急救援预案。

施工单位应当制定本单位生产安全事故应急救援预案，建立应急救援组织或者配备应急救援人员，配备必要的应急救援器材、设备，并定期组织演练。施工单位应当根据建设工程施工的特点、范围，对施工现场易发生重大事故的部位、环节进行监控，制定施工现场生产安全事故应急救援预案。实行施工总承包的，由总承包单位统一组织编制建设工程生产安全事故应急救援预案，工程总承包单位和分包单位按照应急救援预案，各自建立应急救援组织或者配备应急救援人员，配备救援器材、设备，并定期组织演练。

（2）生产安全事故调查处理。施工单位发生生产安全事故，应当按照国家有关伤亡事故报告和调查处理的规定，及时、如实地向负责安全生产监督管理的部门、建设行政主管部门或者其他有关部门报告；特种设备发生事故的，还应当同时向特种设备安全监督管理部门报告。接到报告的部门应当按照国家有关规定，如实上报。实行施工总承包的建设工程，由总承包单位负责上报事故。

发生生产安全事故后，施工单位应当采取措施防止事故扩大，保护事故现场。需要移动现场物品时，应当做出标记和书面记录，妥善保管有关证物。

（三）《生产安全事故报告和调查处理条例》相关内容

为规范生产安全事故的报告和调查处理，落实生产安全事故责任追究制度，防止和减少生产安全事故，《生产安全事故报告和调查处理条例》明确规定了生产安全事故的等级划分标准，事故报告的程序和内容及调查处理相关事宜。

1. 生产安全事故等级

根据生产安全事故造成的人员伤亡或者直接经济损失，生产安全事故分为以下等级：

（1）特别重大生产安全事故。是指造成30人及以上死亡，或者100人及以上重伤（包括急性工业中毒，下同），或者1亿元及以上直接经济损失的事故。

（2）重大生产安全事故。是指造成10人及以上30人以下死亡，或者50人及以上100人以下重伤，或者5000万元及以上1亿元以下直接经济损失的事故。

（3）较大生产安全事故。是指造成3人及以上10人以下死亡，或者10人及以上50人以下重伤，或者1000万元及以上5000万元以下直接经济损失的事故。

（4）一般生产安全事故。是指造成3人以下死亡，或者10人以下重伤，或者1000万元以下直接经济损失的事故。

2. 事故报告

事故报告应当及时、准确、完整，任何单位和个人对事故不得迟报、漏报、谎报或者瞒报。

（1）事故报告程序。事故发生后，事故现场有关人员应当立即向本单位负责人报告；单位负责人接到报告后，应当于1小时内向事故发生地县级以上人民政府安全生产监督管理部门和负有安全生产监督管理职责的有关部门报告。

情况紧急时，事故现场有关人员可以直接向事故发生地县级以上人民政府安全生产监督管理部门和负有安全生产监督管理职责的有关部门报告。

安全生产监督管理部门和负有安全生产监督管理职责的有关部门逐级上报事故情况，每级上报的时间不得超过2小时。

（2）事故报告内容。事故报告应当包括下列内容：

1）事故发生单位概况；

2）事故发生的时间、地点以及事故现场情况；

3）事故的简要经过；

4）事故已经造成或者可能造成的伤亡人数（包括下落不明的人数）和初步估计的直接经济损失；

5）已经采取的措施；

6）其他应当报告的情况。

事故报告后出现新情况的，应当及时补报。自事故发生之日起30日内，事故造成的伤亡人数发生变化的，应当及时补报。道路交通事故、火灾事故自发生之日起7日内，事故造成的伤亡人数发生变化的，应当及时补报。

（3）事故报告后的处置。事故发生单位负责人接到事故报告后，应当立即启动事故相应应急预案，或者采取有效措施，组织抢救，防止事故扩大，减少人员伤亡和财产损失。

事故发生地有关地方人民政府、安全生产监督管理部门和负有安全生产监督管理职责的有关部门接到事故报告后，其负责人应当立即赶赴事故现场，组织事故救援。

事故发生后，有关单位和人员应当妥善保护事故现场以及相关证据，任何单位和个人不得破坏事故现场、毁灭相关证据。

因抢救人员、防止事故扩大以及疏通交通等原因，需要移动事故现场物件的，应当做出标志，绘制现场简图并做出书面记录，妥善保存现场重要痕迹、物证。

3. 事故调查处理

（1）事故调查组及其职责。特别重大生产安全事故由国务院或者国务院授权有关部门组织事故调查组进行调查。重大事故、较大事故、一般事故分别由事故发生地省级人民政府、设区的市级人民政府、县级人民政府负责调查。省级人民政府、设区的市级人民政府、县级人民政府可以直接组织事故调查组进行调查，也可以授权或者委托有关部门组织事故调查组进行调查。未造成人员伤亡的一般事故，县级人民政府也可以委托事故发生单位组织事故调查组进行调查。

事故调查处理应当坚持实事求是、尊重科学的原则，及时、准确地查清事故经过、事故原因和事故损失，查明事故性质，认定事故责任，总结事故教训，提出整改措施，并对事故责任者依法追究责任。

事故调查组应履行下列职责：

1）查明事故发生的经过、原因、人员伤亡情况及直接经济损失；

2）认定事故的性质和事故责任；

3）提出对事故责任者的处理建议；

4）总结事故教训，提出防范和整改措施；

5）提交事故调查报告。

（2）事故调查的有关要求。事故调查组有权向有关单位和个人了解与事故有关的情况，并要求其提供相关文件、资料，有关单位和个人不得拒绝。

事故发生单位的负责人和有关人员在事故调查期间不得擅离职守，并应当随时接受事故调查组的询问，如实提供有关情况。

事故调查中需要进行技术鉴定的，事故调查组应当委托具有国家规定资质的单位进行

技术鉴定。必要时，事故调查组可以直接组织专家进行技术鉴定。技术鉴定所需时间不计入事故调查期限。

(3) 事故调查报告。事故调查组应当自事故发生之日起 60 日内提交事故调查报告；特殊情况下，经负责事故调查的人民政府批准，提交事故调查报告的期限可以适当延长，但延长的期限最长不超过 60 日。

事故调查报告应当包括下列内容：

1) 事故发生单位概况；

2) 事故发生经过和事故救援情况；

3) 事故造成的人员伤亡和直接经济损失；

4) 事故发生的原因和事故性质；

5) 事故责任的认定以及对事故责任者的处理建议；

6) 事故防范和整改措施。

事故调查报告应当附具有关证据材料。事故调查组成员应当在事故调查报告上签名。

(4) 事故处理。重大事故、较大事故、一般事故，负责事故调查的人民政府应当自收到事故调查报告之日起 15 日内做出批复；特别重大事故，30 日内做出批复，特殊情况下，批复时间可以适当延长，但延长的时间最长不超过 30 日。

有关机关应当按照人民政府的批复，依照法律、行政法规规定的权限和程序，对事故发生单位和有关人员进行行政处罚，对负有事故责任的国家工作人员进行处分。事故发生单位应当按照负责事故调查的人民政府的批复，对本单位负有事故责任的人员进行处理。负有事故责任的人员涉嫌犯罪的，依法追究刑事责任。

(四)《招标投标法实施条例》相关内容

为规范招标投标活动，《招标投标法实施条例》进一步明确了招标、投标、开标、评标和中标以及投诉与处理等方面内容，并鼓励利用信息网络进行电子招标投标。

1. 招标

(1) 招标范围和方式。按照国家有关规定需要履行项目审批、核准手续的依法必须进行招标的项目，其招标范围、招标方式、招标组织形式应当报项目审批、核准部门审批、核准。

1) 可以邀请招标的项目。国有资金占控股或者主导地位的依法必须进行招标的项目，应当公开招标；但有下列情形之一的，可以邀请招标：

① 技术复杂、有特殊要求或者受自然环境限制，只有少量潜在投标人可供选择；

② 采用公开招标方式的费用占项目合同金额的比例过大。

2) 可以不招标的项目。除《招标投标法》规定的可以不进行招标的特殊情况外，有下列情形之一的，可以不进行招标：

① 需要采用不可替代的专利或者专有技术；

② 采购人依法能够自行建设、生产或者提供；

③ 已通过招标方式选定的特许经营项目投资人依法能够自行建设、生产或者提供；

④ 需要向原中标人采购工程、货物或者服务，否则将影响施工或者功能配套要求；

⑤ 国家规定的其他特殊情形。

(2) 招标文件与资格审查。

1）资格预审公告和招标公告。公开招标的项目，应当依照法律法规的规定发布招标公告、编制招标文件。招标人采用资格预审办法对潜在投标人进行资格审查的，应当发布资格预审公告、编制资格预审文件。

依法必须进行招标的项目的资格预审公告和招标公告，应当在国务院发展改革部门依法指定的媒介发布。在不同媒介发布的同一招标项目的资格预审公告或者招标公告的内容应当一致。指定媒介发布依法必须进行招标的项目的境内资格预审公告、招标公告，不得收取费用。编制依法必须进行招标的项目的资格预审文件和招标文件，应当使用国务院发展改革部门会同有关行政监督部门制定的标准文本。

2）资格预审文件和招标文件的发售。招标人应当按照资格预审公告、招标公告或者投标邀请书规定的时间、地点发售资格预审文件或者招标文件。资格预审文件或者招标文件的发售期不得少于 5 日。招标人发售资格预审文件、招标文件收取的费用应当限于补偿印刷、邮寄的成本支出，不得以营利为目的。

3）资格预审文件、招标文件的澄清或修改。招标人可以对已发出的资格预审文件或者招标文件进行必要的澄清或者修改。澄清或者修改的内容可能影响资格预审申请文件或者投标文件编制的，招标人应当在提交资格预审申请文件截止时间至少 3 日前，或者投标截止时间至少 15 日前，以书面形式通知所有获取资格预审文件或者招标文件的潜在投标人；不足 3 日或者 15 日的，招标人应当顺延提交资格预审申请文件或者投标文件的截止时间。

4）资格预审文件、招标文件的质疑。潜在投标人或者其他利害关系人对资格预审文件有异议的，应当在提交资格预审申请文件截止时间 2 日前提出；对招标文件有异议的，应当在投标截止时间 10 日前提出。招标人应当自收到异议之日起 3 日内作出答复；作出答复前，应当暂停招标投标活动。

5）资格预审文件的提交。招标人应当合理确定提交资格预审申请文件的时间。依法必须进行招标的项目提交资格预审申请文件的时间，自资格预审文件停止发售之日起不得少于 5 日。

6）资格预审的实施。资格预审应当按照资格预审文件载明的标准和方法进行。国有资金占控股或者主导地位的依法必须进行招标的项目，招标人应当组建资格审查委员会审查资格预审申请文件。

资格预审结束后，招标人应当及时向资格预审申请人发出资格预审结果通知书。未通过资格预审的申请人不具有投标资格。通过资格预审的申请人少于 3 个的，应当重新招标。

招标人采用资格后审办法对投标人进行资格审查的，应当在开标后由评标委员会按照招标文件规定的标准和方法对投标人的资格进行审查。

（3）招标工作的实施。

1）禁止不合理限制投标。招标人对招标项目划分标段的，应当遵守《招标投标法》的有关规定，不得利用划分标段限制或者排斥潜在投标人。依法必须进行招标的项目的招标人不得利用划分标段规避招标。

招标人不得以不合理的条件限制、排斥潜在投标人或者投标人。招标人有下列行为之一的，属于以不合理条件限制、排斥潜在投标人或者投标人：

① 就同一招标项目向潜在投标人或者投标人提供有差别的项目信息；

② 设定的资格、技术、商务条件与招标项目的具体特点和实际需要不相适应或者与合同履行无关；

③ 依法必须进行招标的项目以特定行政区域或者特定行业的业绩、奖项作为加分条件或者中标条件；

④ 对潜在投标人或者投标人采取不同的资格审查或者评标标准；

⑤ 限定或者指定特定的专利、商标、品牌、原产地或者供应商；

⑥ 依法必须进行招标的项目非法限定潜在投标人或者投标人的所有制形式或者组织形式；

⑦ 以其他不合理条件限制、排斥潜在投标人或者投标人。

2）总承包招标。招标人可以依法对工程以及与工程建设有关的货物、服务全部或者部分实行总承包招标。以暂估价（指总承包招标时不能确定价格而由招标人在招标文件中暂时估定的工程、货物、服务的金额）形式包括在总承包范围内的工程、货物、服务属于依法必须进行招标的项目范围且达到国家规定规模标准的，应当依法进行招标。

3）两阶段招标。对技术复杂或者无法精确拟定技术规格的项目，招标人可以分两阶段进行招标：

第一阶段，投标人按照招标公告或者投标邀请书的要求提交不带报价的技术建议，招标人根据投标人提交的技术建议确定技术标准和要求，编制招标文件。

第二阶段，招标人向在第一阶段提交技术建议的投标人提供招标文件，投标人按照招标文件的要求提交包括最终技术方案和投标报价的投标文件。

招标人要求投标人提交投标保证金的，应当在第二阶段提出。

4）投标有效期。招标人应当在招标文件中载明投标有效期。投标有效期从提交投标文件的截止之日起算。

5）投标保证金。招标人在招标文件中要求投标人提交投标保证金的，投标保证金不得超过招标项目估算价的2%。投标保证金有效期应当与投标有效期一致。依法必须进行招标的项目的境内投标单位，以现金或者支票形式提交的投标保证金应当从其基本账户转出。招标人不得挪用投标保证金。

6）标底及投标限价。招标人可以自行决定是否编制标底。一个招标项目只能有一个标底。标底必须保密。接受委托编制标底的中介机构不得参加受托编制标底项目的投标，也不得为该项目的投标人编制投标文件或者提供咨询。招标人设有最高投标限价的，应当在招标文件中明确最高投标限价或者最高投标限价的计算方法。招标人不得规定最低投标限价。

7）终止招标。招标人终止招标的，应当及时发布公告，或者以书面形式通知被邀请的或者已经获取资格预审文件、招标文件的潜在投标人。已经发售资格预审文件、招标文件或者已经收取投标保证金的，招标人应当及时退还所收取的资格预审文件、招标文件的费用，以及所收取的投标保证金及银行同期存款利息。

2. 投标

（1）禁止性行为。投标人参加依法必须进行招标的项目的投标，不受地区或者部门的限制，任何单位和个人不得非法干涉。与招标人存在利害关系可能影响招标公正性的法人、其他组织或者个人，不得参加投标。单位负责人为同一人或者存在控股、管理关系的不同单位，不得参加同一标段投标或者未划分标段的同一招标项目投标。

（2）投标文件的撤回。投标人撤回已提交的投标文件，应当在投标截止时间前书面通知招标人。招标人已收取投标保证金的，应当自收到投标人书面撤回通知之日起 5 日内退还。投标截止后投标人撤销投标文件的，招标人可以不退还投标保证金。

（3）投标文件的拒收。未通过资格预审的申请人提交的投标文件，以及逾期送达或者不按照招标文件要求密封的投标文件，招标人应当拒收。招标人应当如实记载投标文件的送达时间和密封情况，并存档备查。

（4）联合体投标。招标人应当在资格预审公告、招标公告或者投标邀请书中载明是否接受联合体投标。招标人接受联合体投标并进行资格预审的，联合体应当在提交资格预审申请文件前组成。资格预审后联合体增减、更换成员的，其投标无效。

联合体各方在同一招标项目中以自己名义单独投标或者参加其他联合体投标，相关投标均无效。

投标人发生合并、分立、破产等重大变化，应当及时书面告知招标人。投标人不再具备资格预审文件、招标文件规定的资格条件或者其投标影响招标公正性的，其投标无效。

（5）属于串通投标和弄虚作假的情形。

1）投标人相互串通投标。禁止投标人相互串通投标。有下列情形之一的，属于投标人相互串通投标：①投标人之间协商投标报价等投标文件的实质性内容；②投标人之间约定中标人；③投标人之间约定部分投标人放弃投标或者中标；④属于同一集团、协会、商会等组织成员的投标人按照该组织要求协同投标；⑤投标人之间为谋取中标或者排斥特定投标人而采取的其他联合行动。

有下列情形之一的，视为投标人相互串通投标：①不同投标人的投标文件由同一单位或者个人编制；②不同投标人委托同一单位或者个人办理投标事宜；③不同投标人的投标文件载明的项目管理成员为同一人；④不同投标人的投标文件异常一致或者投标报价呈规律性差异；⑤不同投标人的投标文件相互混装；⑥不同投标人的投标保证金从同一单位或者个人的账户转出。

2）招标人与投标人串通投标。禁止招标人与投标人串通投标。有下列情形之一的，属于招标人与投标人串通投标：

① 招标人在开标前开启投标文件并将有关信息泄露给其他投标人；

② 招标人直接或者间接向投标人泄露标底、评标委员会成员等信息；

③ 招标人明示或者暗示投标人压低或者抬高投标报价；

④ 招标人授意投标人撤换、修改投标文件；

⑤ 招标人明示或者暗示投标人为特定投标人中标提供方便；

⑥ 招标人与投标人为谋求特定投标人中标而采取的其他串通行为。

3）弄虚作假。投标人不得以他人名义投标，如使用通过受让或者租借等方式获取的资格、资质证书投标。投标人也不得以其他方式弄虚作假，骗取中标，包括：①使用伪造、变造的许可证件；②提供虚假的财务状况或者业绩；③提供虚假的项目负责人或者主要技术人员简历、劳动关系证明；④提供虚假的信用状况；⑤其他弄虚作假的行为。

3. 开标、评标和中标

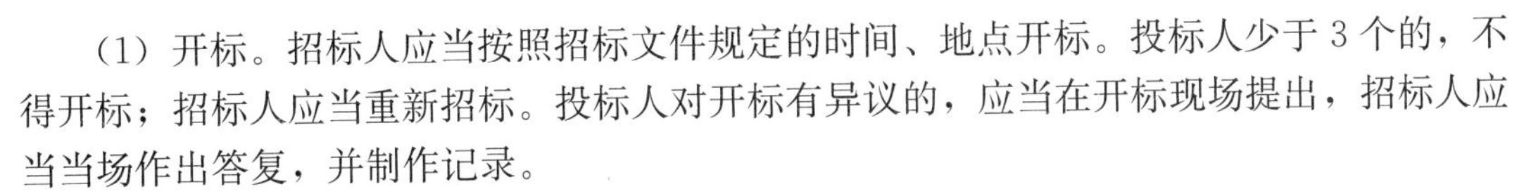

（1）开标。招标人应当按照招标文件规定的时间、地点开标。投标人少于3个的，不得开标；招标人应当重新招标。投标人对开标有异议的，应当在开标现场提出，招标人应当当场作出答复，并制作记录。

（2）评标。

1）评标委员会组成。除《招标投标法》规定的特殊招标项目外，依法必须进行招标的项目，其评标委员会的专家成员应当从评标专家库内相关专业的专家名单中以随机抽取方式确定。任何单位和个人不得以明示、暗示等任何方式指定或者变相指定参加评标委员会的专家成员。

对技术复杂、专业性强或者国家有特殊要求，采取随机抽取方式确定的专家难以保证胜任评标工作的招标项目，可以由招标人直接确定技术、经济等方面的评标专家。

有关行政监督部门应当按照规定的职责分工，对评标委员会成员的确定方式、评标专家的抽取和评标活动进行监督。行政监督部门的工作人员不得担任本部门负责监督项目的评标委员会成员。

2）评标要求。招标人应当根据项目规模和技术复杂程度等因素合理确定评标时间。超过1/3的评标委员会成员认为评标时间不够的，招标人应当适当延长。

招标人应当向评标委员会提供评标所必需的信息，但不得明示或者暗示其倾向或者排斥特定投标人。

评标委员会成员应当按照招标文件规定的评标标准和方法，客观、公正地对投标文件提出评审意见。招标文件没有规定的评标标准和方法不得作为评标的依据。招标项目设有标底的，招标人应当在开标时公布。标底只能作为评标的参考，不得以投标报价是否接近标底作为中标条件，也不得以投标报价超过标底上下浮动范围作为否决投标的条件。

评标委员会成员不得私下接触投标人，不得收受投标人给予的财物或者其他好处，不得向招标人征询确定中标人的意向，不得接受任何单位或者个人明示或者暗示提出的倾向或者排斥特定投标人的要求，不得有其他不客观、不公正履行职务的行为。

3）投标的否决。有下列情形之一的，评标委员会应当否决其投标：

① 投标文件未经投标单位盖章和单位负责人签字；

② 投标联合体没有提交共同投标协议；

③ 投标人不符合国家或者招标文件规定的资格条件；

④ 同一投标人提交两个以上不同的投标文件或者投标报价，但招标文件要求提交备选投标的除外；

⑤ 投标报价低于成本或者高于招标文件设定的最高投标限价；

⑥ 投标文件没有对招标文件的实质性要求和条件作出响应；

⑦ 投标人有串通投标、弄虚作假、行贿等违法行为。

4）投标文件的澄清。投标文件中有含义不明确的内容、明显文字或者计算错误，评标委员会认为需要投标人作出必要澄清、说明的，应当书面通知该投标人。投标人的澄清、说明应当采用书面形式，并不得超出投标文件的范围或者改变投标文件的实质性内容。

评标委员会不得暗示或者诱导投标人作出澄清、说明，不得接受投标人主动提出的澄清、说明。

(3) 中标。评标完成后，评标委员会应当向招标人提交书面评标报告和中标候选人名单。中标候选人应当不超过3个，并标明排序。

1) 评标报告。评标报告应当由评标委员会全体成员签字。对评标结果有不同意见的评标委员会成员应当以书面形式说明其不同意见和理由，评标报告应当注明该不同意见。评标委员会成员拒绝在评标报告上签字又不书面说明其不同意见和理由的，视为同意评标结果。

2) 中标候选人公示。依法必须进行招标的项目，招标人应当自收到评标报告之日起3日内公示中标候选人，公示期不得少于3日。投标人或者其他利害关系人对依法必须进行招标的项目的评标结果有异议的，应当在中标候选人公示期间提出。招标人应当自收到异议之日起3日内作出答复；作出答复前，应当暂停招标投标活动。

3) 中标人的确定。国有资金占控股或者主导地位的依法必须进行招标的项目，招标人应当确定排名第一的中标候选人为中标人。排名第一的中标候选人放弃中标、因不可抗力不能履行合同、不按照招标文件要求提交履约保证金，或者被查实存在影响中标结果的违法行为等情形，不符合中标条件的，招标人可以按照评标委员会提出的中标候选人名单排序依次确定其他中标候选人为中标人，也可以重新招标。

中标候选人的经营、财务状况发生较大变化或者存在违法行为，招标人认为可能影响其履约能力的，应当在发出中标通知书前由原评标委员会按照招标文件规定的标准和方法审查确认。

4) 签订合同。招标人和中标人应当依照法律法规的规定签订书面合同，合同的标的、价款、质量、履行期限等主要条款应当与招标文件和中标人的投标文件的内容一致。招标人和中标人不得再行订立背离合同实质性内容的其他协议。

5) 投标保证金的退还。招标人最迟应当在书面合同签订后5日内向中标人和未中标的投标人退还投标保证金及银行同期存款利息。

6) 履约保证金的提交。招标文件要求中标人提交履约保证金的，中标人应当按照招标文件的要求提交。履约保证金不得超过中标合同金额的10%。

4. 投诉与处理

(1) 投诉。投标人或者其他利害关系人认为招标投标活动不符合法律、行政法规规定的，可以自知道或者应当知道之日起10日内向有关行政监督部门投诉。投诉应当有明确的请求和必要的证明材料。

(2) 处理。行政监督部门应当自收到投诉之日起3个工作日内决定是否受理投诉，并自受理投诉之日起30个工作日内作出书面处理决定；需要检验、检测、鉴定、专家评审的，所需时间不计算在内。

行政监督部门处理投诉，有权查阅、复制有关文件、资料，调查有关情况，相关单位和人员应当予以配合。必要时，行政监督部门可以责令暂停招标投标活动。

第二节 建设工程监理规范

《建设工程监理规范》GB/T 50319—2013是建设工程监理与相关服务的主要标准。除此之外，公路、水利、铁路等行业发布了工程监理行业标准，多数地区也编制了工程监理地方标准。近年来，随着工程建设标准化改革不断推进，陆续推出的工程监理团体标准，也已成为指导工程监理实践、规范工程监理行为的指南。

一、《建设工程监理规范》概要

为了规范建设工程监理与相关服务行为，提高建设工程监理与相关服务水平，2013年5月修订后发布的《建设工程监理规范》GB/T 50319—2013共分9章和3个附录，主要技术内容包括：总则，术语，项目监理机构及其设施，监理规划及监理实施细则，工程质量、造价、进度控制及安全生产管理的监理工作，工程变更、索赔及施工合同争议处理，监理文件资料管理，设备采购与设备监造，相关服务等。

（一）总则

（1）制定目的：为规范建设工程监理与相关服务行为，提高建设工程监理与相关服务水平。

（2）适用范围：适用于新建、扩建、改建建设工程监理与相关服务活动。

（3）关于建设工程监理合同形式和内容的规定。

（4）建设单位向施工单位书面通知工程监理的范围、内容和权限及总监理工程师姓名的规定。

（5）建设单位、施工单位及工程监理单位之间涉及施工合同联系活动的工作关系。

（6）实施建设工程监理的主要依据：①法律法规及工程建设标准；②建设工程勘察设计文件；③建设工程监理合同及其他合同文件。

（7）建设工程监理应实行总监理工程师负责制的规定。

（8）建设工程监理宜实施信息化管理的规定。

（9）工程监理单位应公平、独立、诚信、科学地开展建设工程监理与相关服务活动。

（10）建设工程监理与相关服务活动应符合《建设工程监理规范》GB/T 50319—2013和国家现行有关标准的规定。

（二）术语

《建设工程监理规范》GB/T 50319—2013解释了工程监理单位、建设工程监理、相关服务、项目监理机构、注册监理工程师、总监理工程师、总监理工程师代表、专业监理工程师、监理员、监理规划、监理实施细则、工程计量、旁站、巡视、平行检验、见证取样、工程延期、工期延误、工程临时延期批准、工程最终延期批准、监理日志、监理月报、设备监造、监理文件资料等24个建设工程监理常用术语。

（三）项目监理机构及其设施

《建设工程监理规范》GB/T 50319—2013明确了项目监理机构的人员构成和职责，规定了监理设施的提供和管理。

1. 项目监理机构人员

项目监理机构的监理人员应由总监理工程师、专业监理工程师和监理员组成，且专业配套、数量应满足建设工程监理工作需要，必要时可设总监理工程师代表。

（1）总监理工程师。总监理工程师是指由工程监理单位法定代表人书面任命，负责履行建设工程监理合同、主持项目监理机构工作的注册监理工程师。总监理工程师应由注册监理工程师担任。

一名注册监理工程师可担任一项建设工程监理合同的总监理工程师。当需要同时担任多项建设工程监理合同的总监理工程师时，应经建设单位书面同意，且最多不得超过3项。

（2）总监理工程师代表。总监理工程师代表是指经工程监理单位法定代表人同意，由总监理工程师书面授权，代表总监理工程师行使其部分职责和权力，具有工程类注册执业资格或具有中级及以上专业技术职称、3年及以上工程实践经验并经监理业务培训的人员。

总监理工程师代表可以由具有工程类执业资格的人员（如：注册监理工程师、注册造价工程师、注册建造师、注册工程师、注册建筑师等）担任，也可由具有中级及以上专业技术职称、3年及以上工程实践经验并经监理业务培训的人员担任。

（3）专业监理工程师。专业监理工程师是指由总监理工程师授权，负责实施某一专业或某一岗位的监理工作，有相应监理文件签发权，具有工程类注册执业资格或具有中级及以上专业技术职称、2年及以上工程实践经验并经监理业务培训的人员。

专业监理工程师可以由具有工程类注册执业资格的人员（如：注册监理工程师、注册造价工程师、注册建造师、注册工程师、注册建筑师等）担任，也可由具有中级及以上专业技术职称、2年及以上工程实践经验并经监理业务培训的人员担任。

（4）监理员。监理员是指从事具体监理工作，具有中专及以上学历并经过监理业务培训的人员。监理员需要有中专及以上学历，并经过监理业务培训。

2. 监理设施

（1）建设单位应按建设工程监理合同约定，提供监理工作需要的办公、交通、通信、生活等设施。

（2）项目监理机构宜妥善使用和保管建设单位提供的设施，并应按建设工程监理合同约定的时间移交建设单位。

（3）工程监理单位宜按建设工程监理合同约定，配备满足监理工作需要的检测设备和工器具。

（四）监理规划及监理实施细则

1. 监理规划

明确了监理规划的编制要求、编审程序和主要内容。

2. 监理实施细则

明确了监理实施细则的编制要求、编审程序、编制依据和主要内容。

二、建设工程监理核心工作

（一）工程质量、造价、进度控制及安全生产管理

《建设工程监理规范》GB/T 50319—2013规定："项目监理机构应根据建设工程监理合同约定，遵循动态控制原理，坚持预防为主的原则，制定和实施相应的监理措施，采用旁站、巡视和平行检验等方式对建设工程实施监理。"

1. 一般规定

（1）项目监理机构监理人员应熟悉工程设计文件，并参加建设单位主持的图纸会审和设计交底会议。

（2）工程开工前，项目监理机构监理人员应参加由建设单位主持召开的第一次工地会议。

（3）项目监理机构应定期召开监理例会，并组织有关单位研究解决与监理相关的问题。项目监理机构可根据工程需要，主持或参加专题会议，解决监理工作范围内工程专项问题。

（4）项目监理机构应协调工程建设相关方的关系。

（5）项目监理机构应审查施工单位报审的施工组织设计，并要求施工单位按已批准的施工组织设计组织施工。

（6）总监理工程师应组织专业监理工程师审查施工单位报送的开工报审表及相关资料，报建设单位批准后，总监理工程师签发工程开工令。

（7）分包工程开工前，项目监理机构应审核施工单位报送的分包单位资格报审表。

（8）项目监理机构宜根据工程特点、施工合同、工程设计文件及经过批准的施工组织设计对工程风险进行分析，并提出工程质量、造价、进度目标控制及安全生产管理的防范性对策。

2. 工程质量控制

项目监理机构的工程质量控制工作包括：审查施工单位现场的质量管理组织机构、管理制度及专职管理人员和特种作业人员的资格；审查施工单位报审的施工方案；审查施工单位报送的新材料、新工艺、新技术、新设备的质量认证材料和相关验收标准的适用性；检查、复核施工单位报送的施工控制测量成果及保护措施；查验施工单位在施工过程中报送的施工测量放线成果；检查施工单位为工程提供服务的试验室；审查施工单位报送的用于工程的材料、构配件、设备的质量证明文件；对用于工程的材料进行见证取样、平行检验；审查施工单位定期提交影响工程质量的计量设备的检查和检定报告；对关键部位、关键工序进行旁站；对工程施工质量进行巡视；对施工质量进行平行检验；验收施工单位报验的隐蔽工程、检验批、分项工程和分部工程；处置施工质量问题、质量缺陷、质量事故；审查施工单位提交的单位工程竣工验收报审表及竣工资料，组织工程竣工预验收；编写工程质量评估报告；参加工程竣工验收等。

3. 工程造价控制

项目监理机构的工程造价控制工作包括：进行工程计量和付款签证；对实际完成量与计划完成量进行比较分析；审核竣工结算款，签发竣工结算款支付证书等。

4. 工程进度控制

项目监理机构的工程进度控制工作包括：审查施工单位报审的施工总进度计划和阶段性施工进度计划；检查施工进度计划的实施情况；比较分析工程施工实际进度与计划进度，预测实际进度对工程总工期的影响等。

5. 安全生产管理

项目监理机构应按照，“不回避、不扩大”的原则，代表工程监理单位履行建设工程安全生产管理法定职责，包括：审查施工单位现场安全生产规章制度的建立和实施情况；审查施工单位安全生产许可证及施工单位项目经理、专职安全生产管理人员和特种作业人员的资格；核查施工机械和设施的安全许可验收手续；审查施工单位报审的专项施工方案；处置安全事故隐患等。

（二）工程变更、索赔及施工合同争议处理

《建设工程监理规范》GB/T 50319—2013 规定，项目监理机构应依据建设工程监理合同约定进行施工合同管理，处理工程暂停及复工、工程变更、索赔及施工合同争议、解除等事宜。施工合同终止时，项目监理机构应协助建设单位按施工合同约定处理施工合同终止的有关事宜。

1. 工程暂停及复工

包括：总监理工程师签发工程暂停令的权力和情形；暂停施工事件发生时的监理职责；工程复工申请的批准或指令。

2. 工程变更

包括：施工单位提出的工程变更处理程序、工程变更价款处理原则；建设单位要求的工程变更的监理职责。

3. 费用索赔

包括：处理费用索赔的依据和程序；批准施工单位费用索赔应满足的条件；施工单位的费用索赔与工程延期要求相关联时的监理职责；建设单位向施工单位提出索赔时的监理职责。

4. 工程延期及工期延误

包括：处理工程延期要求的程序；批准施工单位工程延期要求应满足的条件；施工单位因工程延期提出费用索赔时的监理职责；发生工期延误时的监理职责。

5. 施工合同争议

包括：处理施工合同争议时的监理工作程序、内容和职责。

6. 施工合同解除

（1）因建设单位原因导致施工合同解除时的监理职责；

（2）因施工单位原因导致施工合同解除时的监理职责；

（3）因非建设单位、施工单位原因导致施工合同解除时的监理职责。

（三）监理文件资料管理

《建设工程监理规范》GB/T 50319—2013 规定，项目监理机构应建立完善监理文件资料管理制度，宜设专人管理监理文件资料。项目监理机构应及时、准确、完整地收集、整理、编制、传递监理文件资料，并宜采用信息技术进行监理文件资料管理。

1. 监理文件资料内容

《建设工程监理规范》GB/T 50319—2013 明确了 18 项监理文件资料，并规定监理日志、监理月报、监理工作总结应包括的内容。

2. 监理文件资料归档

（1）项目监理机构应及时整理、分类汇总监理文件资料，并应按规定组卷，形成监理档案。

（2）工程监理单位应根据工程特点和有关规定，保存监理档案，并应向有关单位、部门移交需要存档的监理文件资料。

三、设备采购、监造及相关服务

（一）设备采购与设备监造

《建设工程监理规范》GB/T 50319—2013 规定，项目监理机构应根据建设工程监理合同约定的设备采购与设备监造工作内容配备监理人员，明确岗位职责，编制设备采购与设备监造工作计划，并应协助建设单位编制设备采购与设备监造方案。

1. 设备采购

包括：设备采购招标和合同谈判时的监理职责；设备采购文件资料应包括的内容。

2. 设备监造

（1）项目监理机构应检查设备制造单位的质量管理体系；审查设备制造单位报送的设备制造生产计划和工艺方案，设备制造的检验计划和检验要求，设备制造的原材料、外购配套件、元器件、标准件，以及坯料的质量证明文件及检验报告等。

（2）项目监理机构应对设备制造过程进行监督和检查，对主要及关键零部件的制造工序应进行抽检。

（3）项目监理机构应审核设备制造过程的检验结果，并检查和监督设备的装配过程。

（4）项目监理机构应参加设备整机性能检测、调试和出厂验收。

（5）专业监理工程师应审查设备制造单位报送的设备制造结算文件。

（6）规定了设备监造文件资料应包括的主要内容。

（二）相关服务

《建设工程监理规范》GB/T 50319—2013 规定，工程监理单位应根据建设工程监理合同约定的相关服务范围，开展相关服务工作，并编制相关服务工作计划。

1. 工程勘察设计阶段服务

（1）工程监理单位在勘察阶段可提供的服务工作内容包括：协助建设单位选择勘察单位并签订工程勘察合同；审查勘察单位提交的勘察方案；检查勘察现场及室内试验主要岗位操作人员的资格、所使用设备、仪器计量的检定情况；检查勘察进度计划执行情况；审核勘察单位提交的勘察费用支付申请；审查勘察单位提交的勘察成果报告，参与勘察成果验收；协调处理勘察延期、费用索赔等事宜。

（2）工程监理单位在设计阶段可提供的服务工作内容包括：协助建设单位选择设计单位并签订工程设计合同；审查各专业、各阶段设计进度计划；检查设计进度计划执行情况；审核设计单位提交的设计费用支付申请；审查设计单位提交的设计成果；审查设计单位提出的新材料、新工艺、新技术、新设备在相关部门的备案情况；审查设计单位提出的设计概算、施工图预算；协助建设单位组织专家评审设计成果；协助建设单位报审有关工程设计文件；协调处理设计延期、费用索赔等事宜。

2. 工程保修阶段服务

（1）承担工程保修阶段的服务工作时，工程监理单位应定期回访。

（2）对建设单位或使用单位提出的工程质量缺陷，工程监理单位应安排监理人员进行检查和记录，并应要求施工单位予以修复，同时应监督实施，合格后应予以签认。

（3）工程监理单位应对工程质量缺陷原因进行调查，并应与建设单位、施工单位协商确定责任归属。对非施工单位原因造成的工程质量缺陷，应核实施工单位申报的修复工程费用，并应签认工程款支付证书，同时应报建设单位。

四、附录

包括三类表，即：

（1）A 类表：工程监理单位用表。由工程监理单位或项目监理机构签发。

（2）B 类表：施工单位报审、报验用表。由施工单位或施工项目经理部填写后报送工程建设相关方。

（3）C类表：通用表。是工程建设相关方工作联系的通用表。

思 考 题

1. 建设工程监理相关法律、行政法规有哪些？

2. 建设单位申请领取施工许可证需要具备哪些条件？施工许可证的有效期限是多少？

3.《建筑法》对工程发包与承包有哪些规定？

4.《招标投标法》规定有哪些招标方式？对投标文件有哪些规定？

5.《招标投标法》对开标、评标和中标有哪些规定？

6.《民法典》第三编合同通则有哪些规定？何谓要约和承诺？什么是无效合同？合同解除有哪些规定？

7.《民法典》第三编合同对建设工程合同有哪些规定？对委托合同有哪些规定？

8.《安全生产法》对生产经营单位的安全生产行为有哪些规定？工程监理单位是否属于生产经营单位？

9.《建设工程质量管理条例》规定的各方主体分别有哪些质量责任和义务？各类工程的最低保修期限分别是多少？

10.《建设工程安全生产管理条例》规定的各方主体分别有哪些安全责任？生产安全事故的应急救援和调查处理有哪些规定？

11.《生产安全事故报告和调查处理条例》规定的生产安全事故等级划分标准是什么？对事故报告和事故调查处理分别有什么规定？

12.《招标投标法实施条例》对招标、投标、开标、评标和中标分别有什么规定？关于投诉与处理有何规定？

13.《建设工程监理规范》GB/T 50319—2013包括哪些内容？项目监理机构人员的任职条件是什么？工程项目目标控制及安全生产管理的监理工作内容有哪些？

第四章　工程监理企业与监理工程师

工程监理企业作为建设工程监理实施主体，需要具有相应的资质条件和综合实力。监理工程师是建设工程监理的骨干力量，只有通过资格考试和注册，才能以监理工程师名义执业。为保持监理工程师称号并不断提高业务能力，监理工程师还需要参加继续教育。

第一节　工程监理企业

工程监理企业是指依法成立并取得政府主管部门颁发的工程监理企业资质证书，从事建设工程监理与相关服务活动的机构。

一、工程监理企业组织形式

（一）工程监理企业资质等级

根据2020年11月国务院常务会议审议通过的《建设工程企业资质管理制度改革方案》（建市［2020］94号），工程监理企业资质将分为综合资质和专业资质。综合资质不分等级，专业资质等级压减为甲、乙两级。专业资质设有10个工程类别，包括：建筑工程、铁路工程、市政公用工程、电力工程、矿山工程、冶金工程、石油化工工程、通信工程、机电工程、民航工程。

根据《公路水运工程监理企业资质管理规定》（交通运输部令2022年第12号），公路、水运工程监理企业资质均分为甲级、乙级和机电专项。

根据《水利工程建设监理单位资质管理办法》（水利部令第29号），水利工程监理单位资质分为水利工程施工监理、水土保持工程施工监理、机电及金属结构设备制造监理和水利工程建设环境保护监理四个专业。其中，水利工程施工监理专业资质和水土保持工程施工监理专业资质分为甲、乙和丙三个等级，机电及金属结构设备制造监理专业资质分为甲、乙两个等级，水利工程建设环境保护监理专业资质暂不分级。

（二）工程监理公司的设立和组织机构

1. 工程监理公司的设立

根据《中华人民共和国公司法》（以下简称《公司法》），工程监理企业按公司制设立的，可以是有限责任公司，也可以是股份有限公司。有限责任公司的股东以其认缴的出资额为限对公司承担责任；股份有限公司的股东以其认购的股份为限对公司承担责任。

依法设立的工程监理公司，由公司登记机关发给公司营业执照。公司营业执照签发日期为公司成立日期。公司营业执照应当载明公司的名称、住所、注册资本、经营范围、法定代表人姓名等事项。有限责任公司变更为股份有限公司的，或者股份有限公司变更为有限责任公司的，公司变更前的债权、债务由变更后的公司承继。

工程监理公司法定代表人依照公司章程的规定，由董事长、执行董事或者经理担任，并依法登记。公司法定代表人变更，应办理变更登记。

工程监理公司可设立分公司，并应向公司登记机关申请登记，领取营业执照。分公司不具有法人资格，其民事责任由工程监理公司承担。工程监理公司也可设立子公司，子公司具有法人资格，依法独立承担民事责任。

（1）设立有限责任公司应具备的条件：①股东符合法定人数；②有符合公司章程规定的全体股东认缴的出资额；③股东共同制定公司章程；④有公司名称，建立符合有限责任公司要求的组织机构；⑤有公司住所。

有限责任公司由50个以下股东出资设立。股东可以用货币出资，除法律、行政法规规定不得作为出资的财产外，也可以用实物、知识产权、土地使用权等可以用货币估价并可以依法转让的非货币财产作价出资。

股东应按期足额缴纳公司章程中规定的各自所认缴的出资额。股东以货币出资的，应将货币出资足额存入有限责任公司在银行开设的账户；以非货币财产出资的，应依法办理其财产权的转移手续。

股东按照实缴的出资比例分取红利；公司新增资本时，股东有权优先按照实缴的出资比例认缴出资，但全体股东约定不按照出资比例分取红利或者不按照出资比例优先认缴出资的除外。

（2）设立股份有限公司应具备的条件：①发起人符合法定人数；②有符合公司章程规定的全体发起人认购的股本总额或者募集的实收股本总额；③股份发行、筹办事项符合法律规定；④发起人制订公司章程，采用募集方式设立的经创立大会通过；⑤有公司名称，建立符合股份有限公司要求的组织机构；⑥有公司住所。

股份有限公司可以采取发起或者募集方式设立。发起设立是指由发起人认购公司应发行的全部股份而设立公司。募集设立是指由发起人认购公司应发行股份的一部分，其余股份向社会公开募集或者向特定对象募集而设立公司。

设立股份有限公司，应有2人以上、200人以下为发起人，其中须有半数以上的发起人在中国境内有住所。股份有限公司采取发起方式设立的，注册资本为在公司登记机关登记的全体发起人认购的股本总额。在发起人认购的股份缴足前，不得向他人募集股份。股份有限公司采取募集方式设立的，注册资本为在公司登记机关登记的实收股本总额。法律、行政法规及国务院决定对股份有限公司注册资本实缴、注册资本最低限额另有规定的，从其规定。

以发起设立方式设立股份有限公司的，发起人应书面认足公司章程规定其认购的股份，并按照公司章程规定缴纳出资。以非货币财产出资的，应依法办理其财产权的转移手续。以募集设立方式设立股份有限公司的，除法律、行政法规另有规定的从其规定外，发起人认购的股份不得少于公司股份总数的35%。

公司发起人向社会公开募集股份时，必须公告招股说明书，并制作认股书。招股说明书应附有发起人制定的公司章程，并载明下列事项：①发起人认购的股份数；②每股的票面金额和发行价格；③无记名股票的发行总数；④募集资金的用途；⑤认股人的权利、义务；⑥本次募股的起止期限及逾期未募足时认股人可以撤回所认股份的说明。

股份有限公司的资本划分为股份，每一股的金额相等。股东持有的股份可以依法转让。

2. 工程监理公司组织机构

（1）有限责任公司组织机构：

1）股东会。有限责任公司股东会由全体股东组成。股东会是公司的权力机构，依照

《公司法》行使职权。

2）董事会。有限责任公司设董事会，其成员为3人至13人。股东人数较少或者规模较小的有限责任公司，可以设一名执行董事，不设董事会。执行董事可以兼任公司经理。执行董事的职权由公司章程规定。

3）经理。有限责任公司可以设经理，由董事会决定聘任或者解聘。经理对董事会负责，行使公司管理职权。

4）监事会。有限责任公司设监事会，其成员不得少于3人。股东人数较少或者规模较小的有限责任公司，可以设一至二名监事，不设监事会。

（2）股份有限公司组织机构：

1）股东大会。股份有限公司股东大会由全体股东组成。股东大会是公司的权力机构，依照《公司法》行使职权。

2）董事会。股份有限公司设董事会，其成员为5～19人。董事会成员中可以有公司职工代表。董事会中的职工代表由公司职工通过职工代表大会、职工大会或者其他形式民主选举产生。

3）经理。股份有限公司设经理，由董事会决定聘任或者解聘。公司董事会可以决定由董事会成员兼任经理。

4）监事会。股份有限公司设监事会，其成员不得少于3人。

无论是有限责任公司还是股份有限公司，监事会应包括股东代表和适当比例的公司职工代表，其中职工代表的比例不得低于1/3，具体比例由公司章程规定。监事会中的职工代表由公司职工通过职工代表大会、职工大会或者其他形式民主选举产生。董事、高级管理人员不得兼任监事。

二、工程监理企业经营活动准则

工程监理企业从事工程监理活动，应当遵循"守法、诚信、公平、科学"的准则。

（一）守法

守法，即遵守法律法规。对于工程监理企业而言，守法就是要依法经营，主要体现在以下几方面：

（1）自觉遵守相关法律法规及行业自律公约和诚信守则，在核定的资质等级和业务范围内从事监理活动，不得超越资质或挂靠承揽业务。工程监理企业的业务范围，是指在资质证书中、经工程监理资质管理部门审查确认的主项资质和增项资质。核定的业务范围包括两方面：一是监理业务的工程类别；二是承接监理工程的等级。

（2）不伪造、涂改、出租、出借、转让、出卖《资质等级证书》及从业人员执业资格证书，不出租、出借企业相关资信证明，不转让监理业务。

（3）在监理投标活动中，坚持诚实信用原则，不弄虚作假，不串标、不围标，不低于成本价参与竞争。公平竞争，不扰乱市场秩序。

（4）依法依规签订建设工程监理合同，不签订有损国家、集体或他人利益的虚假合同或附加条款。严格按照建设工程监理合同约定履行义务，不违背自己承诺。

（5）不与被监理工程的施工及材料、构配件和设备供应单位有隶属关系或其他利害关系，不谋取非法利益。

（6）在异地承接监理业务的，自觉遵守工程所在地有关规定，主动向工程所在地建设主管部门备案登记，接受其指导和监督管理。

（二）诚信

诚信，即诚实守信。这是道德规范在市场经济中的体现。诚信原则要求市场主体在不损害他人利益和社会公共利益的前提下，追求自身利益，目的是在当事人之间的利益关系和当事人与社会之间的利益关系中实现平衡，并维护市场道德秩序。诚信原则的主要作用在于指导当事人以善意的心态、诚信的态度行使民事权利，承担民事义务，正确地从事民事活动。

加强信用管理，提高信用水平，是完善我国建设工程监理制度的重要保证。诚信的实质是解决经济活动中经济主体之间的利益关系。诚信是企业经营理念、经营责任和经营文化的集中体现。信用是企业的一种无形资产，良好的信用能为企业带来巨大效益。信用不仅是企业参与市场公平竞争的基本条件，而且是我国企业"走出去"、进入国际市场的身份证。工程监理企业应当树立良好的信用意识，使企业成为讲道德、讲信用的市场主体。

工程监理企业诚信行为主要体现在以下几方面：

（1）建立诚信建设制度，激励诚信，惩戒失信。定期进行诚信建设制度实施情况检查考核，及时处理不诚信和履职不到位人员。

（2）依据相关法律法规、《建设工程监理规范》及合同约定，组建监理机构和派遣监理人员，配备必要的设备设施，开展工程监理工作。

（3）不弄虚作假、降低工程质量，不将不合格的建设工程、建筑材料、建筑构配件和设备按照合格签字，不以索、拿、卡、要等手段向建设单位、施工单位谋取不当利益，不以虚假行为损害工程建设各方合法权益。

（4）按规定进行检查和验证，按标准进行工程验收，确保工程监理全过程各项资料的真实性、时效性和完整性。

（5）加强内部管理，建立企业内部信用管理责任制度，开展廉洁执业教育，及时检查和评估企业信用实施情况，健全服务质量考评体系和信用评价体系，不断提高企业信用管理水平。

（6）履行保密义务，不泄露商业秘密及保密工程的相关情况。

（7）不用虚假资料申报各类奖项、荣誉，不参与非法社团组织的各类评奖等活动。

（8）积极承担社会责任，践行社会公德，确保监理服务质量，维护国家和公众利益。

（9）自觉践行自律公约，接受政府主管部门对监理工作的监督检查。

（三）公平

公平是指工程监理企业在监理活动中既要维护建设单位利益，又不能损害施工单位合法权益，并依据合同公平合理地处理建设单位与施工单位之间争议。

工程监理企业要做到公平，必须做到以下几点：

（1）要具有良好的职业道德；

（2）要坚持实事求是；

（3）要熟悉建设工程合同有关条款；

（4）要提高专业技术能力；

（5）要提高综合分析判断问题的能力。

（四）科学

科学是指工程监理企业要依据科学的方案，运用科学的手段，采取科学的方法开展监理工作。工程监理工作结束后，还要进行科学的总结。实施科学化管理主要体现在以下几个方面：

1. 科学的方案

建设工程监理方案主要是指监理规划和监理实施细则。在实施建设工程监理前，要尽可能准确地预测出各种可能的问题，有针对性地拟定解决办法，制定出切实可行、行之有效的监理规划和监理实施细则，使各项监理活动都纳入计划管理轨道。

2. 科学的手段

实施建设工程监理，必须借助于先进的科学仪器才能做好监理工作，如各种检测、试验、化验仪器、摄录像设备及计算机等。

3. 科学的方法

监理工作的科学方法主要体现在监理人员在掌握大量、确凿的有关监理对象及其外部环境实际情况的基础上，适时、妥帖、高效地处理有关问题，解决问题要用事实说话、用书面文字说话、用数据说话；要开发、利用计算机信息平台和软件辅助建设工程监理。

第二节　监 理 工 程 师

一、监理工程师资格考试和注册

监理工程师是指通过职业资格考试取得中华人民共和国监理工程师职业资格证书，并经注册后从事建设工程监理与相关业务活动的专业技术人员。

（一）监理工程师资格考试

1. 监理工程师资格制度的建立和发展

监理工程师是实施工程监理制的核心和基础。1990 年，原建设部和原人事部按照有利于国家经济发展、得到社会公认、具有国际可比性、事关社会公共利益四项原则，率先在工程建设领域建立了监理工程师执业资格制度，以考核形式确认了监理工程师执业资格 100 名。随后，又相继认定了两批监理工程师执业资格，前后共认定了 1059 名监理工程师。实行监理工程师执业资格制度的意义在于：一是与工程监理制度紧密衔接；二是统一监理工程师执业能力标准；三是强化工程监理人员执业责任；四是促进工程监理人员努力钻研业务知识，提高业务水平；五是合理建立工程监理人才库，优化调整市场资源结构；六是便于开拓国际工程监理市场。1992 年 6 月，原建设部发布《监理工程师资格考试和注册试行办法》（建设部第 18 号令），明确了监理工程师考试、注册的实施方式和管理程序，我国从此开始实施监理工程师资格考试。

1993 年，原建设部、原人事部印发《关于〈监理工程师资格考试和注册试行办法〉实施意见的通知》（建监［1993］415 号），提出加强对监理工程师资格考试和注册工作的统一领导与管理，并提出实施意见。1994 年，原建设部与原人事部在北京市、天津市、上海市、山东省、广东省，5 省市组织了监理工程师资格试点考试。1996 年 8 月，原建设部、原人事部发布《建设部、人事部关于全国监理工程师执业资格考试工作的通知》（建监［1996］462 号），从 1997 年开始，监理工程师资格考试实行全国统一管理、统一考纲、统一命题、统一时间、统一标准的办法，考试工作由原建设部、原人事部共同负责。监理工程师执业资格考试合格者，由各省、自治区、直辖市人事（职改）部门颁发人事部统一印制的原人事部与原建设部共同用印的《中华人民共和国监理工程师执业资格证书》，该证书在全国范围内有效。

2020年，住房和城乡建设部、交通运输部、水利部、人力资源社会保障部联合印发《监理工程师职业资格制度规定》及《监理工程师职业资格考试实施办法》，明确规定：国家设置监理工程师准入类职业资格，纳入国家职业资格目录。住房和城乡建设部、交通运输部、水利部、人力资源社会保障部共同制定监理工程师职业资格制度，并按照职责分工分别负责监理工程师职业资格制度的实施与监管。

监理工程师职业资格考试全国统一大纲、统一命题、统一组织。监理工程师职业资格考试合格者，由各省、自治区、直辖市人力资源社会保障行政主管部门颁发中华人民共和国监理工程师职业资格证书（或电子证书）。该证书由人力资源社会保障部统一印制，住房和城乡建设部、交通运输部、水利部按专业类别分别与人力资源社会保障部用印，在全国范围内有效。

2. 监理工程师资格考试科目及报考条件

（1）监理工程师资格考试科目。监理工程师职业资格考试原则上每年举行一次，考试设四个科目，即“建设工程监理基本理论和相关法规”“建设工程合同管理”“建设工程目标控制”“建设工程监理案例分析”。其中，“建设工程监理基本理论和相关法规”“建设工程合同管理”为基础科目，“建设工程目标控制”“建设工程监理案例分析”为专业科目。“建设工程监理案例分析”科目为主观题，在试卷上作答；其余3个科目均为客观题，在答题卡上作答。考试分3个专业类别，分别为：土木建筑工程、交通运输工程、水利工程。考生在报名时可根据实际工作需要选择。土木建筑工程专业由住房和城乡建设部负责，交通运输工程专业由交通运输部负责，水利工程专业由水利部负责。

监理工程师职业资格考试成绩实行4年为一个周期的滚动管理办法，在连续的4个考试年度内通过全部考试科目，方可取得监理工程师职业资格证书。

已取得监理工程师一种专业职业资格证书的人员，报名参加其他专业科目考试的，可免考基础科目。考试合格后，核发人力资源社会保障部门统一印制的相应专业考试合格证明。该证明作为注册时增加执业专业类别的依据。免考基础科目和增加专业类别的人员，专业科目成绩按照2年为一个周期滚动管理。

（2）监理工程师资格报考条件。根据《监理工程师职业资格制度规定》及《人力资源社会保障部关于降低或取消部分准入类职业资格考试工作年限要求有关事项的通知》（人社部发［2022］8号）要求，凡遵守中华人民共和国宪法、法律、法规，具有良好的业务素质和道德品行，具备下列条件之一者，可以申请参加监理工程师职业资格考试：

1）具有各工程大类专业大学专科学历（或高等职业教育），从事工程施工、监理、设计等业务工作满4年；

2）具有工学、管理科学与工程类专业大学本科学历或学位，从事工程施工、监理、设计等业务工作满3年；

3）具有工学、管理科学与工程一级学科硕士学位或专业学位，从事工程施工、监理、设计等业务工作满2年；

4）具有工学、管理科学与工程一级学科博士学位。

经批准同意开展试点的地区，申请参加监理工程师职业资格考试的，应当具有大学本科及以上学历或学位。

（3）免试基础科目的条件。具备以下条件之一的，参加监理工程师职业资格考试可免考基础科目：①已取得公路水运工程监理工程师资格证书；②已取得水利工程建设监理工程师资格证书。申请免考部分科目的人员在报名时应提供相应材料。

3. 内地监理工程师与香港建筑测量师资格互认

根据《关于建立更紧密经贸关系的安排》（CEPA 协议），为加强内地监理工程师和香港建筑测量师的交流与合作，促进两地共同发展，2006 年，中国建设监理协会与香港测量师学会就内地监理工程师和香港建筑测量师资格互认工作进行了考察评估，双方对资格互认工作的必要性及可行性取得了共识，同意在互惠互利、对等、总量与户籍控制等原则下，实施内地监理工程师与香港建筑测量师资格互认，签署“内地监理工程师和香港建筑测量师资格互认协议”，内地 255 名监理工程师及香港 228 建筑测量师取得了对方互认资格。

（二）监理工程师注册

国家对监理工程师职业资格实行执业注册管理制度，监理工程师注册是政府对工程监理执业人员实行市场准入控制的有效手段。取得监理工程师职业资格证书且从事工程监理及相关业务活动的人员，经过注册方可以注册监理工程师名义执业。住房和城乡建设部、交通运输部、水利部按专业类别分别负责监理工程师注册及相关工作。

二、监理工程师执业和继续教育

（一）监理工程师执业

住房和城乡建设部、交通运输部、水利部按照职责分工建立健全监理工程师诚信体系，制定相关规章制度或从业标准规范，并指导监督信用评价工作。

监理工程师不得同时受聘于两个或两个以上单位执业，不得允许他人以本人名义执业，严禁“证书挂靠”。出租出借注册证书的，依据相关法律法规进行处罚；构成犯罪的，依法追究刑事责任。

监理工程师可以从事建设工程监理、全过程工程咨询及工程建设某一阶段或某一专项工程咨询，以及国务院有关部门规定的其他业务。

监理工程师依据职责开展工作，在本人执业活动中形成的工程监理文件上签章，并承担相应责任。

监理工程师未执行法律、法规和工程建设强制性标准实施监理，造成质量安全事故的，依据相关法律法规进行处罚；构成犯罪的，依法追究刑事责任。

（二）监理工程师继续教育

随着现代科学技术日新月异的发展，监理工程师不能一劳永逸地停留在原有知识水平上，要随着时代的进步不断更新知识、扩大知识面，学习新的理论知识、法规政策及标准，了解新技术、新工艺、新材料、新设备，这样才能不断提高执业能力和工作水平，以适应工程建设事业发展及监理实务的需要。

取得监理工程师注册证书的人员，应当按照国家专业技术人员继续教育的有关规定接受继续教育，更新专业知识，提高业务水平。

三、监理工程师职业道德

国际咨询工程师联合会（FIDIC）等组织都规定有职业道德准则。FIDIC 的道德准则要求咨询工程师具有正直、公平、诚信、服务等工作态度和敬业精神，充分体现了 FIDIC 对咨询工程师要求的精髓。

监理工程师在执业过程中也要公平，不能损害工程建设任何一方的利益。为此，监理工程师应严格遵守如下职业道德守则：

（1）遵法守规，诚实守信。维护国家的荣誉和利益，遵守法规和行业自律公约，讲信誉，守承诺，坚持实事求是，“公平、独立、诚信、科学”地开展工作。

（2）严格监理，优质服务。执行有关工程建设法律、法规、标准和制度，履行工程监理合同规定的义务，提供专业化服务，保障工程质量和投资效益，改进服务措施，维护业主权益和公共利益。

（3）恪尽职守，爱岗敬业。遵守建设工程监理人员职业道德行为准则，履行岗位职责，做好本职工作，热爱监理事业，维护行业信誉。

（4）团结协作，尊重他人。树立团队意识，加强沟通交流，团结互助，不损害各方的名誉。

（5）加强学习，提升能力。积极参加专业培训，努力学习专业技术和工程监理知识，不断提高业务能力和监理水平。

（6）维护形象，保守秘密。抵制不正之风，廉洁从业，不谋取不正当利益。不为所监理工程指定承包商、建筑构配件、设备、材料生产厂家；不收受施工单位的任何礼金、有价证券等；不转借、出租、伪造、涂改监理证书及其他相关资信证明，不以个人名义承揽监理业务；不同时在两个或两个以上工程监理单位注册和从事监理活动；不在政府部门和施工、材料设备的生产供应等单位兼职。树立良好的职业形象。保守商业秘密，不泄露所监理工程各方认为需要保密的事项。

思 考 题

1. 工程监理企业资质类别有哪些？工程监理公司的设立条件和组织机构分别有何规定？
2. 工程监理企业经营活动准则是什么？
3. 监理工程师资格考试科目及报考条件是什么？
4. 监理工程师执业和继续教育有何规定？
5. 监理工程师职业道德守则有哪些？

第五章　建设工程监理招标投标与合同管理

建设工程监理可由建设单位直接委托，也可通过招标方式委托。但是，法律法规规定招标的，建设单位必须通过招标方式委托。因此，建设工程监理招标投标是建设单位委托监理和工程监理单位承揽监理任务的主要方式。

建设工程监理合同管理是工程监理单位明确工程监理义务、履行工程监理职责的重要保证。

第一节　建设工程监理招标程序和评标方法

一、建设工程监理招标方式和程序

（一）建设工程监理招标方式

建设工程监理招标可分为公开招标和邀请招标两种方式。建设单位应根据法律法规、工程项目特点、工程监理单位的选择范围及工程实施的急迫程度等因素合理选择招标方式，并按规定程序向招标投标监管理部门办理相关手续，接受相应的监督管理。

1. 公开招标

公开招标是指建设单位以招标公告的方式邀请不特定工程监理单位参加投标，向其发售监理招标文件，按照招标文件规定的评标方法、标准，从符合投标资格要求的投标人中优选中标人，并与中标人签订建设工程监理合同的过程。

国有资金占控股或者主导地位等依法必须进行监理招标的项目，应当采用公开招标方式委托监理任务。公开招标属于非限制性竞争招标，其优点是能够充分体现招标信息公开性、招标程序规范性、投标竞争公平性，有助于打破垄断，实现公平竞争。公开招标可使建设单位有较大的选择范围，可在众多投标人中选择经验丰富、信誉良好、价格合理的工程监理单位，能够大大降低串标、围标、抬标和其他不正当交易的可能性。公开招标的缺点是，准备招标、资格预审和评标的工作量大，因此，招标时间长、招标费用较高。

2. 邀请招标

邀请招标是指建设单位以投标邀请书方式邀请特定工程监理单位参加投标，向其发售招标文件，按照招标文件规定的评标方法、标准，从符合投标资格要求的投标人中优选中标人，并与中标人签订建设工程监理合同的过程。

邀请招标属于有限竞争性招标，也称为选择性招标。采用邀请招标方式，建设单位不需要发布招标公告，也不进行资格预审（但可组织必要的资格审查），使招标程序得到简化。这样，既可节约招标费用，又可缩短招标时间。邀请招标虽然能够邀请到有经验和资信可靠的工程监理单位投标，但由于限制了竞争范围，选择投标人的范围和投标人竞争的空间有限，可能会失去技术和报价方面有竞争力的投标者，失去理想中标人，达不到预期竞争效果。

（二）建设工程监理招标程序

建设工程监理招标一般包括：招标准备；发出招标公告或投标邀请书；组织资格审

查；编制和发售招标文件；组织现场踏勘；召开投标预备会；编制和递交投标文件；开标、评标和定标；签订建设工程监理合同等环节。

1. 招标准备

建设工程监理招标准备工作包括：确定招标组织、明确招标范围和内容、编制招标方案等内容。

（1）确定招标组织。建设单位自身具有组织招标的能力时，可自行组织监理招标，否则，应委托招标代理机构组织招标。建设单位委托招标代理进行监理招标时，应与招标代理机构签订招标代理书面合同，明确委托招标代理的内容、范围及双方义务和责任。

（2）明确招标范围和内容。综合考虑工程特点、建设规模、复杂程度、建设单位自身管理水平等因素，明确建设工程监理招标范围和内容。

（3）编制招标方案。包括：划分监理标段、选择招标方式、选定合同类型及计价方式、确定投标人资格条件、安排招标工作进度等。

2. 发出招标公告或投标邀请书

建设单位采用公开招标方式的，应当发布招标公告。招标公告必须通过一定的媒介进行传播。投标邀请书是指采用邀请招标方式的建设单位，向三个以上具备承担招标项目能力、资信良好的特定工程监理单位发出的参加投标的邀请。

招标公告与投标邀请书应当载明：建设单位的名称和地址；招标项目的性质；招标项目的数量；招标项目的实施地点；招标项目的实施时间；获取招标文件的办法等内容。

3. 组织资格审查

为了保证潜在投标人能够公平地获取投标竞争的机会，确保投标人满足招标项目的资格条件，同时避免招标人和投标人不必要的资源浪费，招标人应组织审查监理投标人资格。资格审查分为资格预审和资格后审两种。

（1）资格预审。资格预审是指在投标前，对申请参加投标的潜在投标人进行资质条件、业绩、信誉、技术、资金等多方面情况的审查。只有资格预审中被认定为合格的潜在投标人（或投标人）才可以参加投标。资格预审的目的是为了排除不合格的投标人，进而降低招标人的招标成本，提高招标工作效率。

（2）资格后审。资格后审是指在开标后，由评标委员会根据招标文件中规定的资格审查因素、方法和标准，对投标人资格进行的审查。

工程监理资格审查大多采用资格预审的方式进行。

4. 编制和发售招标文件

（1）编制建设工程监理招标文件。招标文件既是投标人编制投标文件的依据，也是招标人与中标人签订建设工程监理合同的基础。招标文件一般应由以下内容组成：

1）招标公告（或投标邀请书）；

2）投标人须知；

3）评标办法；

4）合同条款及格式；

5）委托人要求；

6）投标文件格式。

（2）发售监理招标文件。按照招标公告或投标邀请书规定的时间、地点发售招标文

件。投标人对招标文件内容有异议者，可在规定时间内要求招标人澄清、说明或纠正。

5. 组织现场踏勘

组织投标人进行现场踏勘的目的在于了解工程场地和周围环境情况，以获取认为有必要的信息。招标人可根据工程特点和招标文件规定，组织潜在投标人对工程实施现场的地形地质条件、周边和内部环境进行实地踏勘，并介绍有关情况。潜在投标人自行负责据此作出的判断和投标决策。

6. 召开投标预备会

招标人按照招标文件规定的时间组织投标预备会，澄清、解答潜在投标人在阅读招标文件和现场踏勘后提出的疑问。所有澄清、解答都按照招标文件中约定的形式予以确认，并发给所有购买招标文件的潜在投标人。招标文件的书面澄清、解答属于招标文件的组成部分。招标人同时可以利用投标预备会对招标文件中有关重点、难点内容主动做出说明。

7. 编制和递交投标文件

投标人应按照招标文件要求编制投标文件，对招标文件提出的实质性要求和条件作出实质性响应，按照招标文件规定的时间、地点、方式递交投标文件，并根据要求提交投标保证金。投标人在提交投标截止日期之前，可以撤回、补充或者修改已提交的投标文件，并书面通知招标人。补充、修改的内容为投标文件的组成部分。

8. 开标、评标和定标

（1）开标。招标人应按招标文件规定的时间、地点主持开标，邀请所有投标人派代表参加。开标时间、开标过程应符合招标文件规定的开标要求和程序。

（2）评标。评标由招标人依法组建的评标委员会负责。评标委员会应当熟悉、掌握招标项目的主要特点和需求，认真阅读、研究招标文件及其评标办法，按招标文件规定的评标办法进行评标，编写评标报告，并向招标人推荐中标候选人，或经招标人授权直接确定中标人。

（3）定标。招标人应按有关规定在招标投标监督部门指定的媒体或场所公示推荐的中标候选人，并根据相关法律法规和招标文件规定的定标原则和程序确定中标人，向中标人发出中标通知书。同时，将中标结果通知所有未中标的投标人，并在 15 日内按有关规定将监理招标投标情况书面报告提交招标投标行政监督部门。

9. 签订建设工程监理合同

招标人与中标人应当自发出中标通知书之日起 30 日内，依据中标通知书、招标文件中的合同构成文件签订建设工程监理合同。

二、建设工程监理评标内容和方法

工程监理单位不承担建筑产品生产任务，只是受建设单位委托提供技术和管理咨询服务。建设工程监理招标属于服务类招标，其标的是无形的“监理服务”，因此，建设单位在选择工程监理单位最重要的原则是“基于能力的选择”，而不应将服务报价作为主要考虑因素。有时甚至不考虑建设工程监理服务报价，只考虑工程监理单位的服务能力。

（一）建设工程监理评标内容

工程监理评标办法中，通常会将下列要素作为评标内容：

（1）工程监理单位的基本素质。包括：工程监理单位资质、技术及服务能力、社会信誉和企业诚信度，以及类似工程监理业绩和经验。

(2) 工程监理人员配备。工程监理人员的素质与能力直接影响建设工程监理工作的优劣，进而影响整个工程监理目标的实现。项目监理机构监理人员的数量和素质，特别是总监理工程师的综合能力和业绩是建设工程监理评标需要考虑的重要内容。对工程监理人员配备的评价内容具体包括：项目监理机构的组织形式是否合理；总监理工程师人选是否符合招标文件规定的资格及能力要求；监理人员的数量、专业配置是否符合工程专业特点要求；工程监理整体力量投入是否能满足工程需要；工程监理人员年龄结构是否合理；现场监理人员进退场计划是否与工程进展相协调等。

(3) 建设工程监理大纲。建设工程监理大纲是反映投标人技术、管理和服务综合水平的文件，反映了投标人对工程的分析和理解程度。评标时应重点评审建设工程监理大纲的全面性、针对性和科学性。

1) 建设工程监理大纲内容是否全面，工作目标是否明确，组织机构是否健全，工作计划是否可行，质量、造价、进度控制措施是否全面、得当，安全生产管理、合同管理、信息管理等方法是否科学，以及项目监理机构的制度建设规划是否到位，监督机制是否健全等。

2) 建设工程监理大纲中应对工程特点、监理重点与难点进行识别。在对招标工程进行透彻分析的基础上，结合自身工程经验，从工程质量、造价、进度控制及安全生产管理等方面确定监理工作的重点和难点，提出针对性措施和对策。

3) 除常规监理措施外，建设工程监理大纲中应对招标工程的关键工序及分部分项工程制定有针对性的监理措施；制定针对关键点、常见问题的预防措施；合理设置旁站清单和保障措施等。

(4) 试验检测仪器设备及其应用能力。重点评审投标人在投标文件中所列的设备、仪器、工具等能否满足建设工程监理要求。对于建设单位在现场另建试验、检测等中心的工程项目，应重点考查投标人评价分析、检验测量数据的能力。

(5) 建设工程监理费用报价。建设工程监理费用报价所对应的服务范围、服务内容、服务期限应与招标文件中的要求相一致。要重点评审监理费用报价水平和构成是否合理、完整，分析说明是否明确，监理服务费用的调整条件和办法是否符合招标文件要求等。

(二) 建设工程监理评标方法

建设工程监理评标通常采用“综合评估法”，即：通过衡量投标文件是否最大限度地满足招标文件中规定的各项评价标准，对技术、企业资信、服务报价等因素进行综合评价从而确定中标人。

综合评估法又称打分法、百分制计分评价法。通常是在招标文件中明确规定需量化的评价因素及其权重，评标委员会根据投标文件内容和评分标准逐项进行分析记分、加权汇总，计算出各投标单位的综合评分，然后按照综合评分由高到低的顺序确定中标候选人或直接选定得分最高者为中标人。

综合评估法是我国各地广泛采用的评标方法，其特点是量化所有评标指标，由评标委员会专家分别打分，减少了评标过程中的相互干扰，增强了评标的科学性和公正性。需要注意的是，评标因素指标的设置和评分标准分值或权重的分配，应能充分评价工程监理单位的整体素质和综合实力，体现评标的科学、合理性。

（三）建设工程监理评标示例

某建设工程监理评标办法中规定，采用综合评估法进行评标，以得分最高者为中标单位。评价内容包括：资信业绩、监理大纲、服务报价、其他因素等进行综合评分，并按综合评分顺序推荐3名合格中标候选人。

1. 初步评审

评标委员会对投标文件进行初步评审，初步评审包括形式评审、资格评审和响应性评审，并填写符合性检查表。只有通过初步评审的投标文件才能参加详细评审。

（1）形式评审标准：

1）投标人名称：与营业执照、资质证书一致；

2）投标函及投标函附录签字盖章：由法定代表人或其委托代理人签字或加盖单位章。由法定代表人签字的，应附法定代表人身份证明，由代理人签字的，应附授权委托书，身份证明或授权委托书应符合招标文件中“投标文件格式”的规定；

3）投标文件格式：符合招标文件中“投标文件格式”的规定；

4）联合体投标人：提交符合招标文件要求的联合体协议书，明确各方承担连带责任，并明确联合体牵头人；

5）备选投标方案：除招标文件明确允许提交备选投标方案外，投标人不得提交备选投标方案。

（2）资格评审标准：

1）营业执照和组织机构代码证：“投标人基本情况表”应附投标人营业执照和组织机构代码证的复印件（按照“三证合一”或“五证合一”登记制度进行登记的，可仅提供营业执照复印件）、投标人监理资质证书副本等材料的复印件；

2）资质要求、财务要求、业绩要求、信誉要求、总监理工程师、其他主要人员、试验检测仪器设备、其他要求需符合招标文件中的要求；

3）联合体投标人：①联合体各方应按招标文件提供的格式签订联合体协议书，明确联合体牵头人和各方权利义务，并承诺就中标项目向招标人承担连带责任；②由同一专业的单位组成的联合体，按照资质等级较低的单位确定资质等级；③联合体各方不得再以自己名义单独或参加其他联合体在本招标项目中投标，否则各相关投标均无效；

4）投标人不得存在下列情形之一：①为招标人不具有独立法人资格的附属机构（单位）；②与招标人存在利害关系且可能影响招标公正性；③与本招标项目的其他投标人为同一个单位负责人；④与本招标项目的其他投标人存在控股、管理关系；⑤为本招标项目的代建人；⑥为本招标项目的招标代理机构；⑦与本招标项目的代建人或招标代理机构同为一个法定代表人；⑧与本招标项目的代建人或招标代理机构存在控股或参股关系；⑨与本招标项目的施工承包人以及建筑材料、建筑构配件和设备供应商有隶属关系或者其他利害关系；⑩被依法暂停或者取消投标资格；⑪被责令停产停业、暂扣或者吊销许可证、暂扣或者吊销执照；⑫进入清算程序，或被宣告破产，或其他丧失履约能力的情形；⑬在最近三年内发生重大监理质量问题（以相关行业主管部门的行政处罚决定或司法机关出具的有关法律文书为准）；⑭被工商行政管理机关在全国企业信用信息公示系统中列入严重违法失信企业名单；⑮被最高人民法院在“信用中国”网站（www.creditchina.gov.cn）或各级信用信息共享平台中列入失信被执行人名单；⑯在近三年内投标人或其法定代表人、拟委任的总监理工程师有行贿犯罪行为的（以检察机关职务犯罪预防部门出具的查询结果为准）；⑰法律法规或投标人须知前附表规定的其他情形。

（3）响应性评审标准：

1）投标报价：①投标报价应包括国家规定的增值税税金，除投标人须知前附表另有规定外，增值税税金按一般计税方法计算；②报价方式见招标文件中要求；③招标人设有最高投标限价的，投标人的投标报价不得超过最高投标限价，最高投标限价在招标文件中载明；

2）投标内容：符合招标文件要求；

3）监理服务期限：符合招标文件要求；

4）质量标准：符合招标文件要求；

5）投标有效期：除招标文件另有规定外，投标有效期为 90 天；

6）投标保证金：投标人在递交投标文件的同时，应按投标人须知前附表规定的金额、形式和招标文件中规定的形式递交投标保证金。境内投标人以现金或者支票形式提交的投标保证金，应当从其基本账户转出并在投标文件中附上基本账户开户证明。联合体投标的，其投标保证金可以由牵头人递交，并应符合招标文件的规定；

7）权利义务：一般义务（包括遵守法律、依法纳税、完成全部监理工作和其他义务）、履约保证金、联合体、总监理工程师、监理人员的管理、撤换总监理工程师和其他人员、保障人员的合法权益、合同价款应专款专用；

8）监理大纲：符合“委托人要求”中的实质性要求和条件。

投标文件有一项不符合以上评审标准的，评标委员会应当否决其投标。

投标人有以下情形之一的，评标委员会应当否决其投标：

（1）投标文件没有对招标文件的实质性要求和条件做出响应，或者对招标文件的偏差超出招标文件规定的偏差范围或最高项数；

（2）有串通投标、弄虚作假、行贿等违法行为。

2. 详细评审

评标委员会按评标办法中规定的量化因素和分值进行打分，并计算出综合评估得分。

（1）详细评审内容及分值构成（见表 5-1）。

监理评标详细评审内容及分值构成 **表 5-1**

序号	评审内容	分值分配
1	资信业绩	20
2	监理大纲	60
3	投标报价	20
总计		100

（2）具体评分标准

1）资信业绩（20 分）评分标准（见表 5-2）。

资信业绩评分标准　　表 5-2

序号	评分内容	分值分配	评分办法
1.1	信誉	2	近5年内获得省部级及以上相关荣誉，有1项得2分，最多加至2分
1.2	类似工程业绩	2	近5年内承担过类似工程，以中标通知书发出或合同签订日期为准（自开标之日起向前推算5年），有1项得2分，最多加至2分
1.3	总监理工程师资历和业绩	10	总监理工程师监理工作经历、总监理工程师资历、近5年内承接过类似专业的工程，且担任总监理工程师
1.4	其他主要人员资历和业绩	3	项目监理机构其他人员专业分工是否齐全、相关证书是否齐全
1.5	拟投入的试验检测仪器设备	3	测量仪器与检测设施配备是否得当、测量与检测方法是否有效

2）监理大纲（60分）评分标准（见表5-3）。

监理大纲评分标准　　表 5-3

序号	评分内容	分值分配	评分办法
2.1	监理范围、监理内容	5	监理工作内容和范围、程序和流程是否能全面涵盖本工程
2.2	监理依据、监理工作目标	5	监理依据是否充分、监理工作目标是否明确
2.3	监理机构设置和岗位职责	10	项目监理机构岗位设置与职责是否明确
2.4	监理工作程序、方法和制度	5	监理工作程序、方法和制度是否清晰、全面
2.5	质量、进度、造价、安全、环保监理措施	10	质量、进度、造价、安全环保监理措施是否科学、合理
2.6	合同、信息管理方案	5	合同、信息管理方案是否科学、全面
2.7	监理组织协调内容及措施	5	组织协调内容及措施是否合理、全面
2.8	监理工作重点、难点分析	10	对项目特点、难点及重点的分析是否透彻
2.9	合理化建议	5	是否能提供有效的技术建议

3）服务报价（20分）评分标准（见表5-4）。

服务报价评分标准　　表 5-4

序号	评分内容	分值分配	评分办法
3.1	服务报价	20	对经评审的有效报价作算术平均（有效投标人≥6时，应去掉投标最高价1家和最低价1家后再算术平均），将该平均值下浮3%（下浮率由招标人确定，下浮区间：3%～8%）作为基准价（得10分）。各投标人报价与基准价相比，每上浮1%扣0.5分（最多扣至5分），每下浮1%扣0.25分（最多扣至5分）。（按照线性插入法计算）

3. 投标文件澄清

除评标办法中规定的重大偏差外，投标文件存在的其他问题应视为细微偏差。为了有助于投标文件的审查、评价和比较，评标委员会可书面通知投标人澄清或说明其投标文件中不明确的内容，或要求补充相应资料或对细微偏差进行补正。投标人对此不得拒绝，否则，作废标处理。

有关澄清、说明和补正的要求和回答均以书面形式进行，但招标人和投标人均不得因此而提出改变招标文件或投标文件实质内容的要求。投标人的书面澄清、说明或补正属于投标文件的组成部分。

评标委员会不接受投标人对投标文件的主动澄清、说明和补正。

4. 评标结果

评标委员会汇总每位评标专家的评分后，去掉一个最高分和一个最低分，取其他评标专家评分的算术平均值计算每个投标人的最终得分，并以投标人的最终得分高低顺序推荐3名中标候选人。投标人综合评分相等时，以投标报价低的优先；投标报价也相等的，由招标人自行确定。

评标委员会完成评标后，应当向招标人提交书面评标报告。

第二节　建设工程监理投标工作内容和策略

一、建设工程监理投标工作内容

建设工程监理投标是一项复杂的系统性工作，工程监理单位的投标工作内容包括：投标决策、投标策划、投标文件编制、参加开标及答辩、投标后评估等内容。

（一）建设工程监理投标决策

工程监理单位要想中标获得建设工程监理任务并获得预期利润，就需要认真进行投标决策。所谓投标决策，主要包括两方面内容：一是决定是否参与竞标；二是如果参加投标，应采取什么样的投标策略。投标决策的正确与否，关系到工程监理单位能否中标及中标后经济效益。

1. 投标决策原则

投标决策活动要从工程特点与工程监理企业自身需求之间选择最佳结合点。为实现最优赢利目标，可以参考如下基本原则进行投标决策：

（1）充分衡量自身人员和技术实力能否满足工程项目要求，且要根据工程监理单位自身实力、经验和外部资源等因素来确定是否参与竞标。

（2）充分考虑国家政策、建设单位信誉、招标条件、资金落实情况等，保证中标后工程项目能顺利实施。

（3）由于目前工程监理单位普遍存在注册监理工程师稀缺、监理人员数量不足的情况，因此在一般情况下，工程监理单位与其将有限人力资源分散到几个小工程投标中，不如集中优势力量参与一个较大建设工程监理投标。

（4）对于竞争激烈、风险特别大或把握不大的工程项目，应主动放弃投标。

2. 投标决策定量分析方法

常用的投标决策定量分析方法有综合评价法和决策树法。

（1）综合评价法。综合评价法是指决策者决定是否参加某建设工程监理投标时，将影响其投标决策的主客观因素用某些具体指标表示出来，并定量地进行综合评价，以此作为投标决策依据。

1）确定影响投标的评价指标。不同工程监理单位在决定是否参加某建设工程监理投标时所应考虑的因素是不同的，但一般都要考虑到企业人力资源、技术力量、投标成本、经验业绩、竞争对手实力、企业长远发展等多方面因素，考虑的指标一般有总监理工程师能力、监理团队配置、技术水平、合同支付条件、同类工程经验、可支配的资源条件、竞争对手数量和实力、竞争对手投标积极性、项目利润、社会影响、风险情况等。

2）确定各项评价指标权重。上述各项指标对工程监理单位参加投标的影响程度是不同的，为了在评价中能反映各项指标的相对重要程度，应当对各项指标赋予不同权重。各项指标权重为 W_i，各 W_i之和应当等于 1。

3）各项评价指标评分。针对具体工程项目，衡量各项评价指标水平，可划分为好、较好、一般、较差、差五个等级，各等级赋予定量数值 u，如可按 1.0、0.8、0.6、0.4、0.2 进行打分。

4）计算综合评价总分。将各项评价指标权重与等级评分相乘后累加，即可求出建设工程监理投标机会总分。

5）决定是否投标。将建设工程监理投标机会总分与过去其他投标情况进行比较或者与工程监理单位事先确定的可接受的最低分数相比较，决定是否参加投标。

表 5-5 是某工程运用综合评价法辅助工程监理投标决策示例。

某建设工程监理投标综合评价法决策　　　**表 5-5**

投标考虑的因素	权重 W_i	等级 u					指标得分 $W_i \times u$
		好	较好	一般	较差	差	
总监理工程师能力	0.10			0.6			0.06
监理团队配置	0.10	1.0					0.10
技术水平	0.10	1.0					0.10
合同支付条件	0.10	1.0					0.10
同类工程经验	0.10				0.4		0.04
可支配的资源条件	0.10				0.4		0.04
竞争对手数量和实力	0.10		0.8				0.08
竞争对手投标积极性	0.05			0.6			0.03
项目利润	0.10	1.0					0.10
社会影响	0.05		0.8				0.04
风险情况	0.05	1.0					0.05
其他	0.05	1.0					0.05
总计							0.79

在实际操作过程中，投标考虑的因素集及其权重、等级可由工程监理单位投标决策机构组织企业经营、生产、人事等有投标经验的人员，以及外部专家进行综合分析、评估后确定。综合评价法也可用于工程监理单位对多个类似工程监理投标机会选择，综合评价分值最高者将作为优先投标对象。

（2）决策树法。工程监理单位有时会同时收到多个不同或类似建设工程监理投标邀请书，而工程监理单位的资源是有限的，若不分重点地将资源平均分布到各个投标工程，则每一个工程中标的概率都很低。为此，工程监理单位应针对每项工程特点进行分析，比选不同方案，以期选出最佳投标对象。这种多项目多方案的选择，通常可以应用决策树法进行定量分析。

1）适用范围。决策树分析法是适用于风险型决策分析的一种简便易行的实用方法，其特点是用一种树状图表示决策过程，通过事件出现的概率和损益期望值的计算比较，帮助决策者对行动方案作出抉择。当工程监理单位不考虑竞争对手的情况（投标时往往事先不知道参与投标的竞争对手），仅根据自身实力决定某些工程是否投标及如何报价时，则是典型的风险型决策问题，适用于决策树法进行分析。

2）基本原理。决策树是模拟树木成长过程，从出发点（称决策点）开始不断分枝来表示所分析问题的各种发展可能性，并以分枝的期望值中最大（或最小）者作为选择依据。从决策点分出的枝称为方案枝，从方案枝分出的枝称为概率分枝。方案枝分出的各概率分枝的分叉点及概率分枝的分叉点，称为自然状态点。概率分枝的终点称为损益值点。

绘制决策树时，自左向右，形成树状，其分枝使用直线，决策点、自然状态点、损益值点，分别使用不同的符号表示。其画法如下：

① 画一个方框作为决策点，并编号；

② 从决策点向右引出若干条直（折）线，形成方案枝，每条线段代表一个方案，方案名称一般直接标注在线段的上（下）方；

③ 每个方案枝末端画一个圆圈，代表自然状态点。圆圈内编号，与决策点一起顺序排列；

④ 从自然状态点引出若干条直（折）线，形成概率分枝，发生的概率一般直接标注在线段的上方（多数情况下标注在括号内）；

⑤ 如果问题只需要一级决策，则概率分枝末端画一个“△”，表示终点。终点右侧标出该自然状态点的损益值。如还需要进行第二阶段决策，则用决策点“□”代替终点“△”，再重复上述步骤画出决策树。

3）决策过程。用决策树法分析，其决策过程如下：

① 先根据已知情况绘出决策树；

② 计算期望值。一般从终点逆向逐步计算。每个自然状态点处的损益期望值 E_i 按公式（5-1）计算：

$$E_i = \sum P_i \times B_i \tag{5-1}$$

式中　P_i 和 B_i 分别表示概率分枝的概率和损益值。

一般将计算出的 E_i 值直接标注于该自然状态点的下面。

③ 确定决策方案。各方案枝端点自然状态点的损益期望值即为各方案的损益期望值。在比较方案时，若考虑的是收益值，则取最大期望值；若考虑的是损失值，则取最小期望值。根据计算出的期望值和决策者的才智与经验来分析，作出最后判断。

4）决策树示例。某工程监理单位拥有的资源有限，只能在 A 和 B 两项大型工程中选 A 或 B 进行投标，或均不参加投标。若投标，根据过去投标经验，对两项工程各有高低报价两种策略。投高价标，中标机会为 30%；投低价标，中标机会为 50%。

这样，该工程监理单位共有 $A_{高}$、$A_{低}$、不投标、$B_{高}$、$B_{低}$ 5 种方案。

工程监理单位根据过去承担过的类似工程数据进行分析，得到每种方案的利润和出现

概率见表 5-6。如果投标未果，则会损失 5 万元（投标准备费）。

投标方案、利润和概率　　表 5-6

方案	效果	可能的利润（万元）	概率
$A_{高}$	优	500	0.3
	一般	100	0.5
	赔	−300	0.2
$A_{低}$	优	400	0.2
	一般	50	0.6
	赔	−400	0.2
不投标		0	1.0
$B_{高}$	优	700	0.3
	一般	200	0.5
	赔	−300	0.2
$B_{低}$	优	600	0.3
	一般	100	0.6
	赔	−100	0.1

根据上述情况，可画出决策树如图 5-1 所示。

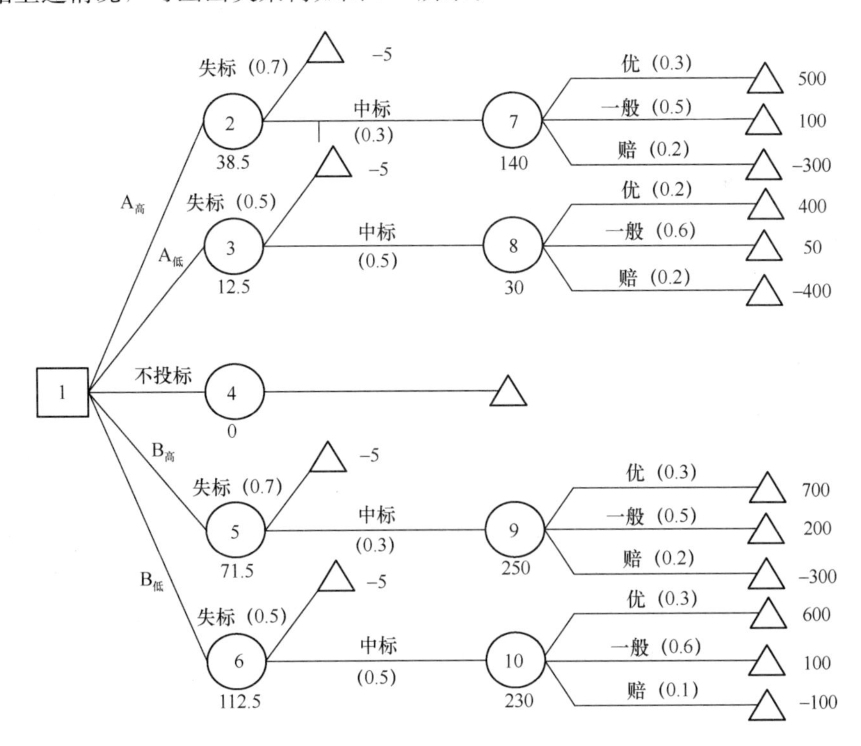

图 5-1　建设工程监理投标决策树

计算各自然状态点损益期望值。以 $A_{高}$ 方案为例，说明损益期望值的计算：

① 自然状态点⑦的损益期望值 E_7：$E_7=0.3\times500+0.5\times100+0.2\times(-300)=140$

（万元）

将 $E_7=140$ 万元标在⑦上面（或下面）。

② 自然状态点②的损益期望值 E_2：$E_2=0.3\times140+0.7\times(-5)=38.5$（万元）

同理，可分别求得自然状态点⑧、③、④、⑨、⑤、⑩、⑥的损益期望值。

至此，工程监理单位可以作出决策。如投 A 工程，宜投高价标；如投 B 工程，则应投低价标，而且从损益期望值角度看，选定 B 工程投低价标，更为有利。

（二）建设工程监理投标策划

建设工程监理投标策划是指从总体上规划建设工程监理投标活动的目标、组织、任务分工等，通过严格的管理过程，提高投标效率和效果。

（1）明确投标目标，决定资源投入。一旦决定投标，首先要明确投标目标，投标目标决定了企业层面对投标过程的资源支持力度。

（2）成立投标小组并确定任务分工。投标小组要由有类似建设工程监理投标经验的项目负责人全面负责收集信息，协调资源，作出决策，并组织参与资格审查、购买标书、编写质疑文件、进行质疑和现场踏勘、编制投标文件、封标、开标和答辩、标后总结等；同时，需要落实各参与人员的任务和职责，做到界面清晰，人尽其职。

（三）建设工程监理投标文件编制

建设工程监理投标文件反映了工程监理单位的综合实力和完成监理任务的能力，是招标人选择工程监理单位的主要依据之一。投标文件编制质量的高低，直接关系到中标可能性的大小，因此，如何编制好工程监理投标文件是工程监理单位投标的首要任务。

1. 投标文件编制原则

（1）响应招标文件，保证不被废标。建设工程监理投标文件编制的前提是要按招标文件要求的条款和内容格式编制，必须在满足招标文件要求的基本条件下，尽可能精益求精，响应招标文件实质性条款，防止废标发生。

（2）认真研究招标文件，深入领会招标文件意图。一本规范化的招标文件少则十余页，多则几十页，甚至上百页，只有全部熟悉并领会各项条款要求，事先发现不理解或前后矛盾、表述不清的条款，通过标前答疑会，解决所有发现的问题，防止因不熟悉招标文件导致“失之毫厘，差之千里”的后果发生。

（3）投标文件要内容详细、层次分明、重点突出。完整、规范的投标文件，应尽可能将投标人的想法、建议及自身实力叙述详细，做到内容深入而全面。为了尽可能让招标人或评标专家在很短的评标时间内了解投标文件内容及投标单位实力，就要在投标文件的编制上下功夫，做到层次分明，表达清楚，重点突出。投标文件体现的内容要针对招标文件评分办法的重点得分内容，如企业业绩、人员素质及监理大纲中建设工程目标控制要点等，要有意识地说明和标设，并在目录上专门列出或在编辑包装中采用装饰手法等，力求起到加深印象的作用，这样做会起到事半功倍的效果。

2. 投标文件编制依据

（1）国家及地方有关建设工程监理投标的法律法规及政策。必须以国家及地方有关建设工程监理投标的法律法规及政策为准绳编制建设工程监理投标文件，否则，可能会造成投标文件的内容与法律法规及政策相抵触，甚至造成废标。

（2）建设工程监理招标文件。建设工程监理投标文件必须对招标文件作出实质性响

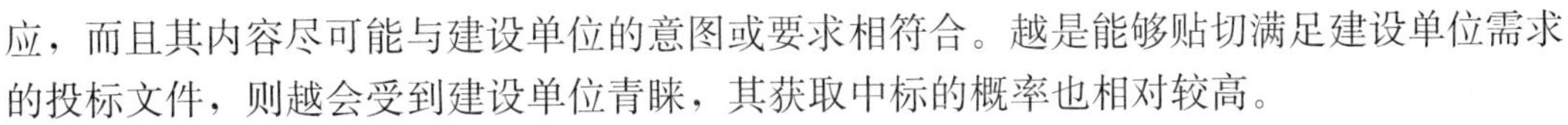

应，而且其内容尽可能与建设单位的意图或要求相符合。越是能够贴切满足建设单位需求的投标文件，则越会受到建设单位青睐，其获取中标的概率也相对较高。

（3）企业现有的设备资源。编制建设工程监理投标文件时，必须考虑工程监理单位现有的设备资源。要根据不同监理标的具体情况进行统一调配，尽可能将工程监理单位现有可动用的设备资源编入建设工程监理投标文件，提高投标文件的竞争力。

（4）企业现有的人力及技术资源。工程监理单位现有的人力及技术资源主要表现为有精通所招标工程的专业技术人员和具有丰富经验的总监理工程师、专业监理工程师、监理员；有工程项目管理、设计及施工专业特长，能帮助建设单位协调解决各类工程技术难题的能力；拥有同类建设工程监理经验；在各专业有一定技术能力的合作伙伴，必要时可联合向建设单位提供咨询服务。此外，应当将工程监理单位内部现有的人力及技术资源优化组合后编入监理投标文件中，以便在评标时获得较高的技术标得分。

（5）企业现有的管理资源。建设单位判断工程监理单位是否能胜任建设工程监理任务，在很大程度上要看工程监理单位在日常管理中有何特长，类似建设工程监理经验如何，针对本工程有何具体管理措施等。为此，工程监理单位应当将其现有的管理资源充分展现在投标文件中，以获得建设单位的注意，从而最终获取中标。

3. 监理大纲编制

建设工程监理投标文件的核心是反映监理服务水平高低的监理大纲，尤其是针对工程具体情况制定的监理对策，以及向建设单位提出的原则性建议等。

监理大纲一般应包括以下主要内容：

（1）工程概述。根据建设单位提供和自己初步掌握的工程信息，对工程特征进行简要描述，主要包括：工程名称、工程内容及建设规模；工程结构或工艺特点；工程地点及自然条件概况；工程质量、造价和进度控制目标等。

（2）监理依据和监理工作内容。

1）监理依据：法律法规及政策；工程建设标准（包括《建设工程监理规范》GB/T 50319—2013）；工程勘察设计文件；建设工程监理合同及相关建设工程合同等。

2）监理工作内容：一般包括：质量控制、造价控制、进度控制、合同管理、信息管理、组织协调、安全生产管理的监理工作等。

（3）建设工程监理实施方案。建设工程监理实施方案是监理评标的重点。根据监理招标文件的要求，针对建设单位委托监理工程特点，拟定监理工作指导思想、工作计划；主要管理措施、技术措施以及控制要点；拟采用的监理方法和手段；监理工作制度和流程；监理文件资料管理和工作表式；拟投入的资源等。建设单位一般会特别关注工程监理单位资源的投入：一方面是项目监理机构的设置和人员配备，包括监理人员（尤其是总监理工程师）素质、监理人员数量和专业配套情况；另一方面是监理设备配置，包括检测、办公、交通和通信等设备。

（4）建设工程监理难点、重点及合理化建议。建设工程监理难点、重点及合理化建议是整个投标文件的精髓。工程监理单位在熟悉招标文件和施工图的基础上，要按实际监理工作的开展和部署进行策划，既要全面涵盖“三控两管一协调”和安全生产管理职责的内容，又要有针对性地提出重点工作内容、分部分项工程控制措施和方法以及合理化建议，并说明采纳这些建议将会在工程质量、造价、进度等方面产生的效益。

4. 编制投标文件注意事项

建设工程监理招标、评标注重对工程监理单位能力的选择。因此，工程监理单位在投标时应在体现监理能力方面下功夫，应着重解决下列问题：

（1）投标文件应对招标文件内容作出实质性响应。

（2）项目监理机构的设置应合理，要突出监理人员素质，尤其是总监理工程师人选，将是建设单位重点考察的对象。

（3）应有类似建设工程监理经验。

（4）监理大纲能充分体现工程监理单位的技术、管理能力。

（5）监理服务报价应符合招标文件对报价的要求，以及工程监理成本利润测算。

（6）投标文件既要响应招标文件要求，又要巧妙回避建设单位的苛刻要求，同时还要避免为提高竞争力而盲目扩大监理工作范围，否则会给合同履行留下隐患。

（四）参加开标及答辩

1. 参加开标

参加开标是工程监理单位需要认真准备的投标活动，应按时参加开标，避免废标情况发生。

2. 答辩

招标项目要求现场答辩的，工程监理单位要充分做好答辩前准备工作，强化工程监理人员答辩能力，提高答辩信心，积累相关经验，提升监理队伍的整体实力，包括仪表、自信心、表达力、知识储备等。平时要有计划地培训学习，逐步提高整体实战能力，并形成一整套可复制的模拟实战方案，这样才能实现专业技术与管理能力同步，做到精心准备与快速反应有机结合。答辩前，应拟定答辩的基本范围和纲领，细化到人和具体内容，组织演练，相互提问。另外，要了解对手，知己知彼、百战不殆，了解竞争对手的实力和拟定安排的总监理工程师及团队，完善自己的团队，发挥自身优势。在各组织成员配齐后，总监理工程师就可以担当答辩的组织者，以团队精神做好心理准备，有了内容心里就有了底，再调整每个人的情绪，以饱满的精神沉着应对。

（五）投标后评估

投标后评估是对投标全过程的分析和总结，对一个成熟的工程监理企业，无论建设工程监理投标成功与否，投标后评估不可缺少。投标后评估要全面评价投标决策是否正确，影响因素和环境条件是否分析全面，重难点和合理化建议是否有针对性，总监理工程师及项目监理机构成员人数、资历及组织机构设置是否合理，投标报价预测是否准确，参加开标和总监理工程师答辩准备是否充分，投标过程组织是否到位等。投标过程中任何导致成功与失败的细节都不能放过，这些细节是工程监理单位在随后投标过程中需要注意的问题。

二、建设工程监理投标策略

建设工程监理投标策略的合理制定和成功实施关键在于对影响投标因素的深入分析、招标文件的把握和深刻理解、投标策略的针对性选择、项目监理机构的合理设置、合理化建议的重视以及答辩的有效组织等环节。

（一）深入分析影响监理投标的因素

深入分析影响投标的因素是制定投标策略的前提。针对建设工程监理特点，结合中国

监理行业现状，可将影响投标决策的因素大致分为“正常因素”和“非正常因素”两大类。其中，“非正常因素”主要指受各种人为因素影响而出现的“假招标”“权力标”“陪标”“低价抢标”“保护性招标”等，这均属于违法行为，应予以禁止，此处不讨论。对于正常因素，根据其性质和作用，可归纳为以下 4 类。

1. 分析建设单位（买方）

招投标是一种买卖交易，在当今建筑市场属于买方市场的情况下，工程监理单位要想中标，分析建设单位（买方）因素是至关重要的。

（1）分析建设单位对中标人的要求和建设单位提供的条件。目前，我国建设工程监理招标文件里都有综合评分标准及评分细则，它集中反映了建设单位需求。工程监理单位应对照评分标准逐一进行自我测评，做到心中有数。特别要分析建设单位在评分细则中关于报价的分值比重，这会影响工程监理单位的投标策略。

建设单位提供的条件在招标文件中均有详细说明，工程监理单位应一一认真分析，特别是建设单位的授权和监理费用的支付条件等。

（2）分析建设单位对于工程建设资金的落实和筹措情况。

（3）分析建设单位领导层核心人物及下层管理人员资质、能力、水平、素质等，特别是对核心人物的心理分析更为重要。

（4）如果在建设工程监理招标时，施工单位事先已经被选定，建设单位与施工单位的关系也是工程监理单位应关心的问题之一。

2. 分析投标人（卖方）自身

（1）根据企业当前经营状况和长远经营目标，决定是否参加建设工程监理投标。如果企业经营管理不善或因其他政治经济环境变化，造成企业生存危机，就应考虑“生存型”投标，即使不盈利甚至赔本也要投标；如果企业希望开拓市场、打入新的地区（或领域），可以考虑“竞争型”投标，即使低盈利也可投标；如果企业经营状况很好，在某些地区也打开局面，对建设单位有较好的名牌效应，信誉度较高时，可以采取“盈利型”投标，即使难度大，困难多一些，也可以参与竞争，以获取丰厚利润和社会经济效益。

（2）根据自身能力，量力而行。就我国目前情况看，相当多的工程监理单位或多或少处于任务不饱满的状况，有鉴于此，应尽可能积极参与投标，特别是接到建设单位邀请的项目。这主要是基于以下四点：第一，参加投标项目多，中标机会就多；第二，经常参加投标，在公众面前出现的机会就多，起到了广告宣传作用；第三，通过参加投标，积累经验，掌握市场行情，收集信息，了解竞争对手惯用策略；第四，当建设单位邀请时，如果不参加（或不响应），于情于理不容，有可能破坏信誉度，从而失去开拓市场的机会。

（3）采用联合体投标，可以扬长补短。在现代建筑越来越大、越来越复杂的情况下，多大的企业也不可能是万能的，因此，联合是必然的，特别是加入 WTO 之后，中外监理企业的联合更是“双赢”的需要，这种情况下，就需要对联合体合作伙伴进行深入了解和分析。

3. 分析竞争对手

商场即战场，我们的取胜就意味着对手的失败，要击败对手，就必然要对竞争者进行分析。综合起来，要从以下几个方面分析对手：

（1）分析竞争对手的数量和实际竞争对手，以往同类工程投标竞争的结果，竞争对手的实力等。

（2）分析竞争对手的投标积极性。如果竞争对手面临生存危机，势必采用“生存型”投标策略；如果竞争者是作为联合体投标，势必采用“盈利型”投标策略。总之，要分析竞争对手的发展目标、经营策略、技术实力、以往投标资料、社会形象及目前建设工程监理任务饱满度等，判断其投标积极性，进而调整自己的投标策略。

（3）了解竞争对手决策者情况。在分析竞争对手的同时，详细了解竞争对手决策者年龄、文化程度、心理状态、性格特点及其追求目标，从而可以推断其在投标过程中的应变能力和谈判技巧，根据其在建设单位心目中留下的印象，调整自己的投标策略和技巧。

4. 分析环境和条件

（1）要分析施工单位。施工单位是建设工程监理最直接、至关重要的环境条件，如果一个信誉不好、技术力量薄弱、管理水平低下的施工单位作为被监理对象，不仅管理难度大、费人费时，而且由工程监理单位来承担其工作失误所带来的风险也就比较大，如果这类施工单位再与建设单位关系密切，建设工程监理工作难度将大幅增加。此外，要特别注意了解施工单位履行合同的能力，从而制定有针对性的监理策略和措施。

（2）要分析工程难易程度。

（3）要分析水文、气候、地形地貌等自然条件及工作环境的艰苦程度。

（4）要分析设计单位的水平和人员素质。

（5）要分析工程所在地社会文化环境，特别是当地政府与人民群众的态度等。

（6）要分析工程条件和环境风险。

项目监理机构设置、人员配备、交通和通信设备的购置、工作生活的安置以及所需费用列支，都离不开对上述环境和条件的分析。

（二）把握和深刻理解招标文件精神

招标文件是建设单位对所需服务提出的要求，是工程监理单位编制投标文件的依据。因此，把握和深刻理解招标文件精神是制定投标策略的基础。工程监理单位必须详细研究招标文件，吃透其精神，才能在编制投标文件中全面、最大程度、实质性地响应招标文件的要求。

在领取招标文件时，应根据招标文件目录仔细检查其是否有缺页、字迹模糊等情况。若有，应立即或在招标文件规定的时间内，向招标人换取完整无误的招标文件。

研究招标文件时，应先了解工程概况、工期、监理工作范围与内容、监理目标要求等。如对招标文件有疑问需要解释的，要按招标文件规定的时间和方式，及时向招标人提出询问。招标文件的书面修改也是招标文件的组成部分，投标单位也应予以重视。

（三）选择有针对性的监理投标策略

由于招标内容不同、投标人不同，所采取的投标策略也不相同，下面介绍几种常用的投标策略，投标人可根据实际情况进行选择。

1. 以信誉和口碑取胜

工程监理单位依靠其在行业和客户中长期形成的良好信誉和口碑，争取招标人的信任和支持，不参与价格竞争，这个策略适用于特大、代表性或有重大影响力的工程，这类工程的招标人注重工程监理单位的服务品质，对于价格因素不是很敏感。

2. 以缩短工期等承诺取胜

工程监理单位如对于某类工程的工期很有信心，可作出对于招标人有力的保证，靠此吸引招标人的注意，同时，工程监理单位需向招标人提出保证措施和惩罚性条款，确保承诺的可实施性。此策略适用于建设单位对工期等因素比较敏感的工程。

3. 以附加服务取胜

目前，随着建设工程复杂性程度的加大，招标人对于前期配套、设计管理等外延的服务需求越来越强烈，但招标人限于工程概算的限制，没有额外的经费聘请能提供此类服务的项目管理单位，如工程监理单位具有工程咨询、工程设计、招标代理、造价咨询及其他相关的资质，可在投标过程中向招标人推介此项优势。此策略适用于工程项目前期建设较为复杂，招标人组织结构不完善，专业人才和经验不足的工程。

4. 适应长远发展的策略

其目的不在于当前招标工程上获利，而着眼于发展，争取将来的优势，如为了开辟新市场、参与某项有代表意义的工程等，宁可在当前招标工程中以微利甚至无利价格参与竞争。

（四）充分重视项目监理机构的合理设置

充分重视项目监理机构的设置是实现监理投标策略的保证。由于监理服务性质的特殊性，监理服务的优劣不仅依赖于监理人员是否遵循规范化的监理程序和方法，更取决于监理人员的业务素质、经验、分析问题、判断问题和解决问题的能力以及风险意识。因此，招标人会特别注重项目监理机构的设置和人员配备情况。工程监理单位必须选派与工程要求相适应的总监理工程师，配备专业齐全、结构合理的现场监理人员。具体操作中应特别注意：

（1）项目监理机构成员应满足招标文件要求。有必要的话，可提交一份工程监理单位支撑本工程的专家名单。

（2）项目监理机构人员名单应明确每一位监理人员的姓名、性别、年龄、专业、职称、拟派职务、资格等，并以横道图形式明确每一位监理人员拟派驻现场及退场时间。

（3）总监理工程师应具备同类建设工程监理经验，有良好的组织协调能力。若工程项目复杂或者考虑特殊管理需求，可考虑配备总监理工程师代表。

（4）对总监理工程师及其他监理人员的能力和经验介绍要尽量做到翔实，重点说明现有人员配备对完成建设工程监理任务的适应性和针对性等。

（五）重视提出合理化建议

招标人往往会比较关心投标人此部分内容，借此了解投标人的专业技术能力、管理水平以及投标人对工程的熟悉程度和关注程度等，从而提升招标人对工程监理单位承担和完成监理任务的信心。因此，重视提出合理化建议是促进投标策略实现的有力措施。

（六）有效地组织项目监理团队答辩

项目监理团队答辩的关键是总监理工程师的答辩，而总监理工程师是否成功答辩已成为招标人和评标委员会选择工程监理单位的重要依据。因此，有效地组织总监理工程师及项目监理团队答辩已成为促进投标策略实现的有力措施，可以大大提升工程监理单位的中标率。

总监理工程师参加答辩会，应携带答辩提纲和主要参考资料。另外，还应带上笔和笔记本，以便将专家提出的问题记录下来。在进行充分准备的基础上，要树立信心，消除紧张慌乱心理，才能在答辩时有良好表现。答辩时要集中注意力，认真聆听，并将问题略记在笔记本上，仔细推敲问题的要害和本质，切忌未弄清题意就匆忙作答。要充满自信地以流畅的语言和肯定的语气将自己的见解讲述出来。回答问题，一要抓住要害，简明扼要；二要力求客观、全面、辩证，留有余地；三要条理清晰，层次分明。如果对问题中有些概念不太理解，可以请提问专家做些解释，或者将自己对问题的理解表达出来，并问清是不是该意思，得到确认后再作回答。

三、建设工程监理费用计取方法

由于建设工程类别、特点及服务内容不同，可采用不同方法计取监理费用。通行的咨询计价方式有以下几种，具体采用哪种计价方式，应由双方在合同中约定。

（一）按费率计费

这种方法是按照工程规模大小和所委托的咨询工作繁简，以建设投资的一定百分比来计算。一般情况下，工程规模越大，建设投资越多，计算咨询费的百分比越小。这种方法比较简便、科学，颇受业主和咨询单位欢迎，也是行业中工程咨询采用的计费方式之一。如美国按 3%～4%计取，德国按 5%计取（含工程设计方案费），日本按 2.3%～4.5%计取（称设计监理费），东南亚多数国家按 1%～3%计取，中国台湾地区按 2.3%左右计取。

考虑到改进设计、降低成本可能会导致服务费相应降低，影响服务者改进工作的积极性，美国规定：服务者因改进设计而使工程费用降低，可按其节约额的一定百分比给予奖励。

（二）按人工时计费

这种方法是根据合同项目执行时间（时间单位可以是小时，也可以是工作日或月），以补偿费加一定数额的补贴来计算咨询费总额。单位时间的补偿费用一般以咨询企业职员的基本工资为基础，再加上一定的管理费和利润（税前利润）。采用这种方法时，咨询人员的差旅费、工作函电费、资料费，以及试验和检验费、交通和住宿费等均由业主另行支付。

这种方法主要适用于临时性、短期咨询业务活动，或者不宜按建设投资百分比等方法计算咨询费的情形。由于这种方法在一定程度上限制了咨询单位潜在效益增加，因而会使单位时间计取的咨询费比咨询单位实际支出的费用要高得多。如美国工程咨询服务采用按工时计费法时，一般以工程咨询公司咨询人员每小时雇佣成本的 2.5～3 倍作为计费标准。

（三）按服务内容计费

这种方法是指在明确咨询工作内容的基础上，业主与工程咨询公司协商一致确定的固定咨询费，或工程咨询公司在投标时以固定价形式进行报价而形成的咨询合同价格。当实际咨询工作量有所增减时，一般也不调整咨询费。

例如，德国工程师协会法定计费委员会（AHO）制定的《建筑师与工程师服务费法定标准》（HOAI），将工程建设全过程划分为 9 个阶段，对各阶段的工程咨询服务内容都有详细规定，并规定了相应的基本服务费用标准，取费必须在标准规定的最低额与最高额之间。

国内工程监理费用一般参考国家以往收费标准或以人工成本加酬金等方式计取。

第三节　建设工程监理合同管理

一、建设工程监理合同订立

（一）建设工程监理合同特点

建设工程监理合同是指委托人（建设单位）与监理人（工程监理单位）就委托的建设工程监理与相关服务内容签订的明确双方义务和责任的协议。其中，委托人是指委托建设工程监理与相关服务的一方，及其合法的继承人或受让人；监理人是指提供监理与相关服务的一方，及其合法的继承人。

建设工程监理合同是一种委托合同，除具有委托合同的共同特点外，还具有以下特点：

（1）建设工程监理合同当事人双方应是具有民事权力能力和民事行为能力、具有法人资格的企事业单位及其他社会组织，个人在法律允许的范围内也可以成为合同当事人。接受委托的监理人必须是依法成立、具有工程监理资质的企业，其所承担的工程监理业务应与企业资质等级和业务范围相符合。

（2）建设工程监理合同委托的工作内容必须符合法律法规、有关工程建设标准、勘察设计文件及合同。建设工程监理合同是以对建设工程项目目标实施控制并履行建设工程安全生产管理法定职责为主要内容，因此，建设工程监理合同必须符合法律法规和有关工程建设标准，并与工程勘察设计文件、施工合同及材料设备采购合同相协调。

（3）建设工程监理合同的标的是服务。工程建设实施阶段所签订的勘察设计合同、施工合同、物资采购合同、委托加工合同的标的物是产生新的信息成果或物质成果，而监理合同的履行不产生物质成果，而是由监理工程师凭借自己的知识、经验、技能，为委托人所签订的施工合同、物资采购合同等的履行实施监督管理。

（二）建设工程监理合同主要内容

工程监理合同的订立，意味着委托关系的形成，委托人与监理人之间的关系将受到合同约束。工程监理合同应采用书面形式约定双方的义务和违约责任，且通常会参照国家推荐使用的示范文本。除住房和城乡建设部和国家工商行政管理总局发布《建设工程监理合同（示范文本）》GF—2012—0202外，国家发改委等九部委联合发布的《标准监理招标文件（2017年版）》中也明确了监理合同条款及格式。监理合同条款由通用合同条款和专用合同条款两部分组成，同时还以合同附件格式明确了合同协议书和履约保证金格式。

1. 通用合同条款

通用合同条款包括：一般约定、委托人义务、委托人管理、监理人义务、监理要求、开始监理和完成监理、监理责任与保险、合同变更、合同价格与支付、不可抗力、违约、争议解决共计12个方面。

2. 专用合同条款

专用合同条款是对通用合同条款的细化、完善、补充、修改或另行约定的条款。合同当事人可根据不同工程特点及具体情况，通过谈判、协商对相应通用合同条款进行修改、补充。

3. 合同附件格式

合同附件格式是订立合同时采用的规范化文件，包括合同协议书和履约保证金格式。

(1) 合同协议书。合同协议书是合同组成文件中唯一需要委托人和监理人签字盖章的法律文书。合同协议书除明确规定对当事人双方有约束力的合同组成文件外，订立合同时需要明确填写的内容包括委托人和监理人名称；实施监理的项目名称；签约合同价；总监理工程师；监理工作质量符合的标准和要求；监理人计划开始监理的日期和监理服务期限。

(2) 履约保证金格式。履约担保采用保函形式，履约保函标准格式主要有以下特点：

1) 担保期限。自委托人与监理人签订的合同生效之日起，至委托人签发工程竣工验收证书之日起 28 天后失效。

2) 担保方式。采用无条件担保方式，即：持有履约保函的委托人认为监理人有严重违约情况时，即可凭保函要求担保人予以赔偿，不需监理人确认。在履约保函标准格式中，担保人承诺"在本担保有效期内，如果监理人不履行合同约定的义务或其履行不符合合同的约定，我方在收到你方以书面形式提出的在担保金额内的赔偿要求后，在 7 日内无条件支付"。

4. 合同文件解释顺序

合同协议书与下列文件一起构成合同文件：①中标通知书；②投标函及投标函附录；③专用合同条款；④通用合同条款；⑤委托人要求；⑥监理报酬清单；⑦监理大纲；⑧其他合同文件。上述合同文件互相补充和解释。如果合同文件之间存在矛盾或不一致之处，以上述文件的排列顺序在先者为准。

二、建设工程监理合同履行

(一) 委托人主要义务

(1) 除专用合同条款另有约定外，委托人应在合同签订后 14 天内，将委托人代表的姓名、职务、联系方式、授权范围和授权期限书面通知监理人，由委托人代表在其授权范围和授权期限内，代表委托人行使权利、履行义务和处理合同履行中的具体事宜。委托人更换委托人代表的，应提前 14 天将更换人员的姓名、职务、联系方式、授权范围和授权期限书面通知监理人。

(2) 委托人应按约定的数量和期限将专用合同条款约定由委托人提供的文件（包括规范标准、承包合同、勘察文件、设计文件等）交给监理人。

(3) 委托人应在收到预付款支付申请后 28 天内，将预付款支付给监理人。

(4) 符合专用合同条款约定的开始监理条件的，委托人应提前 7 天向监理人发出开始监理通知。监理服务期限自开始监理通知中载明的开始监理日期起计算。

(5) 委托人应按合同约定向监理人发出指示，委托人的指示应盖有委托人单位章，并由委托人代表签字确认。在紧急情况下，委托人代表或其授权人员可以当场签发临时书面指示。委托人代表应在临时书面指示发出后 24 小时内发出书面确认函，逾期未发出书面确认函的，该临时书面指示应被视为委托人的正式指示。

(6) 委托人应在专用合同条款约定的时间内，对监理人书面提出的事项做出书面答复；逾期没有做出答复的，视为已获得委托人批准。

(7) 委托人应当及时接收监理人提交的监理文件。如无正当理由拒收的，视为委托人

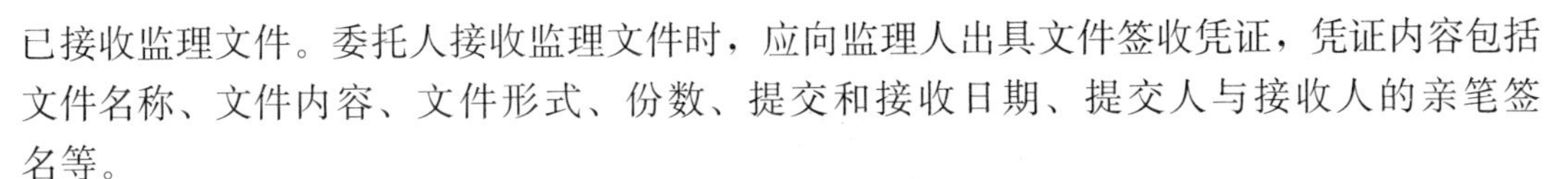

已接收监理文件。委托人接收监理文件时，应向监理人出具文件签收凭证，凭证内容包括文件名称、文件内容、文件形式、份数、提交和接收日期、提交人与接收人的亲笔签名等。

(8) 委托人应在收到中期支付或费用结算申请后的 28 天内，将应付款项支付给监理人。委托人未能在前述时间内完成审批或不予答复的，视为委托人同意中期支付或费用结算申请。委托人不按期支付的，按专用合同条款的约定支付逾期付款违约金。

(9) 委托人要求监理人进行外出考察、试验检测、专项咨询或专家评审时，相应费用不含在合同价格之中，由委托人另行支付。

(10) 监理人提出的合理化建议降低工程投资、缩短施工期限或者提高工程经济效益的，委托人应按专用合同条款约定给予奖励。

(二) 监理人主要义务

1. 监理工作内容

除专用合同条款另有约定外，监理工作内容包括：

(1) 收到工程设计文件后编制监理规划，并在第一次工地会议 7 天前报委托人。根据有关规定和监理工作需要，编制监理实施细则；

(2) 熟悉工程设计文件，并参加由委托人主持的图纸会审和设计交底会议；

(3) 参加由委托人主持的第一次工地会议；主持监理例会并根据工程需要主持或参加专题会议；

(4) 审查施工承包人提交的施工组织设计，重点审查其中的质量安全技术措施、专项施工方案与工程建设强制性标准的符合性；

(5) 检查施工承包人工程质量、安全生产管理制度及组织机构和人员资格；

(6) 检查施工承包人专职安全生产管理人员的配备情况；

(7) 审查施工承包人提交的施工进度计划，核查施工承包人对施工进度计划的调整；

(8) 检查施工承包人的试验室；

(9) 审核施工分包人资质条件；

(10) 查验施工承包人的施工测量放线成果；

(11) 审查工程开工条件，对条件具备的签发开工令；

(12) 审查施工承包人报送的工程材料、构配件、设备质量证明文件的有效性和符合性，并按规定对用于工程的材料采取平行检验或见证取样方式进行抽检；

(13) 审核施工承包人提交的工程款支付申请，签发或出具工程款支付证书，并报委托人审核、批准；

(14) 在巡视、旁站和检验过程中，发现工程质量、施工安全存在事故隐患的，要求施工承包人整改并报委托人；

(15) 经委托人同意，签发工程暂停令和复工令；

(16) 审查施工承包人提交的采用新材料、新工艺、新技术、新设备的论证材料及相关验收标准；

(17) 验收隐蔽工程、分部分项工程；

(18) 审查施工承包人提交的工程变更申请，协调处理施工进度调整、费用索赔、合同争议等事项；

(19) 审查施工承包人提交的竣工验收申请，编写工程质量评估报告；

(20) 参加工程竣工验收，签署竣工验收意见；

(21) 审查施工承包人提交的竣工结算申请并报委托人；

(22) 编制、整理工程监理归档文件并报委托人。

2. 工程监理职责

(1) 监理人应按合同协议书的约定指派总监理工程师，并在约定的期限内到职。监理人更换总监理工程师应事先征得委托人同意，并应在更换14天前将拟更换的总监理工程师的姓名和详细资料提交委托人。总监理工程师2天内不能履行职责的，应事先征得委托人同意，并委派代表代行其职责。

(2) 监理人为履行合同发出的一切函件均应盖有监理人单位章或由监理人授权的项目机构章，并由监理人的总监理工程师签字确认。按照专用合同条款约定，总监理工程师可以授权其下属人员履行其某项职责，但事先应将这些人员的姓名和授权范围书面通知委托人和承包人。

(3) 监理人应在接到开始监理通知之日起7天内，向委托人提交监理项目机构以及人员安排的报告，其内容应包括项目机构设置、主要监理人员和作业人员的名单及资格条件。主要监理人员应相对稳定，更换主要监理人员的，应取得委托人的同意，并向委托人提交继任人员的资格、管理经验等资料。除专用合同条款另有约定外，主要监理人员包括总监理工程师、专业监理工程师等；其他人员包括各专业的监理员、资料员等。

(4) 除专用合同条款另有约定外，建议监理人根据工程情况对监理责任进行保险，并在合同履行期间保持足额、有效。

(5) 总监理工程师应当在办理工程质量监督手续前签署工程质量终身责任承诺书，连同法定代表人出具的授权书，报送工程质量监督机构备案。总监理工程师应当按照法律法规、有关技术标准、设计文件和工程承包合同进行监理，对施工质量承担监理责任。

(6) 监理人应当根据法律、规范标准、合同约定和委托人要求实施和完成监理，并编制和移交监理文件。监理文件的深度应满足本阶段相应监理工作的规定要求，满足委托人下一步工作需要，并应符合国家和行业现行规定。

(7) 合同履行中，监理人可对委托人要求提出合理化建议。合理化建议应以书面形式提交委托人。

(8) 监理人应对施工承包人在缺陷责任期的质量缺陷修复进行监理。

(三) 违约责任

1. 委托人违约

在合同履行中发生下列情况之一的，属委托人违约：

(1) 委托人未按合同约定支付监理报酬；

(2) 委托人原因造成监理停止；

(3) 委托人无法履行或停止履行合同；

(4) 委托人不履行合同约定的其他义务。

委托人发生违约情况时，监理人可向委托人发出暂停监理通知，要求其在限定期限内纠正；逾期仍不纠正的，监理人有权解除合同并向委托人发出解除合同通知。委托人应当承担由于违约所造成的费用增加、周期延误和监理人损失等。

2. 监理人违约

在合同履行中发生下列情况之一的，属监理人违约：

（1）监理文件不符合规范标准及合同约定；

（2）监理人转让监理工作；

（3）监理人未按合同约定实施监理并造成工程损失；

（4）监理人无法履行或停止履行合同；

（5）监理人不履行合同约定的其他义务。

监理人发生违约情况时，委托人可向监理人发出整改通知，要求其在限定期限内纠正；逾期仍不纠正的，委托人有权解除合同并向监理人发出解除合同通知。监理人应当承担由于违约所造成的费用增加、周期延误和委托人损失等。

思　考　题

1. 建设工程监理招标有哪些方式？各有何特点？
2. 建设工程监理招标程序中包括哪些工作内容？
3. 建设工程监理招标文件包括哪些内容？
4. 建设工程监理评标内容有哪些？
5. 建设工程监理评标方法有哪些？
6. 建设工程监理投标决策应遵循哪些基本原则？
7. 建设工程监理投标决策方法有哪些？其基本原理是什么？
8. 编制建设工程监理投标文件应注意哪些事项？
9. 影响建设工程监理投标的因素有哪些？
10. 建设工程监理投标策略有哪些？
11. 总监理工程师参加答辩时应注意哪些事项？
12. 建设工程监理费用计取方法有哪些？
13. 建设工程监理合同有何特点？
14. 建设工程监理合同文件优先解释顺序是什么？
15. 建设工程监理合同双方当事人义务分别有哪些？
16. 建设工程监理合同双方当事人违约情形分别有哪些？
17. 建设工程监理合同中规定的监理人基本工作内容有哪些？

第六章　建设工程监理组织

建设工程监理组织是完成建设工程监理工作的基础和前提。在建设工程的不同组织管理模式下，可采用不同的建设工程监理委托方式。工程监理单位接受建设单位委托后，应成立项目监理机构，并按照一定的原则、程序、方法和手段实施监理。

项目监理机构作为工程监理单位派驻施工现场履行建设工程监理合同的组织机构，需要根据建设工程监理合同约定的服务内容、服务期限，以及工程特点、规模、技术复杂程度、环境等因素设立，同时需要明确项目监理机构中各类人员的基本职责。

第一节　建设工程监理委托方式及实施程序

一、建设工程监理委托方式

建设工程监理委托方式的选择与建设工程组织管理模式密切相关。建设工程可采用平行承包、施工总承包、工程总承包等不同实施组织模式，相应地可选择不同的建设工程监理委托方式。

（一）平行承包模式下建设工程监理委托方式

平行承包是指建设单位将建设工程设计、施工及材料设备采购任务经分解后分别发包给若干设计单位、施工单位和材料设备供应单位，并分别与各承包单位签订合同的工程建设组织实施方式。平行承包模式中，各设计单位、各施工单位、各材料设备供应单位之间的关系是平行关系，如图 6-1 所示。

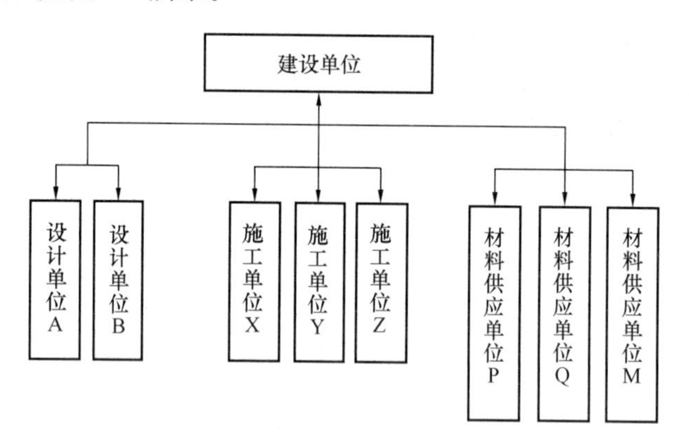

图 6-1　建设工程平行承包模式

采用平行承包模式，由于各承包单位在其承包范围内同时进行相关工作，有利于缩短工期、控制质量，也有利于建设单位在更广范围内选择施工单位。但该模式的缺点是：合同数量多，会造成合同管理困难；工程造价控制难度大，表现为：一是工程总价不易确定，影响工程造价控制的实施；二是工程招标任务量大，需控制多项合同价格，增加了工程造价控制难度；三是在施工过程中设计变更和修改较多，导致工程造价增加。

在平行承包模式下，工程监理委托方式有以下两种主要形式：

1. 建设单位委托一家工程监理单位实施监理

这种委托方式要求被委托的工程监理单位应具有较强的合同管理与组织协调能力，并能做好全面规划工作。工程监理单位的项目监理机构可以组建多个监理分支机构对各施工单位分别实施监理。在建设工程监理过程中，总监理工程师应重点做好总体协调工作，加强横向联系，保证建设工程监理工作的有效运行。该委托方式如图 6-2 所示（图中实线为合同关系，虚线为管理关系）。

2. 建设单位委托多家工程监理单位实施监理

建设单位委托多家工程监理单位针对不同施工单位实施监理，需要分别与多家工程监理单位签订建设工程监理合同，并协调各工程监理单位之间的相互协作与配合关系。采用这种委托方式，工程监理单位的监理对象相对单一，便于管理，但建设工程监理工作被肢解，各家工程监理单位各负其责，无法对建设工程进行总体规划与协调控制。该委托方式如图 6-3 所示（图中实线为合同关系，虚线为管理关系）。

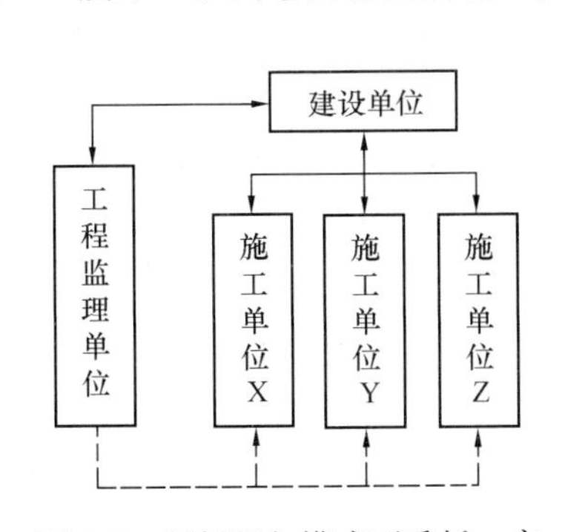

图 6-2 平行承包模式下委托一家工程监理单位的组织方式

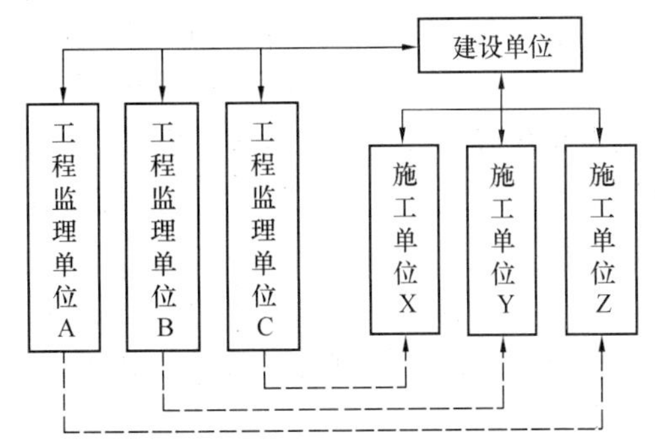

图 6-3 平行承包模式下委托多家工程监理单位的组织方式

为了克服上述不足，在某些大、中型建设工程监理实践中，建设单位首先委托一家“总监理单位”，再由建设单位与“总监理单位”共同选择几家工程监理单位分别承担不同施工合同段监理任务；或由建设单位在已选定的几家工程监理单位中确定一家“总监理单位”。在建设工程监理工作中，“总监理单位”负责监理项目的总体规划和协调控制，管理其他各工程监理单位工作，可减轻建设单位的管理压力。该委托方式如图 6-4 所示（图中实线为合同关系，虚线为管理关系）。

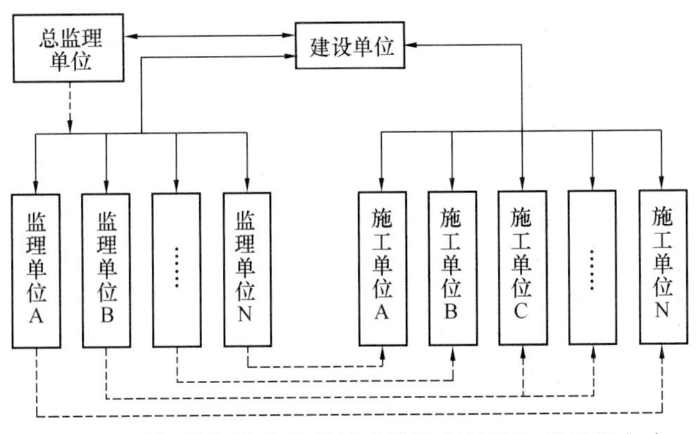

图 6-4 平行承包模式下委托“总监理单位”的组织方式

（二）施工总承包模式下建设工程监理委托方式

施工总承包模式是指建设单位将全部施工任务发包给一家施工单位作为总承包单位，总承包单位可以将其部分任务分包给其他施工单位，形成一个施工总包合同及若干个分包合同的工程建设组织实施方式，如图 6-5 所示。

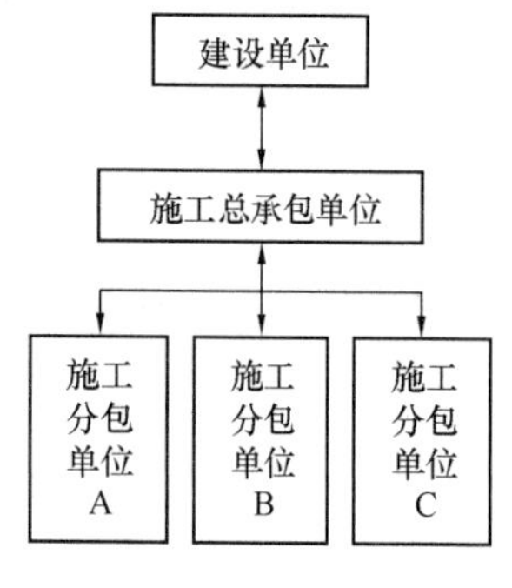

图 6-5 建设工程施工总承包模式

采用施工总承包模式，有利于建设工程的组织管理。施工总承包模式比平行承包模式的合同数量少，有利于建设单位的合同管理，减少协调工作量，可发挥工程监理单位与施工总承包单位多层次协调的积极性；总包合同价可较早确定，有利于控制工程造价；既有施工分包单位的自控，又有施工总承包单位监督，还有工程监理单位的检查认可，有利于工程质量控制；施工总承包单位具有控制的积极性，施工分包单位之间也有相互制约的作用，有利于总体进度的协调控制。但该模式的缺点是：建设周期较长，施工总承包单位的报价可能偏高。

在施工总承包模式下，建设单位宜委托一家工程监理单位实施监理，这样有利于工程监理单位统筹考虑工程质量、造价、进度控制，合理进行总体规划协调，有利于实施建设工程监理工作。

虽然施工总承包单位对施工合同承担承包方的最终责任，但分包单位的资格、能力直接影响工程质量、进度等目标的实现，因此，监理工程师必须做好对分包单位资格的审查、确认工作。

在施工总承包模式下，建设单位委托监理方式如图 6-6 所示（图中实线为合同关系，虚线为管理关系）。

（三）工程总承包模式下建设工程监理委托方式

工程总承包是指建设单位将工程设计、材料设备采购、施工（EPC）或设计、施工（DB）等工作全部发包给一家单位，由该承包单位对工程质量、安全、工期和造价等全面负责的工程建设组织实施方式。按这种模式发包的工程也称“交钥匙工程”。工程总承包模式如图 6-7 所示。

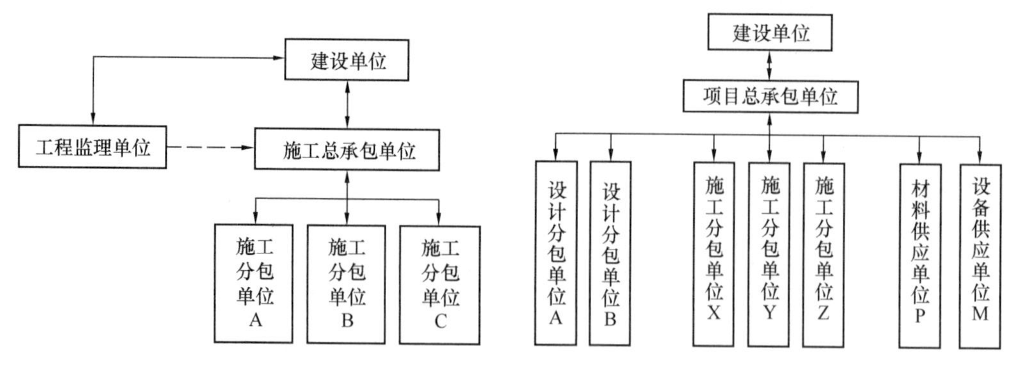

图 6-6 施工总承包模式下委托工程监理单位的组织方式

图 6-7 工程总承包模式

采用工程总承包模式，建设单位的合同关系简单，组织协调工作量小；由于工程设计与施工由一家承包单位统筹实施，一般能做到工程设计与施工的相互搭接，有利于控制工程进度，可缩短建设周期；也可从价值工程或全寿命期费用角度取得明显的经济效果，有利于工程造价控制。但该模式的缺点是：合同条款不易准确确定，容易造成合同争议。合同数量虽少，但合同管理难度较大，造成招标发包工作难度大；由于承包范围大，介入工程项目时间早，工程信息未知数多，总承包单位要承担较大风险；由于有工程总承包能力的单位数量相对较少，建设单位选择余地也相应减少；工程质量标准和功能要求不易做到全面、具体、准确，“他人控制”机制薄弱，使工程质量控制难度加大。

在工程总承包模式下，建设单位宜委托一家工程监理单位实施监理。在该委托方式下，监理工程师需具备较全面的知识，做好合同管理工作。该委托方式如图 6-8 所示。

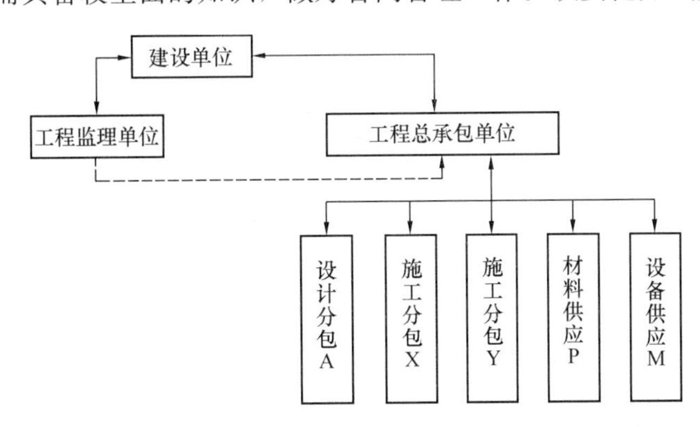

图 6-8　工程总承包模式下委托工程监理单位的组织方式

二、建设工程监理实施程序和原则

（一）建设工程监理实施程序

1. 组建项目监理机构

工程监理单位在参与工程监理投标、承接工程监理任务时，根据建设工程规模、性质、建设单位对建设工程监理的要求，可选派符合总监理工程师任职资格要求的人员主持该项工作。在签订建设工程监理合同时，该主持人即可作为总监理工程师在工程监理合同中予以明确。

工程监理单位实施监理时，应在施工现场派驻项目监理机构，项目监理机构的组织形式和规模，可根据建设工程监理合同约定的服务内容、服务期限，以及工程特点、规模、技术复杂程度、环境等因素确定。

总监理工程师由工程监理单位法定代表人书面任命，负责履行建设工程监理合同，主持项目监理机构工作，是监理项目的总负责人，对内向工程监理单位负责，对外向建设单位负责。

总监理工程师应根据监理大纲和签订的建设工程监理合同确定项目监理机构人员及岗位职责，并在监理规划和具体实施计划执行中进行及时调整。

2. 收集工程监理有关资料

项目监理机构应收集工程监理有关资料，作为开展监理工作的依据。这些资料包括：

（1）反映工程项目特征的有关资料。主要包括：工程项目的批文，规划部门关于规划红线范围和设计条件的通知，土地管理部门关于准予用地的批文，批准的工程项目可行性研究报告或设计任务书，工程项目地形图，工程勘察成果文件，工程设计图纸及有关说明等。

（2）反映当地工程建设政策、法规的有关资料。主要包括：关于工程建设报建程序的有关规定，当地关于拆迁工作的有关规定，当地有关建设工程监理的有关规定，当地关于工程建设招标投标的有关规定，当地关于工程造价管理的有关规定等。

（3）反映工程所在地区经济状况等建设条件的资料。主要包括：气象资料，工程地质及水文地质资料，与交通运输（包括铁路、公路、航运）有关的可提供的能力、时间及价格等的资料，与供水、供电、供热、供燃气、电信有关的可提供的容（用）量、价格等的资料，勘察设计单位状况、土建、安装施工单位状况，建筑材料及构件、半成品的生产、供应情况，进口设备及材料的到货口岸、运输方式等。

（4）类似工程项目建设情况的有关资料。主要包括：类似工程项目投资方面的有关资料，类似工程项目建设工期方面的有关资料，类似工程项目的其他技术经济指标等。

3．编制监理规划及监理实施细则

监理规划是项目监理机构全面开展建设工程监理工作的指导性文件。监理实施细则是针对某一专业或某一方面建设工程监理工作的操作性文件。关于监理规划及监理实施细则的编制、审批等详见本书第七章。

4．规范化地开展监理工作

项目监理机构应按照建设工程监理合同约定，依据监理规划及监理实施细则规范化地开展建设工程监理工作。建设工程监理工作的规范化体现在以下几个方面：

（1）工作的时序性。是指工程监理各项工作都应按一定的逻辑顺序开展，使建设工程监理工作能有效地达到目的而不至于造成工作状态的无序和混乱。

（2）职责分工的严密性。建设工程监理工作是由不同专业、不同层次的专家群体共同完成的，他们之间严密的职责分工是协调进行建设工程监理工作的前提和实现建设工程监理目标的重要保证。

（3）工作目标的确定性。在职责分工的基础上，每一项监理工作的具体目标都应确定，完成的时间也应有明确的限定，从而能通过书面资料对建设工程监理工作及其效果进行检查和考核。

5．参与工程竣工验收

建设工程施工完成后，项目监理机构应在正式验收前组织工程竣工预验收，在预验收中发现的问题，应及时与施工单位沟通，提出整改要求。项目监理机构应参加由建设单位组织的工程竣工验收，签署工程监理意见。

6．向建设单位提交建设工程监理文件资料

建设工程监理工作完成后，项目监理机构应向建设单位提交在监理合同文件中约定的建设工程监理文件资料。如合同中未作明确规定，一般应向建设单位提交：工程变更资料、监理指令性文件、各类签证等文件资料。

7．进行监理工作总结

建设工程监理工作完成后，项目监理机构应及时从两方面进行监理工作总结。

（1）向建设单位提交的监理工作总结。主要内容包括：工程概况；项目监理机构；建设工程监理合同履行情况；监理工作成效；监理工作中发现的问题及其处理情况；监理任务或监理目标完成情况评价；由建设单位提供的供项目监理机构使用的办公用房、车辆、试验设施等的清单；表明建设工程监理工作终结的说明；其他说明和建议等。

（2）向工程监理单位提交的监理工作总结。主要内容包括：建设工程监理工作的成效和经验，可以是采用某种监理技术、方法，或采用某种经济措施、组织措施，或如何处理好与建设单位、施工单位关系，以及其他工程监理合同执行方面的成效和经验；建设工程监理工作中发现的问题、处理情况及改进建议。

（二）建设工程监理实施原则

工程监理单位受建设单位委托实施建设工程监理时，应遵循以下基本原则：

1. 公平、独立、诚信、科学原则

工程监理单位在实施建设工程监理与相关服务时，要公平地处理工作中出现的问题，独立地进行判断和行使职权，科学地为建设单位提供专业化服务，既要维护建设单位的合法权益，也不能损害其他有关单位的合法权益。建设单位与施工单位虽然都是独立运行的经济主体，但他们追求的经济目标有差异，各自的行为也有差别，工程监理单位应在按合同约定的权、责、利关系基础上，协调双方的一致性。独立是公平地开展监理活动的前提，诚信、科学是监理工作质量的根本保证。

2. 权责一致原则

工程监理单位实施监理是受建设单位的委托授权并根据有关建设工程监理法律法规而进行的。这种权力的授予，除体现在建设单位与工程监理单位签订的建设工程监理合同之中外，还应体现在建设单位与施工单位签订的建设工程施工合同中。工程监理单位履行监理职责、承担监理责任，需要建设单位授予相应的权力。同样，由于总监理工程师是工程监理单位履行建设工程监理合同的全权代表，由总监理工程师代表工程监理单位履行建设工程监理职责、承担建设工程监理责任，因此，工程监理单位应给予总监理工程师充分授权，体现权责一致原则。

3. 总监理工程师负责制原则

总监理工程师负责制指由总监理工程师全面负责建设工程监理工作，其内涵包括：

（1）总监理工程师是建设工程监理工作的责任主体。总监理工程师是实现建设工程监理目标的最高责任者。责任是总监理工程师负责制的核心，它构成总监理工程师的工作压力和动力，也是确定总监理工程师权力和利益的依据。

（2）总监理工程师是建设工程监理工作的权力主体。根据总监理工程师承担责任的要求，总监理工程师负责制体现了总监理工程师全面领导建设工程监理工作。包括组建项目监理机构，组织编制监理规划，组织实施监理活动，总结、评价监理工作等。

（3）总监理工程师是建设工程监理工作的利益主体。总监理工程师对社会公众利益负责，对建设单位投资效益负责，同时也对所监理项目的监理效益负责。

4. 严格监理，热情服务原则

在处理工程监理单位与承包单位、建设单位与承包单位之间的利益关系时，一方面要坚持严格按合同办事、严格监理要求；另一方面要立场公正，为建设单位提供热情服务。

严格监理就是要求监理人员严格按照法规、政策、标准和合同控制工程项目目标，严格把关，依照规定的程序和制度，认真履行监理职责，建立良好的工作作风。

热情服务就是运用合理的技能，谨慎而勤奋地工作。工程监理单位应按照建设工程监理合同的要求，多方位、多层次地为建设单位提供良好服务，维护建设单位的正当权益。但不顾施工单位的正当经济利益，一味向施工单位转嫁风险，也非明智之举。

5. 综合效益原则

建设工程监理活动既要考虑建设单位的经济利益，也必须考虑与社会效益和环境效益的有机统一。建设工程监理活动虽经建设单位的委托和授权才得以进行，但工程监理单位首先应严格遵守工程建设管理有关法律、法规及标准，既要对建设单位负责，谋求最大的经济效益，同时要对国家和社会负责，取得最佳的综合效益。只有在符合宏观经济效益、社会效益和环境效益的条件下，业主投资项目的微观经济效益才能得以实现。

6. 预防为主原则

由于工程项目具有一次性、单件性等特点，在工程建设过程中存在很多风险，工程监理单位要有预见性，将重点放在“预控”上，防患于未然，在编制监理规划和监理实施细则以及实施监理过程中，要分析和预测可能发生的问题，制定相应对策和预控措施予以防范。

7. 实事求是原则

在建设工程监理工作中，工程监理单位应尊重事实。项目监理机构的任何指令、判断应以事实为依据，有证明、检验、试验资料等。

第二节　项目监理机构及监理人员职责

项目监理机构是工程监理单位实施监理时，派驻工程负责履行建设工程监理合同的组织机构。工程监理单位在建设工程监理合同签订后，应及时将项目监理机构的组织形式、人员构成及对总监理工程师的任命书面通知建设单位，并应在建设单位主持的第一次工地会议上告知承包单位。在施工现场监理工作全部完成或建设工程监理合同终止时，项目监理机构可撤离施工现场。项目监理机构撤离施工现场前，应由监理单位书面通知建设单位，并办理相关移交手续。

一、项目监理机构的设立

（一）项目监理机构设立的基本要求

设立项目监理机构应满足以下基本要求：

（1）设立项目监理机构应遵循适应、精简、高效的原则，要有利于建设工程监理目标控制和合同管理，要有利于建设工程监理职责的划分和监理人员的分工协作，要有利于建设工程监理的科学决策和信息沟通。

（2）项目监理机构的监理人员应由一名总监理工程师、若干名专业监理工程师和监理员组成，且专业配套，数量应满足监理工作和建设工程监理合同对监理工作深度及建设工程监理目标控制的要求，必要时可设总监理工程师代表。

项目监理机构可设总监理工程师代表的情形包括：

1）工程规模较大、专业较复杂，总监理工程师难以处理多个专业工程时，可按专业设总监理工程师代表。

2）一个建设工程监理合同中包含多个相对独立的施工合同，可按施工合同段设总监理工程师代表。

3）工程规模较大、地域比较分散，可按工程地域设置总监理工程师代表。

除总监理工程师、专业监理工程师和监理员外，项目监理机构还可根据监理工作需要，配备文秘、翻译、司机和其他行政辅助人员。

项目监理机构应根据建设工程不同阶段的需要配备数量和专业满足要求的监理人员，有序安排相关监理人员进退场。

（3）一名监理工程师可担任一项建设工程监理合同的总监理工程师。当需要同时担任多项建设工程监理合同的总监理工程师时，应经建设单位书面同意，且最多不得超过3项。

（4）工程监理单位更换、调整项目监理机构监理人员，应做好交接工作，保持建设工程监理工作的连续性。工程监理单位调换总监理工程师时，应征得建设单位书面同意；调换专业监理工程师时，总监理工程师应书面通知建设单位。

（二）项目监理机构设立步骤

工程监理单位在组建项目监理机构时，一般按以下步骤进行：

1. 确定项目监理机构目标

建设工程监理目标是项目监理机构建立的前提，项目监理机构的建立应根据建设工程监理合同中确定的目标，制定总目标并明确划分项目监理机构的分解目标。

2. 确定监理工作内容

根据监理目标和建设工程监理合同中规定的监理任务，明确列出监理工作内容，并进行分类归并及组合。监理工作的归并及组合应便于监理目标控制，并综合考虑工程组织管理模式、工程结构特点、合同工期要求、工程复杂程度、工程管理及技术特点；还应考虑工程监理单位自身组织管理水平、监理人员数量、技术业务特点等。

3. 设计项目监理机构组织结构

（1）选择组织结构形式。由于建设工程规模、性质、组织实施模式等不同，应选择适宜的项目监理机构组织形式，以适应监理工作需要。组织结构形式选择的基本原则是：有利于工程合同管理，有利于监理目标控制，有利于决策指挥，有利于信息沟通。

（2）确定管理层次与管理跨度。管理层次是指组织的最高管理者到最基层实际工作人员之间等级层次的数量。管理层次可分为3个层次，即决策层、中间控制层和操作层。组织的最高管理者到最基层实际工作人员权责逐层递减，而人数却逐层递增。

项目监理机构中的3个层次：

1）决策层。主要是指总监理工程师、总监理工程师代表，根据建设工程监理合同的要求和监理活动内容进行科学化、程序化决策与管理；

2）中间控制层（协调层和执行层）。由各专业监理工程师组成，具体负责监理规划的落实，监理目标控制及合同实施的管理；

3）操作层。主要由监理员组成，具体负责监理活动的操作实施。

管理跨度是指一名上级管理人员所直接管理的下级人数。管理跨度越大，领导者需要协调的工作量越大，管理难度也越大。为使组织结构能高效运行，必须确定合理的管理跨度。项目监理机构中管理跨度的确定应考虑监理人员的素质、管理活动的复杂性和相似性、监理业务的标准化程度、各规章制度的建立健全情况、建设工程的集中或分散情况等。

(3) 设置项目监理机构部门。组织中各部门的合理设置对发挥组织效用十分重要。如果部门设置不合理，会造成控制、协调困难，也会造成人浮于事，浪费人力、物力、财力。管理部门设置要根据组织目标与工作内容确定，形成既有相互分工又有相互配合的组织机构。设置项目监理机构各职能部门时，应根据项目监理机构目标、可利用的人力和物力资源及合同结构情况，将质量控制、造价控制、进度控制、合同管理、信息管理及履行建设工程安全生产管理法定职责等监理工作内容按不同的职能形成相应管理部门。

(4) 制定岗位职责及考核标准。岗位职务及职责的确定要有明确的目的性，不可因人设事。根据权责一致的原则，应进行适当授权，以承担相应的职责；并应确定考核标准，对监理人员的工作进行定期考核，包括考核内容、考核标准及考核时间。表 6-1 和表 6-2 分别为总监理工程师和专业监理工程师岗位职责考核标准。

总监理工程师岗位职责标准 **表 6-1**

项目	职责内容	考核要求	
		标准	时间
工作目标	质量控制	符合质量控制计划目标	工程各阶段末
	造价控制	符合造价控制计划目标	每月（季）末
	进度控制	符合合同工期及总进度控制计划目标	每月（季）末
基本职责	根据监理合同，建立和有效管理项目监理机构	项目监理组织机构科学合理 项目监理机构有效运行	每月（季）末
	组织编制与组织实施监理规划；审批监理实施细则	对建设工程监理工作系统策划 监理实施细则符合监理规划要求，具有可操作性	编写和审核完成后
	审查分包单位资格	符合合同要求	规定时限内
	监督和指导专业监理工程师对质量、造价、进度进行控制；审核、签发有关文件资料；处理有关事项	监理工作处于正常工作状态 工程处于受控状态	每月（季）末
	做好监理过程中有关各方的协调工作	工程处于受控状态	每月（季）末
	组织整理监理文件资料	及时、准确、完整	按合同约定

专业监理工程师岗位职责标准 **表 6-2**

项目	职责内容	考核要求	
		标准	时间
工作目标	质量控制	符合质量控制分解目标	工程各阶段末
	造价控制	符合投资控制分解目标	每周（月）末
	进度控制	符合合同工期及总进度控制分解目标	每周（月）末

续表

项目	职责内容	考核要求	
		标准	时间
基本职责	熟悉工程情况，负责编制本专业监理工作计划和监理实施细则	反映专业特点，具有可操作性	实施前1个月
	具体负责本专业的监理工作	建设工程监理工作有序 工程处于受控状态	每周（月）末
	做好项目监理机构内各部门之间监理任务的衔接、配合工作	监理工作各负其责，相互配合	每周（月）末
	处理与本专业有关的问题；对质量、造价、进度有重大影响的监理问题应及时报告总监理工程师	工程处于受控状态 及时、真实	每周（月）末
	负责与本专业有关的签证、通知、备忘录，及时向总监理工程师提交报告、报表资料等	及时、真实、准确	每周（月）末
	收集、汇总、整理本专业的监理文件资料	及时、准确、完整	每周（月）末

（5）选派监理人员。根据监理工作任务，选择适当的监理人员，必要时可配备总监理工程师代表。监理人员的选择除应考虑个人素质外，还应考虑人员总体构成的合理性与协调性。

《建设工程监理规范》GB/T 50319—2013 规定，总监理工程师由监理工程师担任；总监理工程师代表由具有工程类职业资格的人员（如：监理工程师、造价工程师、建造师、建筑师、注册结构工程师、注册岩土工程师、注册机电工程师等）担任，也可由具有中级及以上专业技术职称、3年及以上工程实践经验并经监理业务培训的人员担任；专业监理工程师由具有工程类职业资格的人员担任，也可由具有中级及以上专业技术职称、2年及以上工程实践经验并经监理业务培训的人员担任；监理员由具有中专及以上学历并经过监理业务培训的人员担任。

4．制定工作流程和信息流程

为使监理工作科学、有序地进行，应按监理工作的客观规律制定工作流程和信息流程，规范化地开展监理工作。

图6-9所示为建设工程监理工作程序。

二、项目监理机构组织形式

项目监理机构组织形式是指项目监理机构具体采用的管理组织结构。应根据建设工程特点、建设工程组织管理模式及工程监理单位自身情况等选择适宜的项目监理机构组织形式。常用的项目监理机构组织形式有：直线制、职能制、直线职能制、矩阵制等。

（一）直线制组织形式

直线制组织形式的特点是项目监理机构中任何一个下级只接受唯一上级的命令。各级部门主管人员对各自所属部门的事务负责，项目监理机构中不再另设职能部门。

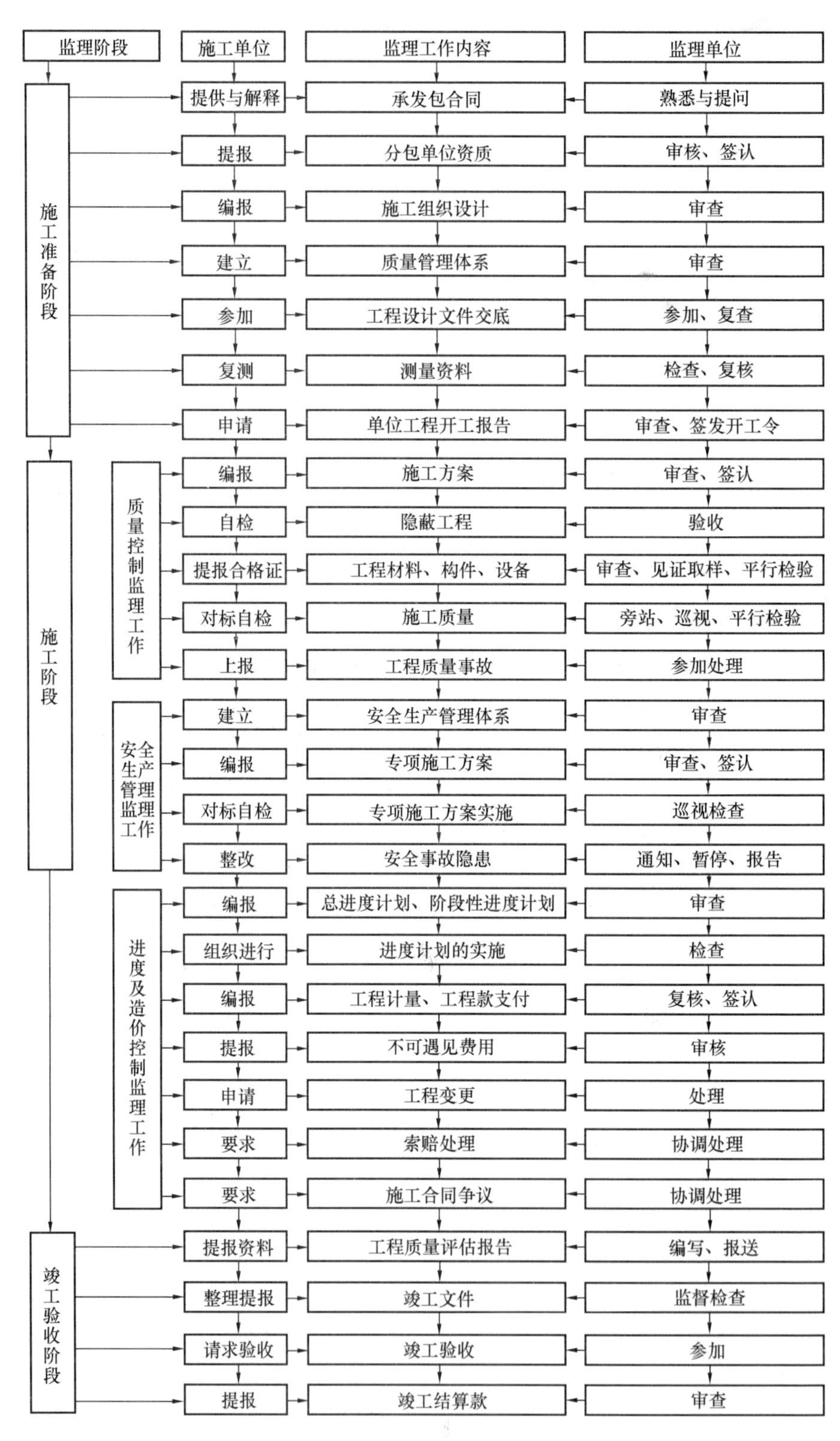

图 6-9 建设工程监理工作程序图

这种组织形式适用于能划分为若干个相对独立的子项目的大、中型建设工程。如图 6-10所示，总监理工程师负责整个工程的规划、组织和指导，并负责整个工程范围内各方面的指挥协调工作；子项目监理机构分别负责各子项目的目标控制，具体领导现场专业或专项监理机构的工作。

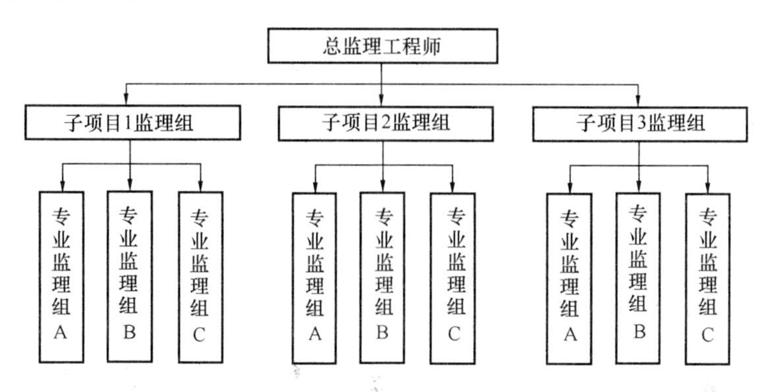

图 6-10　按子项目分解的直线制项目监理机构组织形式

如果建设单位将相关服务一并委托，项目监理机构的部门还可按不同的建设阶段分解设立直线制项目监理机构组织形式，如图 6-11 所示。

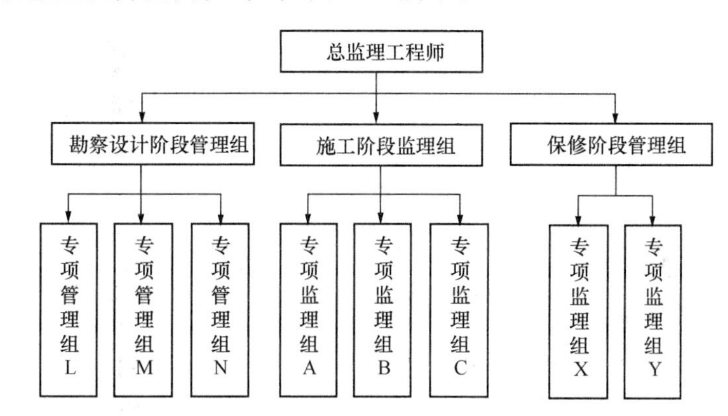

图 6-11　按工程建设阶段分解的直线制项目监理机构组织形式

对于小型建设工程，项目监理机构也可采用按专业内容分解的直线制组织形式，如图 6-12所示。

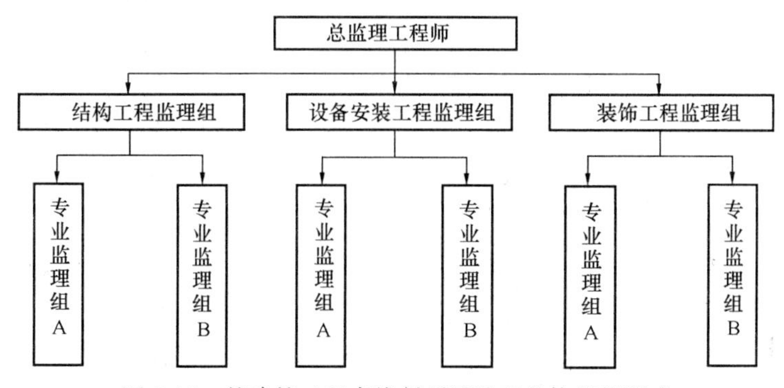

图 6-12　某建筑工程直线制项目监理机构组织形式

直线制组织形式的主要优点是组织机构简单，权力集中，命令统一，职责分明，决策迅速，隶属关系明确。缺点是实行没有职能部门的“个人管理”，这就要求总监理工程师通晓各种业务和多种专业技能，成为“全能”式人物。

（二）职能制组织形式

职能制组织形式是在项目监理机构内设立一些职能部门，将相应的监理职责和权力交给职能部门，各职能部门在其职能范围内有权直接发布指令指挥下级。职能制组织形式一般适用于大中型建设工程，如图 6-13 所示。如果子项目规模较大时，也可以在子项目层设置职能部门，如图 6-14 所示。

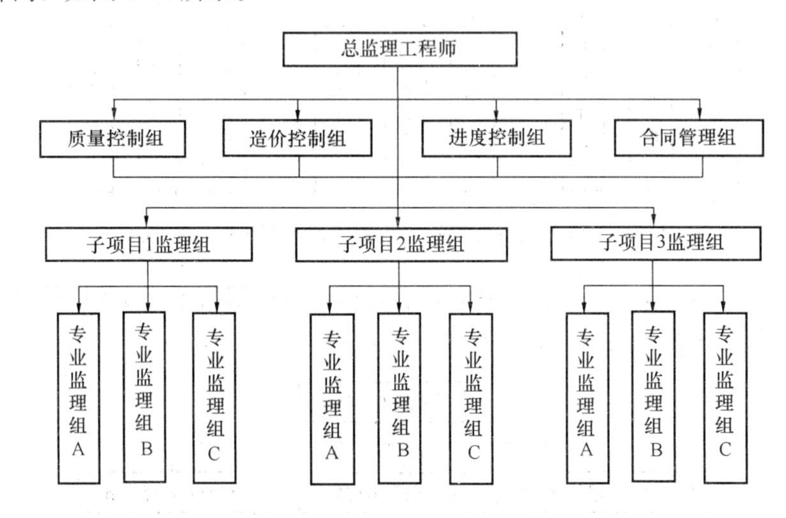

图 6-13　职能制项目监理机构组织形式

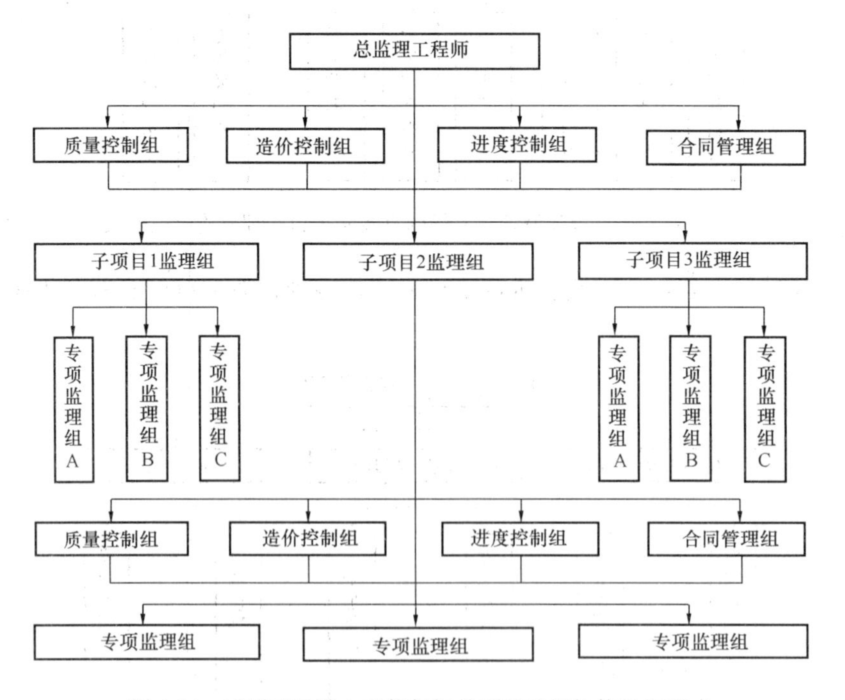

图 6-14　子项目层设立职能部门的项目监理机构组织形式

职能组织形式的主要优点是加强了项目监理目标控制的职能化分工，可以发挥职能机构的专业管理作用，提高管理效率，减轻总监理工程师负担。缺点是由于下级人员受多头指挥，如果这些指令相互矛盾，会使下级在监理工作中无所适从。

（三）直线职能制组织形式

直线职能制组织形式是吸收直线制组织形式和职能制组织形式的优点而形成的一种组织形式。这种组织形式将管理部门和人员分为两类：一类是直线指挥部门的人员，他们拥有对下级实行指挥和发布命令的权力，并对该部门的工作全面负责；另一类是职能部门的人员，他们是直线指挥人员的参谋，他们只能对下级部门进行业务指导，而不能对下级部门直接进行指挥和发布命令。如图 6-15 所示。

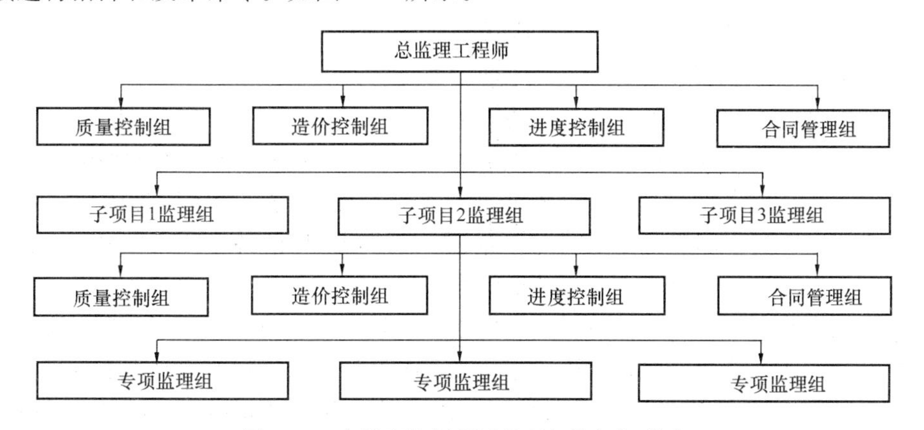

图 6-15　直线职能制项目监理机构组织形式

直线职能制组织形式既保持了直线制组织实行直线领导、统一指挥、职责分明的优点，又保持了职能制组织目标管理专业化的优点。缺点是职能部门与指挥部门易产生矛盾，信息传递路线长，不利于互通信息。

（四）矩阵制组织形式

矩阵制组织形式是由纵横两套管理系统组成的矩阵组织结构，一套是纵向职能系统，另一套是横向子项目系统，如图 6-16 所示。这种组织形式的纵、横两套管理系统在监理工作中是相互融合关系。图中虚线所绘的交叉点上，表示了两者协同以共同解决问题。如

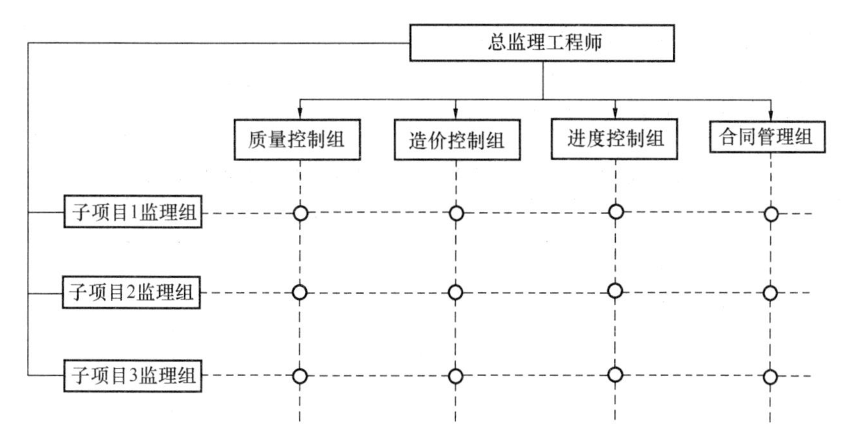

图 6-16　矩阵制项目监理机构组织形式

子项目 1 的质量验收是由子项目 1 监理组和质量控制组共同进行的。

矩阵制组织形式的优点是加强了各职能部门的横向联系，具有较大的机动性和适应性，将上下左右集权与分权实行最优结合，有利于解决复杂问题，有利于监理人员业务能力的培养。缺点是纵横向协调工作量大，处理不当会造成扯皮现象，产生矛盾。

三、项目监理机构人员配备及职责分工

（一）项目监理机构人员配备

项目监理机构中配备监理人员的数量和专业应根据监理的任务范围、内容、工作期限以及工程的类别、规模、技术复杂程度、工程环境等因素综合考虑，并应符合建设工程监理合同中对监理工作深度及建设工程监理目标控制的要求，能体现项目监理机构的整体素质。

1. 项目监理机构人员结构

项目监理机构应具有合理的人员结构，包括以下两方面：

（1）合理的专业结构。项目监理机构应由与所监理工程的性质（专业性强的生产项目或是民用项目）及建设单位对建设工程监理的要求（是否包含相关服务内容，是工程质量、造价、进度的多目标控制或是某一目标的控制）相适应的各专业人员组成，也即各专业人员要配套，以满足项目各专业监理工作要求。

通常，项目监理机构应具备与所承担的监理任务相适应的专业人员。但当监理的工程局部有特殊性或建设单位提出某些特殊监理要求而需要采用某种特殊监控手段时，如局部的钢结构、网架、球罐体等质量监控需采用无损探伤、X 光及超声探测，水下及地下混凝土桩需要采用遥测仪器探测等，此时，可将这些局部专业性强的监控工作另行委托给具有相应资质的咨询机构来承担，这也应视为保证了监理人员合理的专业结构。

（2）合理的技术职称结构。为了提高管理效率和经济性，应根据建设工程的特点和建设工程监理工作需要，确定项目监理机构中监理人员的技术职称结构。合理的技术职称结构表现为监理人员的高级职称、中级职称和初级职称的比例与监理工作要求相适应。

通常，工程勘察设计阶段的服务，对人员职称要求更高些，具有高级职称及中级职称的人员在整个监理人员构成中应占绝大多数。施工阶段监理，可由较多的初级职称人员从事实际操作工作，如旁站、见证取样、检查工序施工结果、复核工程计量有关数据等。

这里所称的初级职称是指助理工程师、助理经济师、技术员等，也可包括具有相应能力的实践经验丰富的工人（应能看懂图纸、正确填报有关原始凭证）。施工阶段项目监理机构监理人员应具有的技术职称结构见表 6-3。

施工阶段项目监理机构监理人员应具有的技术职称结构　　表 6-3

<table>
<tr><th>层次</th><th>人员</th><th>职能</th><th colspan="3">职称要求</th></tr>
<tr><td>决策层</td><td>总监理工程师、总监理工程师代表、专业监理工程师</td><td>项目监理的策划、规划；组织、协调、控制、评价等</td><td rowspan="2">高级职称</td><td rowspan="3">中级职称</td><td></td></tr>
<tr><td>执行层/协调层</td><td>专业监理工程师</td><td>项目监理实施的具体组织、指挥、控制、协调</td><td rowspan="2">初级职称</td></tr>
<tr><td>作业层/操作层</td><td>监理员</td><td>具体业务的执行</td><td></td></tr>
</table>

2. 项目监理机构监理人员数量的确定

（1）影响项目监理机构人员数量的主要因素。主要包括以下几方面：

1）工程建设强度。工程建设强度是指单位时间内投入的建设工程资金的数量，即：

工程建设强度＝投资/工期

其中，投资和工期是指工程监理单位所承担监理任务的工程的建设投资和工期。投资可按工程概算投资额或合同价计算，工期可根据进度总目标及其分目标计算。

显然，工程建设强度越大，需投入的监理人数越多。

2）建设工程复杂程度。通常，工程复杂程度涉及以下因素：设计活动、工程地点位置、气候条件、地形条件、工程地质、工程性质、工程结构类型、施工方法、工期要求、材料供应、工程分散程度等。

根据上述各项因素，可将工程分为若干工程复杂程度等级，不同等级的工程需要配备的监理人员数量有所不同。例如，可将工程复杂程度按五级划分：简单、一般、较复杂、复杂、很复杂。工程复杂程度定级可采用定量办法：对构成工程复杂程度的每一因素通过专家评估，根据工程实际情况给出相应权重，将各影响因素的评分加权平均后根据其值的大小确定该工程的复杂程度等级。例如，将工程复杂程度按 10 分制考虑，则平均分值 1～3分、3～5 分、5～7 分、7～9 分者依次为简单工程、一般工程、较复杂工程和复杂工程，9 分以上为很复杂工程。

显然，简单工程需要的监理人员较少，而复杂工程需要的项目监理人员较多。

3）工程监理单位的业务水平。每个工程监理单位的业务水平和对某类工程的熟悉程度不完全相同，在监理人员素质、管理水平和监理设备手段等方面也存在差异，这都会直接影响到监理效率的高低。高水平的监理单位可以投入较少的监理人力完成一个建设工程的监理工作，而一个经验不多或管理水平不高的监理单位则需投入较多的监理人力。因此，各监理单位应当根据自己的实际情况制定监理人员需要量定额。

4）项目监理机构的组织结构和任务职能分工。项目监理机构的组织结构情况关系到具体的监理人员配备，务必使项目监理机构任务职能分工的要求得到满足。必要时，还需要根据项目监理机构的职能分工对监理人员的配备作进一步调整。

有时，监理工作需要委托专业咨询机构或专业监测、检验机构进行，当然，项目监理机构的监理人员数量可适当减少。

（2）项目监理机构人员数量的确定方法。项目监理机构人员数量可按如下方法确定：

1）项目监理机构人员需要量定额。根据监理工作内容和工程复杂程度等级，测定、编制项目监理机构监理人员需要量定额，见表 6-4。

监理人员需要量定额（人·年/千万元人民币）　　**表 6-4**

工程复杂程度	监理工程师	监理员	行政、文秘人员
简单工程	0.30	1.10	0.15
一般工程	0.35	1.50	0.15
较复杂工程	0.50	1.60	0.35
复杂工程	0.70	2.20	0.50
很复杂工程	>0.70	>2.20	>0.50

2）确定工程建设强度。根据所承担的监理工程，确定工程建设强度。例如：某工程分为2个子项目，合同总价为28000万元人民币，其中子项目1合同价为16000万元人民币，子项目2合同价为12000万元人民币，合同工期为30个月。

工程建设强度＝28000/30×12＝11200(万元人民币/年)＝11.2(千万元人民币/年)

3）确定工程复杂程度。按构成工程复杂程度的10个因素考虑，根据工程实际情况分别按10分制打分。具体结果见表6-5。

工程复杂程度等级评定表 **表6-5**

项次	影响因素	子项目1	子项目2
1	设计活动	5	6
2	工程位置	9	5
3	气候条件	5	5
4	地形条件	7	5
5	工程地质	4	7
6	施工方法	4	6
7	工期要求	5	5
8	工程性质	6	6
9	材料供应	4	5
10	分散程度	5	5
平均分值		5.4	5.5

根据计算结果，此工程为较复杂工程。

4）根据工程复杂程度和工程建设强度套用监理人员需要量定额。从定额中可查到监理人员需要量如下（人·年/千万元人民币）：

监理工程师：0.50；监理员：1.60；行政文秘人员0.35。

各类监理人员数量如下：

监理工程师：　0.50×11.2＝5.60人，按6人考虑；

监理员：　　　1.60×11.2＝17.92人，按18人考虑；

行政文秘人员：0.35×11.2＝3.92人，按4人考虑。

5）根据实际情况确定监理人员数量。该工程项目监理机构直线制组织结构如图6-17所示。

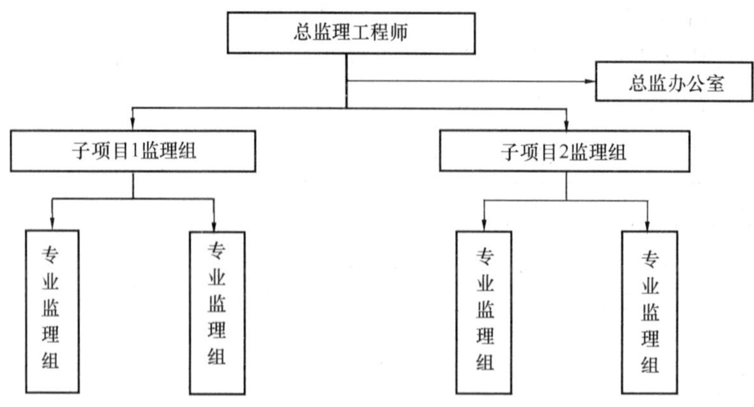

图6-17　项目监理机构的直线制组织结构

根据项目监理机构情况决定每个部门各类监理人员如下：

监理总部（包括总监理工程师，总监理工程师代表和总监理工程师办公室）：总监理工程师1人，总监理工程师代表1人，行政文秘人员2人。

子项目1监理组：专业监理工程师2人，监理员10人，行政文秘人员1人。

子项目2监理组：专业监理工程师2人，监理员8人，行政文秘人员1人。

项目监理机构监理人员数量和专业配备应随工程施工进展情况作相应调整，从而满足不同阶段监理工作需要。

（二）项目监理机构各类人员基本职责

《建设工程监理规范》GB/T 50319—2013规定了总监理工程师、总监理工程师代表、专业监理工程师和监理员应履行的基本职责。

1. 总监理工程师职责

总监理工程师是由工程监理单位法定代表人书面任命，负责履行建设工程监理合同、主持项目监理机构工作的监理工程师。总监理工程师应履行下列职责：

（1）确定项目监理机构人员及其岗位职责；

（2）组织编制监理规划，审批监理实施细则；

（3）根据工程进展及监理工作情况调配监理人员，检查监理人员工作；

（4）组织召开监理例会；

（5）组织审核分包单位资格；

（6）组织审查施工组织设计、（专项）施工方案；

（7）审查开复工报审表，签发工程开工令、暂停令和复工令；

（8）组织检查施工单位现场质量、安全生产管理体系的建立及运行情况；

（9）组织审核施工单位的付款申请，签发工程款支付证书，组织审核竣工结算；

（10）组织审查和处理工程变更；

（11）调解建设单位与施工单位的合同争议，处理工程索赔；

（12）组织验收分部工程，组织审查单位工程质量检验资料；

（13）审查施工单位的竣工申请，组织工程竣工预验收，组织编写工程质量评估报告，参与工程竣工验收；

（14）参与或配合工程质量安全事故的调查和处理；

（15）组织编写监理月报、监理工作总结，组织整理监理文件资料。

2. 总监理工程师代表职责

总监理工程师代表是经工程监理单位法定代表人同意，由总监理工程师书面授权，代表总监理工程师行使其部分职责和权力的人员。总监理工程师不得将下列工作委托给总监理工程师代表：

（1）组织编制监理规划，审批监理实施细则；

（2）根据工程进展及监理工作情况调配监理人员；

（3）组织审查施工组织设计、（专项）施工方案；

（4）签发工程开工令、暂停令和复工令；

（5）签发工程款支付证书，组织审核竣工结算；

（6）调解建设单位与施工单位的合同争议，处理工程索赔；

（7）审查施工单位的竣工申请，组织工程竣工预验收，组织编写工程质量评估报告，参与工程竣工验收；

（8）参与或配合工程质量安全事故的调查和处理。

3. 专业监理工程师职责

专业监理工程师是由总监理工程师授权，负责实施某一专业或某一岗位的监理工作，有相应监理文件签发权的人员。专业监理工程师应履行下列职责：

（1）参与编制监理规划，负责编制监理实施细则；

（2）审查施工单位提交的涉及本专业的报审文件，并向总监理工程师报告；

（3）参与审核分包单位资格；

（4）指导、检查监理员工作，定期向总监理工程师报告本专业监理工作实施情况；

（5）检查进场的工程材料、构配件、设备的质量；

（6）验收检验批、隐蔽工程、分项工程，参与验收分部工程；

（7）处置发现的质量问题和安全事故隐患；

（8）进行工程计量；

（9）参与工程变更的审查和处理；

（10）组织编写监理日志，参与编写监理月报；

（11）收集、汇总、参与整理监理文件资料；

（12）参与工程竣工预验收和竣工验收。

4. 监理员职责

监理员是在专业监理工程师领导下从事工程检查、材料的见证取样、有关数据复核等具体监理工作的人员。监理员应履行下列职责：

（1）检查施工单位投入工程的人力、主要设备的使用及运行状况；

（2）进行见证取样；

（3）复核工程计量有关数据；

（4）检查工序施工结果；

（5）发现施工作业中的问题，及时指出并向专业监理工程师报告。

专业监理工程师和监理员的上述职责为其基本职责，在建设工程监理实施过程中，项目监理机构还应针对工程实际情况，明确各岗位专业监理工程师和监理员的职责分工。

思　考　题

1. 建设工程监理委托方式有哪些？
2. 建设工程监理实施程序是什么？
3. 实施建设工程监理的基本原则有哪些？
4. 设立项目监理机构的步骤有哪些？
5. 项目监理机构组织结构设计需考虑哪些因素？
6. 项目监理机构组织形式有哪些？
7. 如何配备项目监理机构中的人员？
8. 项目监理机构中各类人员的基本职责有哪些？

第七章　监理规划与监理实施细则

监理规划是项目监理机构全面开展建设工程监理工作的指导性文件，监理实施细则是在监理规划的基础上，针对工程项目中某一专业或某一方面监理工作编制的操作性文件。监理规划和监理实施细则的内容全面具体，而且需要按程序报批后才能实施。

第一节　监　理　规　划

一、监理规划编写依据和要求

（一）监理规划编写依据

1. 工程建设法律法规和标准

（1）国家层面工程建设有关法律、法规及政策。无论在任何地区或任何部门进行工程建设，都必须遵守国家层面工程建设相关法律法规及政策。

（2）工程所在地或所属部门颁布的工程建设相关法规、规章及政策。建设工程必然是在某一地区实施的，有时也由某一部门归口管理，这就要求工程建设必须遵守工程所在地或所属部门颁布的工程建设相关法规、规章及政策。

（3）工程建设标准。工程建设必须遵守相关标准、规范及规程等工程建设技术标准和管理标准。

2. 建设工程外部环境调查研究资料

（1）自然条件方面的资料。包括：建设工程所在地点的地质、水文、气象、地形以及自然灾害发生情况等方面的资料。

（2）社会和经济条件方面的资料。包括：建设工程所在地人文环境、社会治安、建筑市场状况、相关单位（政府主管部门、勘察和设计单位、施工单位、材料设备供应单位、工程咨询和工程监理单位）、基础设施（交通设施、通信设施、公用设施、能源设施）、金融市场情况等方面的资料。

3. 政府批准的工程建设文件。包括：

（1）政府发展改革部门批准的可行性研究报告、立项批文。

（2）政府规划土地、环保等部门确定的规划条件、土地使用条件、环境保护要求、市政管理规定。

4. 建设工程监理合同文件

建设工程监理合同的相关条款和内容是编写监理规划的重要依据，主要包括：监理工作范围和内容，监理与相关服务依据，工程监理单位的义务和责任，建设单位的义务和责任等。

工程监理投标书是建设工程监理合同文件的重要组成部分，工程监理单位在监理大纲中明确的内容均是监理规划的编制依据，主要包括项目监理组织计划，拟投入主要监理人员，工程质量、造价、进度控制方案，安全生产管理的监理工作，信息管理和合同管理方案，与工程建设相关单位之间关系的协调方法等。

5. 建设工程合同

在编写监理规划时，也要考虑建设工程合同（特别是施工合同）中关于建设单位和施工单位义务和责任的内容，以及建设单位对于工程监理单位的授权。

6. 建设单位要求

工程监理单位应竭诚为客户服务，在不超出合同职责范围的前提下，工程监理单位应最大程度地满足建设单位的合理要求。

7. 工程实施过程中输出的有关工程信息

主要包括：方案设计、初步设计、施工图设计、工程实施状况、工程招标投标情况、重大工程变更、外部环境变化等。

（二）监理规划编写要求

1. 监理规划的基本构成内容应当力求统一

监理规划在总体内容组成上应力求做到统一，这是监理工作规范化、制度化、科学化的要求。

监理规划基本构成内容主要取决于工程监理制度对于工程监理单位的基本要求。根据建设工程监理的基本内涵，工程监理单位受建设单位委托，需要控制建设工程质量、造价、进度三大目标，需要进行合同管理和信息管理，协调有关单位间的关系，还需要履行安全生产管理的法定职责。工程监理单位的上述基本工作内容决定监理规划的基本构成内容，而且由于监理规划对于项目监理机构全面开展监理工作的指导性作用，对整个监理工作的组织、控制及相应的方法和措施的规划等也成为监理规划必不可少的内容。为此，监理规划的基本构成内容应包括：项目监理组织及人员岗位职责，监理工作制度，工程质量、造价、进度控制，安全生产管理的监理工作，合同与信息管理，组织协调等。

就某一特定建设工程而言，监理规划应根据建设工程监理合同所确定的监理范围和深度编制，但其主要内容应力求体现上述内容。

2. 监理规划的内容应具有针对性、指导性和可操作性

监理规划作为指导项目监理机构全面开展监理工作的纲领性文件，其内容应具有很强的针对性、指导性和可操作性。每个项目的监理规划既要考虑项目自身特点，也要根据项目监理机构的实际状况，在监理规划中应明确规定项目监理机构在工程实施过程中各个阶段的工作内容、工作人员、工作时间和地点、工作的具体方式方法等。只有这样，监理规划才能起到有效的指导作用，真正成为项目监理机构进行各项工作的依据。监理规划只要能够对有效实施建设工程监理做好指导工作，使项目监理机构能圆满完成所承担的建设工程监理任务，就是一个合格的监理规划。

3. 监理规划应由总监理工程师组织编制

《建设工程监理规范》GB/T 50319—2013 明确规定，总监理工程师应组织编制监理规划。当然，真正要编制一份合格的监理规划，还要充分调动整个项目监理机构中专业监理工程师的积极性，广泛征求各专业监理工程师和其他监理人员的意见，并吸收水平较高的专业监理工程师共同参与编写。

监理规划的编写还应听取建设单位的意见，以便能最大限度满足其合理要求，使监理工作得到有关各方的理解和支持，为进一步做好监理服务奠定基础。

4. 监理规划应把握工程项目运行脉搏

监理规划是针对具体工程项目编写的，而工程项目的动态性决定了监理规划的具体可变性。监理规划要把握工程项目运行脉搏，是指其可能随着工程进展进行不断的补充、修改和完善。在工程项目运行过程中，内外因素和条件不可避免地要发生变化，造成工程实际情况偏离计划，往往需要调整计划乃至目标，这就可能造成监理规划在内容上也要进行相应调整。

5. 监理规划应有利于工程监理合同的履行

监理规划是针对特定的一个工程的监理范围和内容来编写的，而建设工程监理范围和内容是由工程监理合同来明确的。项目监理机构应充分了解工程监理合同中建设单位、工程监理单位的义务和责任，对完成工程监理合同目标控制任务的主要影响因素进行分析，制定具体的措施和方法，确保工程监理合同的履行。

6. 监理规划的表达方式应当标准化、格式化

监理规划的内容需要选择最有效的方式和方法来表示，图、表和简单的文字说明应当是基本方法。规范化、标准化是科学管理的标志之一。所以，编写监理规划应当采用什么表格、图示以及哪些内容需要采用简单的文字说明应当作出统一规定。

7. 监理规划的编制应充分考虑时效性

监理规划应在签订建设工程监理合同及收到工程设计文件后由总监理工程师组织编制，并应在召开第一次工地会议 7 天前报建设单位。监理规划报送前还应由监理单位技术负责人审核签字。因此，监理规划的编写还要留出必要的审查和修改时间。为此，应当对监理规划的编写时间事先作出明确规定，以免编写时间过长，从而耽误监理规划对监理工作的指导，使监理工作陷于被动和无序。

8. 监理规划经审核批准后方可实施

监理规划在编写完成后需进行审核并经批准。监理单位的技术管理部门是内部审核单位，技术负责人应当签认，同时，还应当按工程监理合同约定提交给建设单位，由建设单位确认。

二、监理规划主要内容

《建设工程监理规范》GB/T 50319—2013 明确规定，监理规划的内容包括：工程概况；监理工作的范围、内容、目标；监理工作依据；监理组织形式、人员配备及进退场计划、监理人员岗位职责；监理工作制度；工程质量控制；工程造价控制；工程进度控制；安全生产管理的监理工作；合同与信息管理；组织协调；监理工作设施。

（一）工程概况

工程概况包括：

（1）工程项目名称。

（2）工程项目建设地点。

（3）工程项目组成及建设规模，如表 7-1 所示。

工程项目组成及建设规模　　**表 7-1**

序号	工程名称	承建单位	工程数量

（4）主要建筑结构类型，如表7-2所示。

主要建筑结构类型　　表7-2

工程名称	基础	主体结构	设备	……	装修

（5）工程概算投资额或建安工程造价。

（6）工程项目计划工期，包括开竣工日期。

（7）工程质量目标。

（8）设计单位及施工单位名称、项目负责人，如表7-3和表7-4所示。

设计单位情况　　表7-3

设计单位	设计内容	负责人

施工单位情况　　表7-4

施工单位	承包工程内容	负责人

（9）工程项目结构图、组织关系图和合同结构图。

（10）工程项目特点。

（11）其他说明。

（二）监理工作的范围、内容和目标

1. 监理工作范围

工程监理单位所承担的建设工程监理任务，可能是全部工程项目，也可能是某单位工程，也可能是某专业工程，监理工作范围虽然已在建设工程监理合同中明确，但需要在监理规划中列明并作进一步说明。

2. 监理工作内容

建设工程监理基本工作内容包括：工程质量、造价、进度三大目标控制，合同管理和信息管理，组织协调，以及履行建设工程安全生产管理的法定职责。监理规划中需要根据建设工程监理合同约定进一步细化监理工作内容。

3. 监理工作目标

监理工作目标是指工程监理单位预期达到的工作目标。通常以建设工程质量、造价、进度三大目标的控制值来表示。

（1）工程质量控制目标：工程质量合格及建设单位的其他要求。

(2) 工程造价控制目标：以________年预算为基价，静态投资为________万元（或合同价为______万元)。

(3) 工期控制目标：____个月或自____年____月____日至____年____月____日。

在建设工程监理实际工作中，应进行工程质量、造价、进度目标的分解，运用动态控制原理对分解的目标进行跟踪检查，对实际值与计划值进行比较、分析和预测，发现问题时，及时采取组织、技术、经济和合同等措施进行纠偏和调整，以确保工程质量、造价、进度目标的实现。

（三）监理工作依据

依据《建设工程监理规范》GB/T 50319—2013，实施建设工程监理的依据主要包括法律法规及工程建设标准、建设工程勘察设计文件、建设工程监理合同及其他合同文件等。编制特定工程的监理规划，不仅要以上述内容为依据，而且还要收集有关资料作为编制依据，见表 7-5。

监理规划的编制依据　　表 7-5

编制依据	文件资料名称	
反映工程特征的资料	勘察设计阶段监理相关服务	可行性研究报告或设计任务书 项目立项批文 规划红线范围 用地许可证 设计条件通知书 地形图
	施工阶段监理	设计图纸和施工说明书 地形图 施工合同及其他建设工程合同
反映建设单位对项目监理要求的资料	监理合同：反映监理工作范围和内容 监理大纲、监理投标文件	
反映工程建设条件的资料	当地气象资料和工程地质及水文资料 当地建筑材料供应状况的资料 当地勘察设计和土建安装力量的资料 当地交通、能源和市政公用设施的资料 检测、监测、设备租赁等其他工程参建方的资料	
反映当地工程建设法规及政策方面的资料	工程建设程序 招标投标和工程监理制度 工程造价管理制度等 有关法律法规及政策	
工程建设法律、法规及标准	法律法规，部门规章，建设工程监理规范，勘察、设计、施工、质量评定、工程验收等方面的规范、规程、标准等	

（四）监理组织形式、人员配备及进退场计划、监理人员岗位职责

1. 项目监理机构组织形式

工程监理单位派驻施工现场的项目监理机构的组织形式和规模，应根据建设工程监理合同约定的服务内容、服务期限，以及工程特点、规模、技术复杂程度、环境等因素确定。

第七章

项目监理机构组织形式可用项目组织机构图来表示。图 7-1 为某项目监理机构组织示例。在监理规划的组织机构图中可注明各相关部门所任职监理人员的姓名。

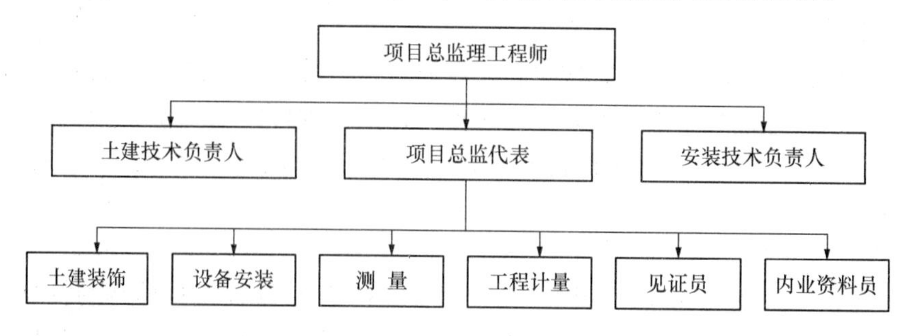

图 7-1 某项目监理机构组织示例

2. 项目监理机构人员配备计划

项目监理机构监理人员应由总监理工程师、专业监理工程师和监理员组成，且专业配套、数量应满足建设工程监理工作需要，必要时可设总监理工程师代表。

项目监理机构配备的监理人员应与监理投标文件或监理项目建议书的内容一致，并详细注明职称及专业等，可按表 7-6 格式填报。要求填入真实到位人数，对于某些兼职监理人员，要说明参加本建设工程监理的确切时间，以便核查，以免名单开列数与实际数不相符而发生纠纷，这是监理工作中易出现的问题，必须避免。

项目监理机构人员配备计划表 **表 7-6**

序号	姓名	性别	年龄	职称或职务	本工程拟担任岗位	专业特长	以往承担过的主要工程及岗位	进场时间	退场时间
1									
…									

项目监理机构人员配备计划应根据工程监理进程合理安排，可用表 7-7 或表 7-8 等形式表示。

项目监理机构人员配备计划 **表 7-7**

月份	3	4	5	……	12
专业监理工程师	8	9	10		6
监 理 员	24	26	30		20
文秘人员	3	4	4		4

某工程项目监理机构人员配备计划 **表 7-8**

月份	3	4		5	6	7	8	9	10	11	12	…	合计
总监理工程师	★	★		★	★	★	★	★	★	★	★		18
总监理工程师代表	★					★	★	★		★			9
土建监理工程师	★	★		★	★	★	★	★					10
机电监理工程师						★	★	★	★	★	★		8
造价监理工程师	★	★		★	★	★	★	★	★	★	★		18

续表

月份	3	4		5	6	7	8	9	10	11	12	…	合计
土建监理员	★	★		★	★	★	★	★	★	★			10
土建监理员	★	★		★	★	★	★	★			★		11
机电监理员								★		★	★		9
资料员	★	★		★	★	★	★	★	★	★	★		18
……													
合计（人）	7	6		6	6	8	8	9	5	7	6	…	101

3. 项目监理人员岗位职责

项目监理机构监理人员分工及岗位职责应根据监理合同约定的监理工作范围和内容以及《建设工程监理规范》GB/T 50319—2013 规定，由总监理工程师安排和明确。总监理工程师应督促和考核监理人员职责的履行。必要时，可设总监理工程师代表，行使部分总监理工程师的岗位职责。

总监理工程师应根据项目监理机构监理人员的专业、技术水平、工作能力、实践经验等细化和落实相应的岗位职责。

（五）监理工作制度

为全面履行建设工程监理职责，确保建设工程监理服务质量，监理规划中应根据工程特点和工作重点明确相应的监理工作制度。主要包括：项目监理机构现场监理工作制度、项目监理机构内部工作制度及相关服务工作制度（必要时）。

1. 项目监理机构现场监理工作制度

（1）图纸会审及设计交底制度；

（2）施工组织设计审核制度；

（3）工程开工、复工审批制度；

（4）整改制度，包括签发监理通知单和工程暂停令等；

（5）平行检验、见证取样、巡视检查和旁站制度；

（6）工程材料、半成品质量检验制度；

（7）隐蔽工程验收、分项（部）工程质量验收制度；

（8）单位工程验收、单项工程验收制度；

（9）监理工作报告制度；

（10）安全生产监督检查制度；

（11）质量安全事故报告和处理制度；

（12）技术经济签证制度；

（13）工程变更处理制度；

（14）现场协调会及会议纪要签发制度；

（15）施工备忘录签发制度；

（16）工程款支付审核、签认制度；

（17）工程索赔审核、签认制度等。

2. 项目监理机构内部工作制度

（1）项目监理机构工作会议制度，包括监理交底会议、监理例会、监理专题会、监理工作会议等；

（2）项目监理机构人员岗位职责制度；

（3）对外行文审批制度；

（4）监理工作日志制度；

（5）监理周报、月报制度；

（6）技术、经济资料及档案管理制度；

（7）监理人员教育培训制度；

（8）监理人员考勤、业绩考核及奖惩制度。

3. 相关服务工作制度

如果提供相关服务时，还需要建立以下制度：

（1）项目立项阶段：包括可行性研究报告评审制度和工程估算审核制度等。

（2）设计阶段：包括设计大纲、设计要求编写及审核制度，设计合同管理制度，设计方案评审办法，工程概算审核制度，施工图纸审核制度，设计费用支付签认制度，设计协调会制度等。

（3）施工招标阶段：包括招标管理制度，标底或招标控制价编制及审核制度，合同条件拟订及审核制度，组织招标实务有关规定等。

（六）工程质量控制

工程质量控制重点在于预防，即在既定目标的前提下，遵循质量控制原则，制定总体质量控制措施、专项工程预控方案，以及质量事故处理方案，具体包括：

1. 工程质量控制目标描述

（1）施工质量控制目标；

（2）材料质量控制目标；

（3）设备质量控制目标；

（4）设备安装质量控制目标；

（5）质量目标实现的风险分析：项目监理机构宜根据工程特点、施工合同、工程设计文件及经过批准的施工组织设计对工程质量目标控制进行风险分析，并提出防范性对策。

2. 工程质量控制主要任务

（1）审查施工单位现场的质量保证体系，包括：质量管理组织机构、管理制度及专职管理人员和特种作业人员的资格；

（2）审查施工组织设计、（专项）施工方案；

（3）审查工程使用的新材料、新工艺、新技术、新设备的质量认证材料和相关验收标准的适用性；

（4）检查、复核施工控制测量成果及保护措施；

（5）审核分包单位资格，检查施工单位为本工程提供服务的试验室；

（6）审查施工单位用于工程的材料、构配件、设备的质量证明文件，并按要求对用于工程的材料进行见证取样、平行检验，对施工质量进行平行检验；

（7）审查影响工程质量的计量设备的检查和检定报告；

（8）采用旁站、巡视检查、平行检验等方式对施工过程进行检查监督；

（9）对隐蔽工程、检验批、分项工程和分部工程进行验收；

（10）对质量缺陷、质量问题、质量事故及时进行处置和检查验收；

（11）对单位工程进行竣工验收，并组织工程竣工预验收。

（12）参加工程竣工验收，签署工程监理意见。

3. 工程质量控制工作流程与措施

（1）工程质量控制工作流程。依据分解的目标编制质量控制工作流程图（略）。

（2）工程质量控制的具体措施：

1）组织措施：建立健全项目监理机构，完善职责分工，制定有关质量监督制度，落实质量控制责任。

2）技术措施：协助完善质量保证体系；严格事前、事中和事后的质量检查监督。

3）经济措施及合同措施：严格质量检查和验收，不符合合同规定质量要求的，拒付工程款；达到建设单位特定质量目标要求的，按合同支付工程质量补偿金或奖金。

4. 旁站方案

旁站方案应结合工程实际，明确需要旁站的主要施工过程及关键工序，以确保主要施工过程及关键工序施工质量处于受控状态。旁站方案的具体内容可包括：旁站基本工作范围、旁站人员主要职责、旁站基本工作要求、旁站流程等。

5. 工程质量目标状况动态分析

工程质量目标控制范围应包括影响工程质量的5个要素，即要对人、材料、机械、方法和环境进行全面控制。工程质量是建设工程监理工作的核心，项目监理机构应根据建设工程施工的不同阶段进行工程质量控制目标状况动态分析，发现问题尽早采取措施予以解决，确保实现工程质量目标。

6. 工程质量控制表格

（略）

（七）工程造价控制

项目监理机构应全面了解工程施工合同文件、工程设计文件、施工进度计划等内容，熟悉合同价款的计价方式、施工投标报价及组成、工程预算等情况，明确工程造价控制的目标和要求，制定工程造价控制工作流程、方法和措施，以及针对工程特点确定工程造价控制的重点和目标值，将工程实际造价控制在计划造价范围内。

1. 工程造价控制的目标分解

（1）按建设工程费用组成分解；

（2）按年度、季度分解；

（3）按建设工程实施阶段分解。

2. 工程造价控制工作内容

（1）熟悉施工合同及约定的计价规则，复核、审查施工图预算；

（2）定期进行工程计量、复核工程进度款申请，签署进度款付款签证：

（3）建立月完成工程量统计表，对实际完成量与计划完成量进行比较分析，发现偏差的，应提出调整建议，并报告建设单位；

（4）按程序进行竣工结算款审核，签署竣工结算款支付证书。

3. 工程造价控制主要方法

在工程造价目标分解的基础上，依据施工进度计划、施工合同等文件，编制资金使用计划，可列表编制（见表 7-9），并运用动态控制原理，对工程造价进行动态分析、比较和控制。

资金使用计划表　　表 7-9

工程名称	××××年度				××××年度				××××年度				总额
	一	二	三	四	一	二	三	四	一	二	三	四	

工程造价动态比较的内容包括：

1）工程造价目标分解值与造价实际值的比较；

2）工程造价目标值的预测分析。

4. 工程造价目标实现的风险分析

工程造价受诸多因素影响，尤其是工程变更、材料市场价格变化等因素，为有效控制工程造价，对工程造价目标实现的风险进行分析并采取相应防范性对策是十分必要的。项目监理机构宜根据工程特点、施工合同、工程设计文件及经过批准的施工组织设计对工程造价目标控制进行风险分析，从而提出防范性对策。

5. 工程造价控制工作流程与措施

（1）工程造价控制工作流程。依据工程造价目标分解编制工程造价控制工作流程图（略）。

（2）工程造价控制具体措施：

1）组织措施：包括建立健全项目监理机构，完善职责分工及有关制度，落实工程造价控制责任。

2）技术措施：对材料、设备采购，通过质量价格比选，合理确定生产供应单位；通过审核施工组织设计和施工方案，使施工组织合理化。

3）经济措施：包括及时进行计划费用与实际费用的分析比较；对原设计或施工方案提出合理化建议并被采用，由此产生的投资节约按合同规定予以奖励。

4）合同措施：按合同条款支付工程款，防止过早、过量的支付。减少施工单位的索赔，正确处理索赔事宜等。

6. 工程造价控制表格

（略）

（八）工程进度控制

项目监理机构应全面了解工程施工合同文件、施工进度计划等内容，明确施工进度控制的目标和要求，制定施工进度控制工作流程、方法和措施，以及针对工程特点确定工程进度控制的重点和目标值，将工程实际进度控制在计划工期范围内。

1. 工程总进度目标分解

（1）年度、季度进度目标；

（2）各阶段进度目标；

（3）各子项目进度目标。

2. 工程进度控制工作内容

（1）审查施工总进度计划和阶段性施工进度计划；

（2）检查、督促施工进度计划的实施；

（3）进行进度目标实现的风险分析，制定进度控制的方法和措施；

（4）预测实际进度对工程总工期的影响，分析工期延误原因，制订对策和措施，并报告工程实际进展情况。

3. 工程进度控制方法

（1）加强施工进度计划的审查，督促施工单位制定和履行切实可行的施工计划。

（2）运用动态控制原理进行进度控制。施工进度计划在实施过程中受各种因素的影响可能会出现偏差，项目监理机构应对施工进度计划的实施情况进行动态检查，对照施工实际进度和计划进度，判定实际进度是否出现偏差。发现实际进度严重滞后且影响合同工期时，应签发监理通知单，召开专题会议，要求施工单位采取调整措施加快施工进度，并督促施工单位按调整后批准的施工进度计划实施。

工程进度动态比较的内容包括：

1）工程进度目标分解值与进度实际值的比较；

2）工程进度目标值的预测分析。

4. 工程进度控制工作流程与措施

（1）工程进度控制工作流程图。图 7-2 为某工程施工进度控制工作流程图示例。

（2）工程进度控制具体措施：

1）组织措施：落实进度控制的责任，建立进度控制协调制度。

2）技术措施：建立多级网络计划体系，监控施工单位的实施作业计划。

3）经济措施：对工期提前者实行奖励；对应急工程实行较高的计件单价；确保资金的及时供应等。

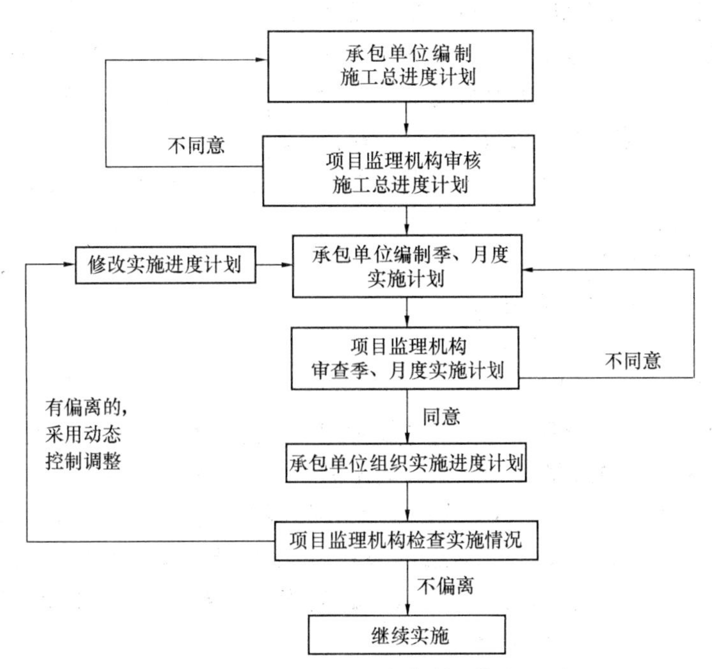

图 7-2　某工程施工进度控制工作流程图

4）合同措施：按合同要求及时协调有关各方的进度，以确保建设工程的形象进度。

5. 工程进度控制表格

（略）

（九）安全生产管理的监理工作

项目监理机构应根据法律法规、工程建设强制性标准，履行建设工程安全生产管理的监理职责。项目监理机构应根据工程项目的实际情况，加强对施工组织设计中涉及安全技术措施的审核，加强对专项施工方案的审查和监督，加强对现场安全事故隐患的检查，发现问题及时处理，防止和避免安全事故的发生。

1. 安全生产管理的监理工作目标

履行法律法规赋予工程监理单位的法定职责，尽可能防止和避免施工安全事故的发生。

2. 安全生产管理的监理工作内容

（1）编制工程监理实施细则，落实相关监理人员；

（2）审查施工单位现场安全生产规章制度的建立和实施情况；

（3）审查施工单位安全生产许可证及施工单位项目经理、专职安全生产管理人员和特种作业人员的资格，核查施工机械和设施的安全许可验收手续；

（4）审查施工单位提交的施工组织设计，重点审查其中的质量安全技术措施、专项施工方案与工程建设强制性标准的符合性；

（5）审查包括施工起重机械和整体提升脚手架、模板等自升式架设设施等在内的施工机械和设施的安全许可验收手续情况；

（6）巡视检查危险性较大的分部分项工程专项施工方案实施情况；

（7）对施工单位拒不整改或不停止施工时，应及时向有关主管部门报送监理报告。

3. 专项施工方案的编制、审查和实施的监理要求

（1）专项施工方案编制要求。实行施工总承包的，专项施工方案应当由施工总承包单位组织编制，其中，起重机械安装拆卸工程、深基坑工程、附着式升降脚手架等专业工程实行分包的，其专项施工方案可由专业分包单位组织编制。实行施工总承包的，专项施工方案应当由施工总承包单位技术负责人及相关专业分包单位技术负责人签字。对于超过一定规模的危险性较大的分部分项工程专项方案应当由施工单位组织召开专家论证会。

（2）专项施工方案监理审查要求：

1）对编审程序进行符合性审查；

2）对实质性内容进行符合性审查。

4. 安全生产管理的监理方法和措施

（1）通过审查施工单位现场安全生产规章制度的建立和实施情况，督促施工单位落实安全技术措施和应急救援预案，加强风险防范意识，预防和避免安全事故发生。

（2）通过项目监理机构安全管理责任风险分析，制订监理实施细则，落实监理人员，加强日常巡视和安全检查，发现安全事故隐患时，项目监理机构应当履行监理职责，采取会议、告知、通知、停工、报告等措施向施工单位管理人员指出，预防和避免安全事故发生。

5. 安全生产管理监理工作表格

（略）

（十）合同管理与信息管理

1. 合同管理

合同管理主要是对建设单位与施工单位、材料设备供应单位等签订的合同进行管理，从合同执行等各个环节进行管理，督促合同双方履行合同，并维护合同订立双方的正当权益。

（1）合同管理的主要工作内容：

1）处理工程暂停及复工、工程变更、索赔及施工合同争议、解除等事宜；

2）处理施工合同终止的有关事宜。

（2）合同结构。结合项目结构图和项目组织结构图，以合同结构图形式表示，并列出项目合同目录一览表，如表 7-10 所示。

项目合同目录一览表 **表 7-10**

序号	合同编号	合同名称	施工单位	合同价	合同工期	质量要求

（3）合同管理工作流程与措施：

1）工作流程图（略）；

2）合同管理具体措施（略）。

（4）合同执行状况的动态分析：

1）对合同履约情况进行跟踪分析；

2）对合同变更原因进行分析；

3）对合同违约情况进行分析等。

（5）合同争议调解与索赔处理程序（略）。

（6）合同管理表格（略）。

2. 信息管理

信息管理是建设工程监理的基础性工作，通过对建设工程形成的信息进行收集、整理、处理、存储、传递与运用，保证能够及时、准确地获取所需要的信息。具体工作包括监理文件资料的管理内容，监理文件资料的管理原则和要求，监理文件资料的管理制度和程序，监理文件资料的主要内容，监理文件资料的归档和移交等。

（1）信息分类表，如表 7-11 所示。

信息分类表 **表 7-11**

序号	信息类别	信息名称	信息管理要求	责任人

（2）信息管理工作流程与措施

1）工作流程图。图 7-3 所示为某建设工程信息管理工作流程图示例。

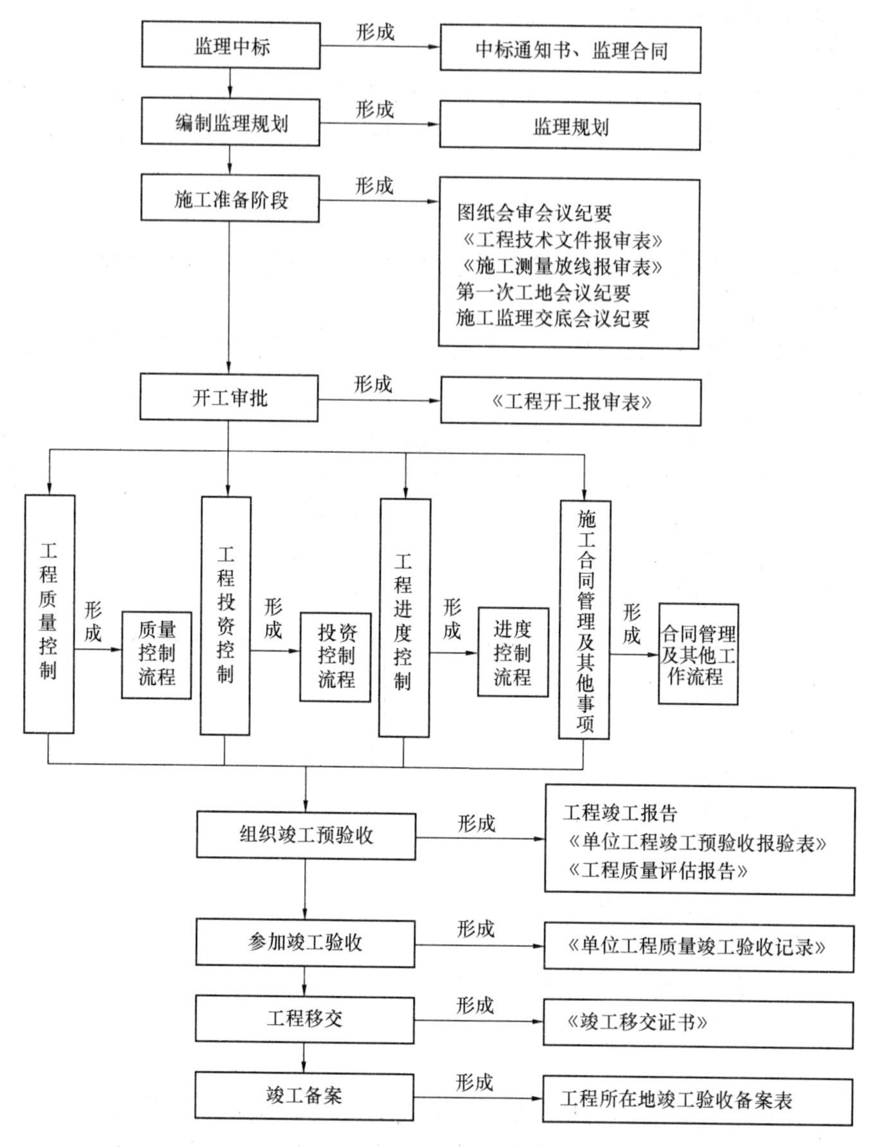

图 7-3 某建设工程信息管理工作流程图

2）信息管理具体措施（略）。

(3) 信息管理表格（略）。

（十一）组织协调

组织协调工作是指监理人员通过对项目监理机构内部人与人之间、机构与机构之间，以及监理组织与外部环境组织之间的工作进行调和与联结，从而使工程参建各方相互理解、步调一致。具体包括编制工程项目组织管理框架、明确组织协调的范围和层次，制订项目监理机构内、外协调的范围、对象和内容，制订监理组织协调的原则、方法和措施，明确处理危机关系的基本要求等。

1. 组织协调的范围和层次

(1) 组织协调的范围：项目组织协调的范围包括建设单位、工程建设参与各方（政府管理部门）之间的关系。

（2）组织协调的层次，包括：

1）协调工程参与各方之间的关系；

2）工程技术协调。

2. 组织协调的主要工作

（1）项目监理机构的内部协调：

1）总监理工程师牵头，做好项目监理机构内部人员之间的工作关系协调；

2）明确监理人员分工及各自的岗位职责；

3）建立信息沟通制度；

4）及时交流信息、处理矛盾，建立良好的人际关系。

（2）与工程建设有关单位的外部协调：

1）建设工程系统内的单位：进行建设工程系统内的单位协调重点分析，主要包括建设单位、设计单位、施工单位、材料和设备供应单位、资金提供单位等。

2）建设工程系统外的单位：进行建设工程系统外的单位协调重点分析，主要包括政府建设行政主管机构、政府其他有关部门、工程毗邻单位、社会团体等。

3. 组织协调方法和措施

（1）组织协调方法：

1）会议协调：监理例会、专题会议等方式；

2）交谈协调：面谈、电话、网络等方式；

3）书面协调：通知书、联系单、月报等方式；

4）访问协调：走访或约见等方式。

（2）不同阶段组织协调措施：

1）开工前的协调：如第一次工地会议等；

2）施工过程中协调；

3）竣工验收阶段协调。

4. 协调工作程序

（1）工程质量控制协调程序；

（2）工程造价控制协调程序；

（3）工程进度控制协调程序；

（4）其他方面工作协调程序。

5. 协调工作表格

（略）

（十二）监理设施

（1）制订监理设施管理制度；

（2）根据建设工程类别、规模、技术复杂程度、建设工程所在地的环境条件，按建设工程监理合同约定，配备满足监理工作需要的常规检测设备和工具；

（3）落实场地、办公、交通、通信、生活等设施，配备必要的影像设备；

（4）项目监理机构应将拥有的监理设备和工具（如计算机、设备、仪器、工具、照相机、摄像机等）列表，如表 7-12 所示，注明数量、型号和使用时间，并指定专人负责管理。

常规检测设备和工具　表 7-12

序号	仪器设备名称	型号	数量	使用时间	备注
1					
2					
3					
4					
5					
6					
……					

三、监理规划报审

（一）监理规划报审程序

依据《建设工程监理规范》GB/T 50319—2013，监理规划应在签订建设工程监理合同及收到工程设计文件后编制，在召开第一次工地会议前报送建设单位。监理规划报审程序的时间节点安排、各节点工作内容及负责人如表 7-13 所示。

监理规划报审程序　表 7-13

序号	时间节点安排	工作内容	负责人
1	签订监理合同及收到工程设计文件后	编制监理规划	总监理工程师组织 专业监理工程师参与
2	编制完成、总监理工程师签字后	监理规划审批	监理单位技术负责人审批
3	第一次工地会议前	报送建设单位	总监理工程师报送
4	设计文件、施工组织设计和施工方案等发生重大变化时	调整监理规划	总监理工程师组织 专业监理工程师参与
		重新审批监理规划	监理单位技术负责人审批

（二）监理规划的审核内容

监理规划在编写完成后需要进行审核并经报批。监理单位技术管理部门是内部审核单位，其技术负责人应当签认。监理规划审核的内容主要包括以下几方面：

1. 监理范围、工作内容及监理目标的审核

依据监理招标文件和建设工程监理合同，审核是否理解建设单位的工程建设意图，监理范围、监理工作内容是否已包括全部委托的工作任务，监理目标是否与建设工程监理合同要求和建设意图相一致。

2. 项目监理机构的审核

（1）组织机构方面。组织形式、管理模式等是否合理，是否已结合工程实施特点，是否能够与建设单位的组织关系和施工单位的组织关系相协调等。

（2）人员配备方面。人员配备方案应从以下几个方面审查：

1）派驻监理人员的专业满足程度。应根据工程特点和建设工程监理任务的工作范围，不仅考虑专业监理工程师如土建监理工程师、安装监理工程师等能够满足开展监理工作的

需要，而且还要看其专业监理人员是否覆盖了工程实施过程中的各种专业要求，以及高、中级职称和年龄结构的组成。

2）人员数量的满足程度。主要审核从事监理工作人员在数量和结构上的合理性。按照我国已完成监理工作的工程资料统计测算，在施工阶段，大中型建设工程每年完成100万元的工程量所需监理人员为0.6～1人，专业监理工程师、一般监理人员和行政文秘人员的结构比例为0.2：0.6：0.2。专业类别较多的工程的监理人员数量应适当增加。

3）专业人员不足时采取的措施是否恰当。大中型建设工程由于技术复杂、涉及的专业面宽，当工程监理单位的技术人员不足以满足全部监理工作要求时，对拟临时聘用的监理人员的综合素质应认真审核。

4）派驻现场人员计划表。对于大中型建设工程，不同阶段对所需要的监理人员在人数和专业等方面的要求不同，应对各阶段所派驻现场监理人员的专业、数量计划是否与建设工程进度计划相适应进行审核。还应平衡正在其他工程上执行监理业务的人员，是否能按照预定计划进入本工程参加监理工作。

3. 工作计划的审核

在工程进展中各个阶段的工作实施计划是否合理、可行，审查其在每个阶段中如何控制建设工程目标以及组织协调方法。

4. 工程质量、造价、进度控制方法的审核

对三大目标控制方法和措施应重点审查，看其如何应用组织、技术、经济、合同措施保证目标的实现，方法是否科学、合理、有效。

5. 对安全生产管理监理工作内容的审核

主要是审核安全生产管理的监理工作内容是否明确；是否制定了相应的安全生产管理实施细则；是否建立了对施工组织设计、专项施工方案的审查制度；是否建立了对现场安全隐患的巡视检查制度；是否建立了安全生产管理状况的监理报告制度；是否制定了安全生产事故的应急预案等。

6. 监理工作制度的审核

主要审查项目监理机构内、外工作制度是否健全、有效。

第二节　监理实施细则

一、监理实施细则编写依据和要求

监理实施细则是在监理规划的基础上，当落实了各专业监理责任和工作内容后，由专业监理工程师针对工程具体情况制定出更具实施性和操作性的业务文件，其作用是具体指导监理业务的实施。

（一）监理实施细则编写依据

《建设工程监理规范》GB/T 50319—2013规定了监理实施细则编写的依据：

（1）已批准的建设工程监理规划；

（2）与专业工程相关的标准、设计文件和技术资料；

（3）施工组织设计、（专项）施工方案。

除《建设工程监理规范》GB/T 50319—2013中规定的相关依据，监理实施细则在编

制过程中，还可以融入工程监理单位的规章制度和经认证发布的质量体系，以达到监理内容的全面、完整，有效提高工程监理自身的工作质量。

（二）监理实施细则编写要求

《建设工程监理规范》GB/T 50319—2013 规定，采用新材料、新工艺、新技术、新设备的工程，以及专业性较强、危险性较大的分部分项工程，应编制监理实施细则。对于工程规模较小、技术较为简单且有成熟监理经验和施工技术措施落实的情况下，可不必编制监理实施细则。

监理实施细则应符合监理规划的要求，并应结合工程专业特点，做到详细具体、具有可操作性。监理实施细则可随工程进展编制，但应在相应工程开始前由专业监理工程师编制完成，并经总监理工程师审批后实施。可根据建设工程实际情况及项目监理机构工作需要增加其他内容。当工程发生变化导致监理实施细则所确定的工作流程、方法和措施需要调整时，专业监理工程师应对监理实施细则进行补充、修改。

从监理实施细则目的角度，监理实施细则应满足以下三个方面要求：

1. 内容全面

监理工作包括“三控两管一协调”与安全生产管理的监理工作，监理实施细则作为指导监理工作的操作性文件应涵盖这些内容。在编制监理实施细则前，专业监理工程师应依据建设工程监理合同和监理规划确定的监理范围和内容，结合需要编制监理实施细则的专业工程特点，对工程质量、造价、进度主要影响因素以及安全生产管理的监理工作的要求，制定内容细致、翔实的监理实施细则，确保建设工程监理目标的实现。

2. 针对性强

独特性是工程项目的本质特征之一，没有两个完全一样的项目。因此，监理实施细则应在相关依据的基础上，结合工程项目实际建设条件、环境、技术、设计、功能等进行编制，确保监理实施细则的针对性。为此，在编制监理实施细则前，各专业监理工程师应组织本专业监理人员熟悉本专业的设计文件、施工图纸和施工方案，应结合工程特点，分析本专业监理工作的难点、重点及其主要影响因素，制定有针对性的组织、技术、经济和合同措施。同时，在监理工作实施过程中，监理实施细则要根据实际情况进行补充、修改和完善。

3. 可操作性

监理实施细则应有可行的操作方法、措施，详细、明确的控制目标值和全面的监理工作计划。

二、监理实施细则主要内容

《建设工程监理规范》GB/T 50319—2013 明确规定了监理实施细则应包含的内容，即：专业工程特点、监理工作流程、监理工作要点，以及监理工作方法及措施。

（一）专业工程特点

专业工程特点是指需要编制监理实施细则的工程专业特点，而不是简单的工程概述。专业工程特点应从专业工程施工的重点和难点、施工范围和施工顺序、施工工艺、施工工序等内容进行有针对性的阐述，体现为工程施工的特殊性、技术的复杂性，与其他专业的交叉和衔接以及各种环境约束条件。

如对于某拟建于古河道分布区域的工程，监理细则中专业工程特点部分阐述了工程地质情况、场地水文地质条件、存在的不良地质现象等；对于某房地产开发项目，监理细则中专业工程特点部分则主要明确了土方开挖与基坑支护工程特点等。

除专业工程外，新材料、新工艺、新技术以及对工程质量、造价、进度应加以重点控制等特殊要求也需要在监理实施细则中体现。

（二）监理工作流程

监理工作流程是结合工程相应专业制定的具有可操作性和可实施性的流程图。不仅涉及最终产品的检查验收，更多地涉及施工中各个环节及中间产品的监督检查与验收。

监理工作涉及的流程包括：开工审核工作流程、施工质量控制流程、进度控制流程、造价（工程量计量）控制流程、安全生产和文明施工监理流程、测量监理流程、施工组织设计审核工作流程、分包单位资格审核流程、建筑材料审核流程、技术审核流程、工程质量问题处理审核流程、旁站检查工作流程、隐蔽工程验收流程、工程变更处理流程、信息资料管理流程等。

某工程预制混凝土空心管桩工程监理工作流程如图7-4所示。

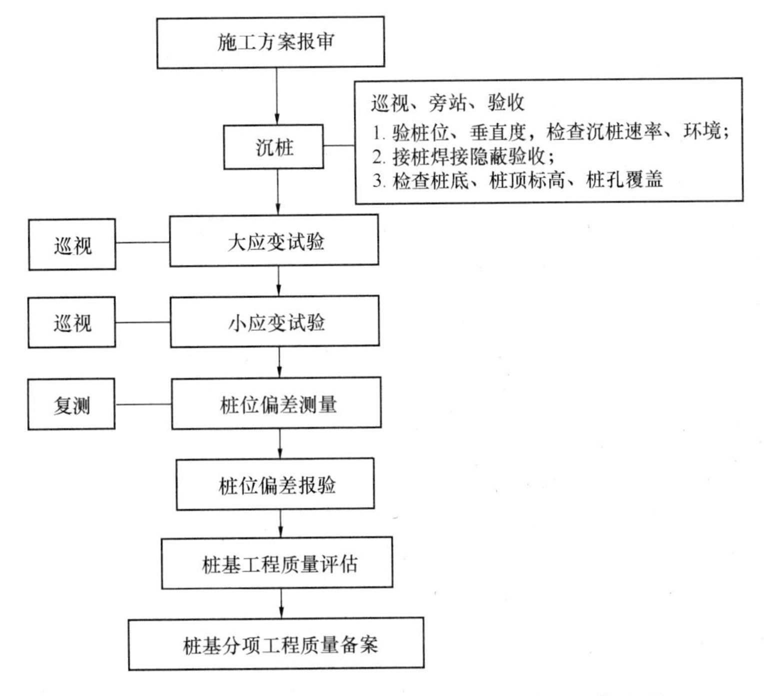

图7-4　某工程预制混凝土空心管桩工程监理工作流程

（三）监理工作要点

监理工作控制要点及目标值是对监理工作流程中工作内容的增加和补充，应将流程图设置的相关监理控制点和判断点进行详细而全面的描述。将监理工作目标和检查点的控制指标、数据和频率等阐明清楚。

例如，某工程预制混凝土空心管桩工程监理工作要点如下：

（1）预制桩进场检验：保证资料、外观检查（管桩壁厚，内外平整）。

（2）压桩顺序：压桩宜按中间向四周，中间向两端，先长后短，先高后低的原则确定压桩顺序。

（3）桩机就位：桩架龙口必须垂直。确保桩机桩架、桩身在同一轴线上，桩架要坚固、稳定，并有足够刚度。

（4）桩位：放样后认真复核，控制吊桩就位准确。

（5）桩垂直度：第一节管桩起吊就位插入地面时的垂直度用长条水准尺或两台经纬仪随时校正，垂直度偏差不得大于桩长的0.5%，必要时拔出重插，每次接桩应用长条水准尺测垂直度，偏差控制在0.5%内；在静压过程中，桩机桩架、桩身的中心线应重合，当桩身倾斜超过0.8%时，应找出原因并设法校正，当桩尖进入硬土层后，严禁用移动桩架等强行回扳的方法纠偏。

（6）沉桩前，施工单位应提交沉桩先后顺序和每日班沉桩数量。

（7）管桩接头焊接：管桩入土部分桩头高出地面0.5～1.0m时接桩，接桩时，上节桩应对直，轴向错位不得大于2mm。采用焊接接桩时，上下节桩之间的空隙用铁片添实焊牢，结合面的间隙不得大于2mm。焊接坡口表面用铁刷子刷干净，露出金属光泽。焊接时宜先在坡口圆周上对称点焊6点，待上下桩节固定后拆除导向箍再分层施焊。施焊宜由2～3名焊工对称进行，焊缝应连续饱满，焊接层数不少于3层，内层焊渣必须清理干净后方能施焊外一层，焊好的桩必须自然冷却8min后方可施打，严禁焊接后用水冷却即施打。

（8）送桩：当桩顶打至地面需要送桩时，应测出桩垂直度并检查桩顶质量，合格后立即送桩，用送桩器将桩送入设计桩顶位置。送桩时，送桩器应保证与压入的桩垂直一致，送桩器下端与桩顶断面应平整接触，以免桩顶面受力不均匀而发生偏位或桩顶破碎。

（9）截桩头：桩头截除应采用锯桩器截割，严禁用大锤横向敲击或强行扳拉截桩，截桩后桩顶标高偏差不得大于10cm。

（四）监理工作方法及措施

监理规划中的方法是针对工程总体概括要求的方法和措施，监理实施细则中的监理工作方法和措施是针对专业工程而言，更应具体、更具有可操作性和可实施性。

1. 监理工作方法

监理工程师通过旁站、巡视、见证取样、平行检验等监理方法，对专业工程作全面监控，对每一个专业工程的监理实施细则而言，其工作方法必须加以详尽阐明。

除上述四种常规方法外，监理工程师还可采用指令文件、监理通知、支付控制手段等方法实施监理。

2. 监理工作措施

各专业工程的控制目标要有相应的监理措施以保证控制目标的实现。制定监理工作措施通常有两种方式。

（1）根据措施实施内容不同，可将监理工作措施分为技术措施、经济措施、组织措施和合同措施。例如，某建筑工程钻孔灌注桩分项工程监理工作组织措施和技术措施如下：

1）组织措施：根据钻孔桩工艺和施工特点，对项目监理机构人员进行合理分工，现场专业监理人员分2班（8：00～20：00和20：00～次日8：00，每班1人），进行全程巡视、旁站、检查和验收。

2）技术措施：

① 组织所有监理人员全面阅读图纸等技术文件，提出书面意见，参加设计交底，制定详细的监理实施细则。

② 详细审核施工单位提交的施工组织设计；严格审查施工单位现场质量管理体系的建立和实施。

③ 研究分析钻孔桩施工质量风险点，合理确定质量控制关键点，包括：桩位控制、桩长控制、桩径控制、桩身质量控制和桩端施工质量控制。

（2）根据措施实施时间不同，可将监理工作措施分为事前控制措施、事中控制措施及事后控制措施。

事前控制措施是指为预防发生差错或问题而提前采取的措施；事中控制措施是指监理工作过程中，及时获取工程实际状况信息，以供及时发现问题、解决问题而采取的措施；事后控制措施是指发现工程相关指标与控制目标或标准之间出现差异后而采取的纠偏措施。

例如，某工程预制混凝土空心管桩工程监理工作措施包括：

1）工程质量事前控制：

① 认真学习和审查工程地质勘察报告，掌握工程地质情况。

② 认真学习和审查桩基设计施工图纸，并进行图纸会审，组织或协助建设单位组织技术交底（技术交底主要内容为：地质情况，设计要求，操作规程，安全措施和监理工作程序及要求等）。

③ 审查施工单位的施工组织设计、技术保障措施、施工机械配置的合理性及完好率、施工人员到位情况、施工前期情况、材料供应情况并提出整改意见。

④ 审查预制桩生产厂家的资质情况、生产工艺、质量保证体系、生产能力产品合格证、各种原材料的试验报告、企业信誉，并提出审查意见（若条件许可，监理人员应到生产厂家进行实地考察）。

⑤ 审查桩机备案情况，检查桩机的显著位置标注单位名称、机械备案编号。进入施工现场时机长及操作人员必须备齐基础施工机械备案卡及上岗证，供项目监理机构、安全监管机构、质量监督机构检查。未经备案的桩机不得进入施工现场施工。

⑥ 要求施工单位在桩基平面布置图上对每根桩进行编号。

⑦ 要求施工单位设专职测量人员，按桩基平面布置图测放轴线及桩位，其尺寸允许偏差应符合基础工程施工质量验收标准要求。

⑧ 建筑物四大角轴线必须引测到建筑物外并设置龙门桩或采用其他固定措施，压桩前应复核测量轴线、桩位及水准点，确保无误，且须经签验收证明后方可压桩。

⑨ 要求施工单位提出书面技术交底资料，出具预制桩的配合比、钢筋、水泥出厂合格证及试验报告，提供现场相关人员操作上岗证资料供监理审查，并留复印件备案，各种操作人员均须持证上岗。

⑩ 检查预制桩的标志、产品合格证书等。

⑪ 施工现场准备情况的检查：施工场地平整情况；场区测量检查；检查压桩设备及起重工具；铺设水电管网，进行设备架立组装、调试和试压；在桩架上设置标尺，以便观测桩身入土深度；检查桩质量。

2）工程质量事中控制：

① 确定合理的压桩程序。按尽量避免各工程桩相互挤压而造成桩位偏差的原则，根据地基土质情况、桩基平面布置、桩的尺寸、密集程度、深度、桩机移动方向以及施工现场情况等因素确定合理的压桩程序。定期复查轴线控制桩、水准点是否有变化，应使其不

受压桩及运输的影响。复查周期每10天不少于1次。

② 管桩数量及位置应严格按照设计图纸要求确定，施工单位应详细记录试桩施工过程中沉降速度及最后压桩力等重要数据，作为工程桩施工过程中的重要数据，并借此校验压桩设备、施工工艺以及技术措施是否适宜。

③ 经常检查各工程桩定位是否准确。

④ 开始沉桩时应注意观察桩身、桩架等是否垂直一致，确认垂直后，方可转入正常压桩。桩插入时的垂直度偏差不得超过0.5%。在施工过程中，应密切注意桩身的垂直度，如发现桩身不垂直要督促施工单位设法纠正，但不得采用移动桩架的方法纠正（因为这样做会造成桩身弯曲，继续施压会发生桩身断裂）。

⑤ 按设计图纸要求，进行工程桩标高和压力桩的控制。

⑥ 在沉桩过程中，若遇桩身突然下沉且速度较快及桩身回弹时，应立即通知设计人员及有关各方人员到场，确定处理方案。

⑦ 当桩顶标高较低，须送桩入土时应用钢制送桩器放于桩头上，将桩送入土中。

⑧ 若需接桩时，常用接头方式有焊接、法兰盘连接及硫磺胶泥锚接。前两种可用于各类土层，硫磺胶泥锚接适用于软土层。

⑨ 接桩用焊条或半成品硫磺胶泥应有产品质量合格证书，或送有关部门检验，半成品硫磺胶泥应每100kg做一组试件（3件）；重要工程应对焊接接头做10%的探伤检查。

⑩ 应经常检查压力、桩垂直度、接桩间歇时间、桩的连接质量及压入深度；检查已施压的工程桩有无异常情况，如桩顶水平位移或桩身上升等，如有异常情况应通知有关各方人员到场确定处理意见。

⑪ 工程桩应按设计要求和基础工程施工质量验收标准进行承载力和桩身完整性检验，检验过程和结果应符合相关标准要求。

⑫ 预制桩的质量检验应符合基础工程施工质量验收标准要求。

⑬ 认真做好压桩记录。

3）工程质量事后控制（验收）。工程质量验收，均应在施工单位自检合格的基础上进行。施工单位确认自检合格后提出工程验收申请，由项目监理机构进行验收。

三、监理实施细则报审

（一）监理实施细则报审程序

《建设工程监理规范》GB/T 50319—2013规定，监理实施细则可随工程进展编制，但必须在相应工程施工前完成，并经总监理工程师审批后实施。监理实施细则报审程序见表7-14。

监理实施细则报审程序 表7-14

序号	节点	工作内容	负责人
1	相应工程施工前	编制监理实施细则	专业监理工程师编制
2	相应工程施工前	监理实施细则审批、批准	专业监理工程师送审 总监理工程师批准
3	工程施工过程中	若发生变化，监理实施细则中工作流程与方法措施调整	专业监理工程师调整 总监理工程师批准

（二）监理实施细则的审核内容

监理实施细则由专业监理工程师编制完成后，需要报总监理工程师批准后方能实施。监理实施细则审核的内容主要包括以下几方面：

1. 编制依据、内容的审核

监理实施细则的编制是否符合监理规划的要求，是否符合专业工程相关的标准，是否符合设计文件的内容，与提供的技术资料是否相符合，是否与施工组织设计、（专项）施工方案使用的规范、标准、技术要求相一致。监理的目标、范围和内容是否与监理合同和监理规划相一致，编制的内容是否涵盖专业工程的特点、重点和难点，内容是否全面、翔实、可行，是否能确保监理工作质量等。

2. 项目监理人员的审核

（1）组织方面。组织方式、管理模式是否合理，是否结合了专业工程的具体特点，是否便于监理工作的实施，制度、流程上是否能保证监理工作，是否与建设单位和施工单位相协调等。

（2）人员配备方面。人员配备的专业满足程度、数量等是否满足监理工作的需要、专业人员不足时采取的措施是否恰当、是否有操作性较强的现场人员计划安排表等。

3. 监理工作流程、监理工作要点的审核

监理工作流程是否完整、翔实，节点检查验收的内容和要求是否明确，监理工作流程是否与施工流程相衔接，监理工作要点是否明确、清晰，目标值控制点设置是否合理、可控等。

4. 监理工作方法和措施的审核

监理工作方法是否科学、合理、有效，监理工作措施是否具有针对性、可操作性、安全可靠，是否能确保监理目标的实现等。

5. 监理工作制度的审核

针对专业工程监理，其内、外监理工作制度是否能有效保证监理工作的实施，监理记录、检查表格是否完备等。

思　考　题

1. 监理规划、监理实施细则两者之间的关系是什么？
2. 监理规划、监理实施细则的编制依据和要求分别是什么？
3. 监理规划、监理实施细则的主要内容有哪些？
4. 项目监理机构需要制定哪些工作制度？
5. 项目监理机构控制建设工程三大目标的工作内容有哪些？
6. 建设工程安全生产管理的监理工作内容有哪些？
7. 监理规划、监理实施细则的报审程序和审核内容分别是什么？

第八章　建设工程监理工作内容和主要方式

建设工程监理的主要工作内容是通过合同管理、信息管理和组织协调等手段，控制建设工程质量、造价和进度目标，并履行建设工程安全生产管理的法定职责。巡视、平行检验、旁站、见证取样则是建设工程监理的主要方式。

第一节　建设工程监理工作内容

一、目标控制

任何建设工程都有质量、造价、进度三大目标，这三大目标构成了建设工程目标系统。工程监理单位受建设单位委托，需要协调处理三大目标之间的关系、确定与分解三大目标，并采取有效措施控制三大目标。

（一）建设工程三大目标之间的关系

建设工程质量、造价、进度三大目标之间相互关联，共同形成一个整体。从建设单位角度出发，往往希望建设工程的质量好、投资省、工期短（进度快），但在工程实践中，几乎不可能同时实现上述目标。确定和控制建设工程三大目标，需要统筹兼顾三大目标之间的密切联系，防止发生盲目追求单一目标而冲击或干扰其他目标，也不可分割三大目标。

1. 三大目标之间的对立关系

在通常情况下，如果对工程质量有较高的要求，就需要投入较多的资金和花费较长的建设时间；如果要抢时间、争进度，以极短的时间完成建设工程，势必会增加投资或者使工程质量下降；如果要减少投资、节约费用，势必会考虑降低工程项目的功能要求和质量标准。这些表明，建设工程三大目标之间存在着矛盾和对立的一面。

2. 三大目标之间的统一关系

在通常情况下，适当增加投资数量，为采取加快进度的措施提供经济条件，即可加快工程建设进度，缩短工期，使工程项目尽早动用，投资尽早收回，建设工程全寿命期经济效益得到提高；适当提高建设工程功能要求和质量标准，虽然会造成一次性投资的增加和建设工期的延长，但能够节约工程项目动用后的运行费和维修费，从而获得更好的投资效益；如果建设工程进度计划制定得既科学又合理，使工程进展具有连续性和均衡性，不但可以缩短建设工期，而且有可能获得较好的工程质量和降低工程造价。这些表明，建设工程三大目标之间存在着统一的一面。

（二）建设工程三大目标的确定与分解

控制建设工程三大目标，需要综合考虑建设工程项目三大目标之间相互关系，在分析论证基础上明确建设工程项目质量、造价、进度总目标；需要从不同角度将建设工程总目标分解成若干分目标、子目标及可执行目标，从而形成“自上而下层层展开、自下而上层层保证”的目标体系，为建设工程三大目标动态控制奠定基础。

1. 建设工程总目标的分析论证

建设工程总目标是建设工程目标控制的基本前提，也是建设工程监理成功与否的重要判据。确定建设工程总目标，需要根据建设工程投资方及利益相关者需求，并结合建设工程本身及所处环境特点进行综合论证。

分析论证建设工程总目标，应遵循下列基本原则：

（1）确保建设工程质量目标符合工程建设强制性标准。工程建设强制性标准是有关人民生命财产安全、人体健康、环境保护和公众利益的技术要求，在追求建设工程质量、造价和进度三大目标间最佳匹配关系时，应确保建设工程质量目标符合工程建设强制性标准。

（2）定性分析与定量分析相结合。在建设工程目标系统中，质量目标通常采用定性分析方法，而造价、进度目标可采用定量分析方法。对于某一建设工程而言，采用不同的质量标准，会有不同的工程造价和工期，需要采用定性分析与定量分析相结合的方法综合论证建设工程三大目标。

（3）不同建设工程三大目标可具有不同的优先等级。建设工程质量、造价、进度三大目标的优先顺序并非固定不变。由于每一建设工程的建设背景、复杂程度、投资方及利益相关者需求等不同，决定了三大目标的重要性顺序不同。有的建设工程工期要求紧迫，有的建设工程资金紧张等，从而决定了三大目标在不同建设工程中具有不同的优先等级。

总之，建设工程三大目标之间密切联系、相互制约，需要应用多目标决策、多级递阶、动态规划等理论统筹考虑、分析论证，努力在"质量优、投资省、工期短"之间寻求最佳匹配。

2. 建设工程总目标的逐级分解

为了有效地控制建设工程三大目标，需要逐级分解建设工程总目标，按工程参建单位、工程项目组成和时间进展等制定分目标、子目标及可执行目标，形成如图 8-1 所示建

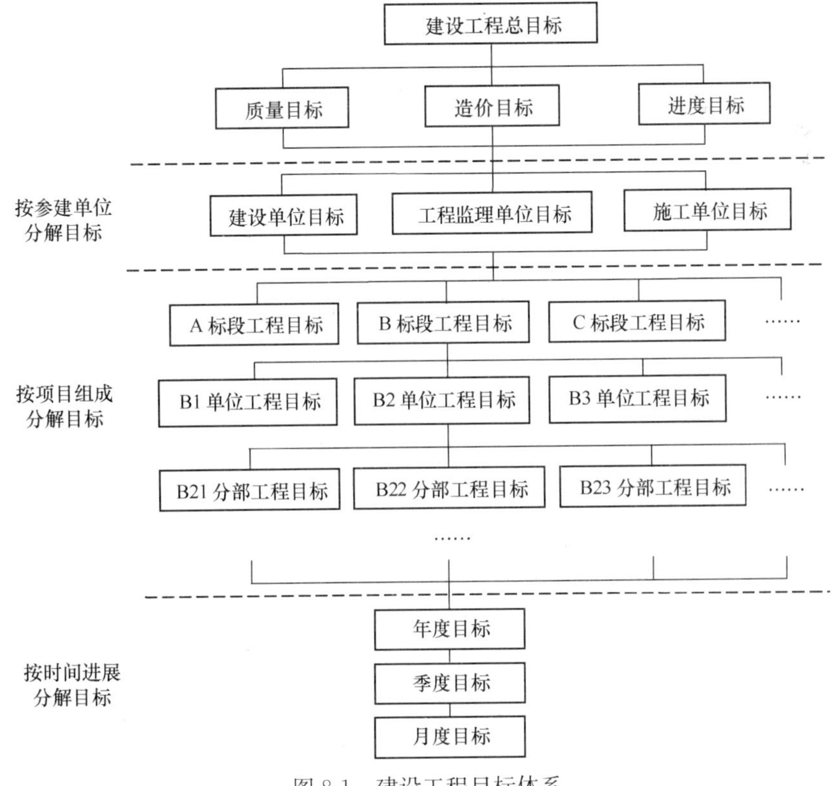

图 8-1　建设工程目标体系

设工程目标体系。在建设工程目标体系中，各级目标之间相互联系，上一级目标控制下一级目标，下一级目标保证上一级目标的实现，最终保证建设工程总目标的实现。

（三）建设工程三大目标控制的任务和措施

1. 三大目标动态控制过程

建设工程目标体系构建后，建设工程监理工作的关键在于动态控制。为此，需要在建设工程实施过程中监测实施绩效，并将实施绩效与计划目标进行比较，采取有效措施纠正实施绩效与计划目标之间的偏差，力求使建设工程实现预定目标。建设工程目标体系的PDCA（Plan —计划；Do —执行；Check —检查；Action —纠偏）动态控制过程如图 8-2 所示。

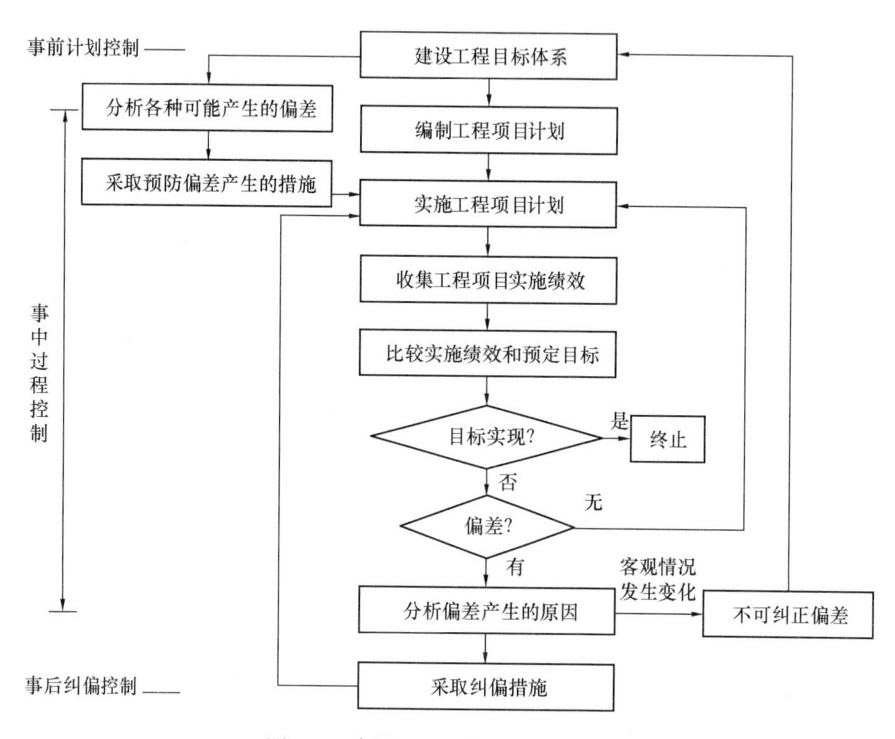

图 8-2 建设工程目标动态控制过程

2. 三大目标控制任务

（1）建设工程质量控制任务。建设工程质量控制，就是通过采取有效措施，在满足工程造价和进度要求的前提下，实现预定的工程质量目标。

项目监理机构在建设工程施工阶段质量控制的主要任务是通过对施工投入、施工和安装过程、施工产出品（分项工程、分部工程、单位工程、单项工程等）进行全过程控制，以及对施工单位及其人员的资格、材料和设备、施工机械和机具、施工方案和方法、施工环境实施全面控制，以期按标准实现预定的施工质量目标。

为完成施工阶段质量控制任务，项目监理机构需要做好以下工作：协助建设单位做好施工现场准备工作，为施工单位提交合格的施工现场；审查确认施工总包单位及分包单位资格；检查工程材料、构配件、设备质量；检查施工机械和机具质量；审查施工组织设计和施工方案；检查施工单位的现场质量管理体系和管理环境；控制施工工艺过程质量；验收分部分项工程和隐蔽工程；处置工程质量问题、质量缺陷；协助处理工程质量事故；审核工程竣工图，组织工程预验收；参加工程竣工验收等。

（2）建设工程造价控制任务。建设工程造价控制，就是通过采取有效措施，在满足工程质量和进度要求的前提下，力求使工程实际造价不超过预定造价目标。

项目监理机构在建设工程施工阶段造价控制的主要任务是通过工程计量、工程付款控制、工程变更费用控制、预防并处理好费用索赔、挖掘降低工程造价潜力等使工程实际费用支出不超过计划投资。

为完成施工阶段造价控制任务，项目监理机构需要做好以下工作：协助建设单位制定施工阶段资金使用计划，严格进行工程计量和付款控制，做到不多付、不少付、不重复付；严格控制工程变更，力求减少工程变更费用；研究确定预防费用索赔的措施，以避免、减少施工索赔；及时处理施工索赔，并协助建设单位进行反索赔；协助建设单位按期提交合格施工现场，保质、保量、适时、适地提供由建设单位负责提供的工程材料和设备；审核施工单位提交的工程结算文件等。

（3）建设工程进度控制任务。建设工程进度控制，就是通过采取有效措施，在满足工程质量和造价要求的前提下，力求使工程实际工期不超过计划工期目标。

项目监理机构在建设工程施工阶段进度控制的主要任务是通过完善建设工程控制性进度计划、审查施工单位提交的进度计划、做好施工进度动态控制工作、协调各相关单位之间的关系、预防并处理好工期索赔，力求实际施工进度满足计划施工进度的要求。

为完成施工阶段进度控制任务，项目监理机构需要做好以下工作：完善建设工程控制性进度计划；审查施工单位提交的施工进度计划；协助建设单位编制和实施由建设单位负责供应的材料和设备供应进度计划；组织进度协调会议，协调有关各方关系；跟踪检查实际施工进度；研究制定预防工期索赔的措施，做好工程延期审批工作等。

3. 三大目标控制措施

为了有效地控制建设工程项目目标，应从组织、技术、经济、合同等多方面采取措施。

（1）组织措施。组织措施是其他各类措施的前提和保障。包括：建立健全实施动态控制的组织机构、规章制度和人员，明确各级目标控制人员的任务和职责分工，改善建设工程目标控制的工作流程；建立建设工程目标控制工作考评机制，加强各单位（部门）之间的沟通协作；加强动态控制过程中的激励措施，调动和发挥员工实现建设工程目标的积极性和创造性等。

（2）技术措施。为了对建设工程目标实施有效控制，需要对多个可能的建设方案、施工方案等进行技术可行性分析。为此，需要对各种技术数据进行审核、比较，需要对施工组织设计、施工方案等进行审查、论证等。此外，在整个建设工程实施过程中，还需要采用工程网络计划技术、信息化技术等实施动态控制。

（3）经济措施。无论是对建设工程造价目标实施控制，还是对建设工程质量、进度目标实施控制，都离不开经济措施。经济措施不仅是审核工程量、工程款支付申请及工程结算报告，还需要编制和实施资金使用计划，对工程变更方案进行技术经济分析等。而且通过投资偏差分析和未完工程投资预测，可发现一些可能引起未完工程投资增加的潜在问题，从而便于以主动控制为出发点，采取有效措施加以预防。

（4）合同措施。加强合同管理是控制建设工程目标的重要措施。建设工程总目标及分目标将反映在建设单位与工程参建主体所签订的合同之中。由此可见，通过选择合理的承发包模式和合同计价方式，选定满意的施工单位及材料设备供应单位，拟订完善的合同条款，并动态跟踪合同执行情况及处理好工程索赔等，是控制建设工程目标的重要合同措施。

二、合同管理

建设工程实施过程中会涉及许多合同，如勘察设计合同、施工合同、监理合同、咨询合同、材料设备采购合同等。合同管理是在市场经济体制下组织建设工程实施的基本手段，也是项目监理机构控制建设工程质量、造价、进度三大目标的重要手段。

完整的建设工程施工合同管理应包括施工招标的策划与实施；合同计价方式及合同文本的选择；合同谈判及合同条件的确定；合同协议书的签署；合同履行检查；合同变更、违约及纠纷的处理；合同订立和履行的总结评价等。

根据《建设工程监理规范》GB/T 50319—2013，项目监理机构在处理工程暂停及复工、工程变更、索赔及施工合同争议、解除等方面的合同管理职责如下：

（一）工程暂停及复工处理

1. 签发工程暂停令的情形

项目监理机构发现下列情况之一时，总监理工程师应及时签发工程暂停令：

（1）建设单位要求暂停施工且工程需要暂停施工的；

（2）施工单位未经批准擅自施工或拒绝项目监理机构管理的；

（3）施工单位未按审查通过的工程设计文件施工的；

（4）施工单位违反工程建设强制性标准的；

（5）施工存在重大质量、安全事故隐患或发生质量、安全事故的。

总监理工程师在签发工程暂停令时，可根据停工原因的影响范围和影响程度，确定停工范围。总监理工程师签发工程暂停令，应事先征得建设单位同意，在紧急情况下未能事先报告时，应在事后及时向建设单位作出书面报告。

2. 工程暂停相关事宜

暂停施工事件发生时，项目监理机构应如实记录所发生的情况。总监理工程师应会同有关各方按施工合同约定，处理因工程暂停引起的与工期、费用有关的问题。

因施工单位原因暂停施工时，项目监理机构应检查、验收施工单位的停工整改过程、结果。

3. 复工审批或指令

当暂停施工原因消失、具备复工条件时，施工单位提出复工申请的，项目监理机构应审查施工单位报送的工程复工报审表及有关材料，符合要求后，总监理工程师应及时签署审查意见，并应报建设单位批准后签发工程复工令；施工单位未提出复工申请的，总监理工程师应根据工程实际情况指令施工单位恢复施工。

（二）工程变更处理

1. 施工单位提出的工程变更处理程序

项目监理机构可按下列程序处理施工单位提出的工程变更：

（1）总监理工程师组织专业监理工程师审查施工单位提出的工程变更申请，提出审查意见。对涉及工程设计文件修改的工程变更，应由建设单位转交原设计单位修改工程设计文件。必要时，项目监理机构应建议建设单位组织设计、施工等单位召开论证工程设计文件的修改方案的专题会议。

（2）总监理工程师组织专业监理工程师对工程变更费用及工期影响作出评估。

（3）总监理工程师组织建设单位、施工单位等共同协商确定工程变更费用及工期变化，会签工程变更单。

（4）项目监理机构根据批准的工程变更文件监督施工单位实施工程变更。

2. 建设单位要求的工程变更处理职责

项目监理机构可对建设单位要求的工程变更提出评估意见，并应督促施工单位按会签后的工程变更单组织施工。

（三）工程索赔处理

工程索赔包括费用索赔和工程延期申请。项目监理机构应及时收集、整理有关工程费用、施工进度的原始资料，为处理工程索赔提供证据。

项目监理机构应以法律法规、勘察设计文件、施工合同文件、工程建设标准、索赔事件的证据等为依据处理工程索赔。

1. 费用索赔处理

项目监理机构应按《建设工程监理规范》GB/T 50319—2013 规定的费用索赔处理程序和施工合同约定的时效期限处理施工单位提出的费用索赔。当施工单位的费用索赔要求与工程延期要求相关联时，项目监理机构可提出费用索赔和工程延期的综合处理意见，并应与建设单位和施工单位协商。

因施工单位原因造成建设单位损失，建设单位提出索赔时，项目监理机构应与建设单位和施工单位协商处理。

2. 工程延期审批

项目监理机构应按《建设工程监理规范》GB/T 50319—2013 规定的工程延期审批程序和施工合同约定的时效期限审批施工单位提出的工程延期申请。施工单位因工程延期提出费用索赔时，项目监理机构可按施工合同约定进行处理。

（四）施工合同争议与解除的处理

1. 施工合同争议的处理

项目监理机构应按《建设工程监理规范》GB/T 50319—2013 规定的程序处理施工合同争议。在处理施工合同争议过程中，对未达到施工合同约定的暂停履行合同条件的，应要求施工合同双方继续履行合同。

在施工合同争议的仲裁或诉讼过程中，项目监理机构应按仲裁机关或法院要求提供与争议有关的证据。

2. 施工合同解除的处理

（1）因建设单位原因导致施工合同解除时，项目监理机构应按施工合同约定与建设单位和施工单位协商确定施工单位应得款项，并签发工程款支付证书。

（2）因施工单位原因导致施工合同解除时，项目监理机构应按施工合同约定，确定施工单位应得款项或偿还建设单位的款项，与建设单位和施工单位协商后，书面提交施工单位应得款项或偿还建设单位款项的证明。

（3）因非建设单位、施工单位原因导致施工合同解除时，项目监理机构应按施工合同约定处理合同解除后的有关事宜。

三、信息管理

建设工程信息管理是指对建设工程信息的收集、加工、整理、分发、检索、存储等一系列工作的总称。信息管理是建设工程监理的重要手段之一，及时掌握准确、完整的信息，可以使监理工程师耳聪目明，更加卓有成效地完成建设工程监理与相关服务工作。信息管理工作的好坏，将直接影响建设工程监理与相关服务工作的成败。

建设工程信息管理贯穿工程建设全过程，其基本环节包括：信息的收集、加工、整理、分发、检索和存储。

（一）建设工程信息的收集

在建设工程的不同进展阶段，会产生大量的信息。工程监理单位的介入阶段不同，决定了信息收集的内容不同。如果工程监理单位接受委托在建设工程决策阶段提供咨询服务，则需要收集与建设工程相关的市场、资源、自然环境、社会环境等方面的信息；如果是在建设工程设计阶段提供项目管理服务，则需要收集的信息有：工程项目可行性研究报告及前期相关文件资料；同类工程相关资料；拟建工程所在地信息；勘察、测量、设计单位相关信息；拟建工程所在地政府部门相关规定；拟建工程设计质量保证体系及进度计划等。如果是在建设工程施工招标阶段提供相关服务，则需要收集的信息有：工程立项审批文件；工程地质、水文地质勘察报告；工程设计及概算文件；施工图设计审批文件；工程所在地工程材料、构配件、设备、劳动力市场价格及变化规律；工程所在地工程建设标准及招标投标相关规定等。

在建设工程施工阶段，项目监理机构应从下列方面收集信息：

（1）建设工程施工现场的地质、水文、测量、气象等数据；地上、地下管线，地下洞室，地上既有建筑物、构筑物及树木、道路，建筑红线，水、电、气管道的引入标志；地质勘察报告、地形测量图及标桩等环境信息。

（2）施工机构组成及进场人员资格；施工现场质量及安全生产保证体系；施工组织设计及（专项）施工方案、施工进度计划；分包单位资格等信息。

（3）进场设备的规格型号、保修记录；工程材料、构配件、设备的进场、保管、使用等信息。

（4）施工项目管理机构管理程序；施工单位内部工程质量、成本、进度控制及安全生产管理的措施及实施效果；工序交接制度；事故处理程序；应急预案等信息。

（5）施工中需要执行的国家、行业或地方工程建设标准；施工合同履行情况。

（6）施工过程中发生的工程数据，如：地基验槽及处理记录；工序交接检查记录；隐蔽工程检查验收记录；分部分项工程检查验收记录等。

（7）工程材料、构配件、设备质量证明资料及现场测试报告。

（8）设备安装试运行及测试信息，如：电气接地电阻、绝缘电阻测试，管道通水、通气、通风试验，电梯施工试验，消防报警、自动喷淋系统联动试验等信息。

（9）工程索赔相关信息，如：索赔处理程序、索赔处理依据、索赔证据等。

（二）建设工程信息的加工、整理、分发、检索和存储

1. 信息的加工和整理

信息的加工和整理主要是指将所获得的数据和信息通过鉴别、选择、核对、合并、排

序、更新、计算、汇总等，生成不同形式的数据和信息，目的是提供给各类管理人员使用。加工和整理数据和信息，往往需要按照不同的需求分层进行。

工程监理人员对于数据和信息的加工要从鉴别开始。一般而言，工程监理人员自己收集的数据和信息的可靠度较高；而对于施工单位报送的数据，就需要进行鉴别、选择、核对，对于动态数据需要及时更新。为了便于应用，还需要对收集来的数据和信息按照工程项目组成（单位工程、分部工程、分项工程等）、工程项目目标（质量、造价、进度）等进行汇总和组织。

科学的信息加工和整理，需要基于业务流程图和数据流程图，结合建设工程监理与相关服务业务工作绘制业务流程图和数据流程图，不仅是建设工程信息加工和整理的重要基础，而且是优化建设工程监理与相关服务业务处理过程、规范建设工程监理与相关服务行为的重要手段。

（1）业务流程图。业务流程图是以图示形式表示业务处理过程。通过绘制业务流程图，可以发现业务流程的问题或不完善之处，进而可以优化业务处理过程。某项目监理机构的工程量处理业务流程图如图 8-3 所示。

（2）数据流程图。数据流程图是根据业务流程图，将数据流程以图示形式表示出来。数据流程图的绘制应自上而下地层层细化。根据图 8-3 绘制的工程量处理数据流程图如图 8-4所示。

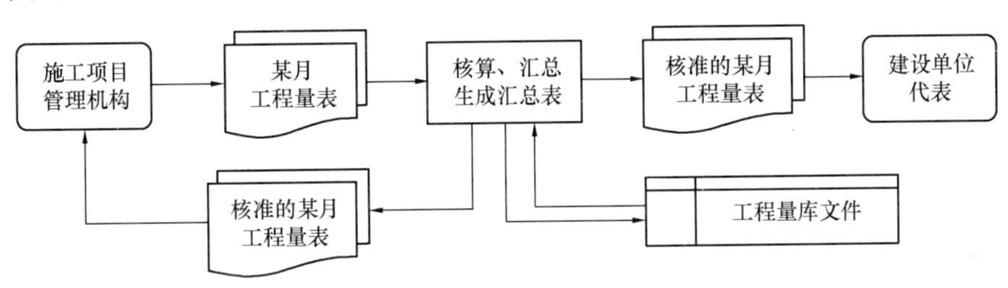

图 8-3　工程量处理业务流程图

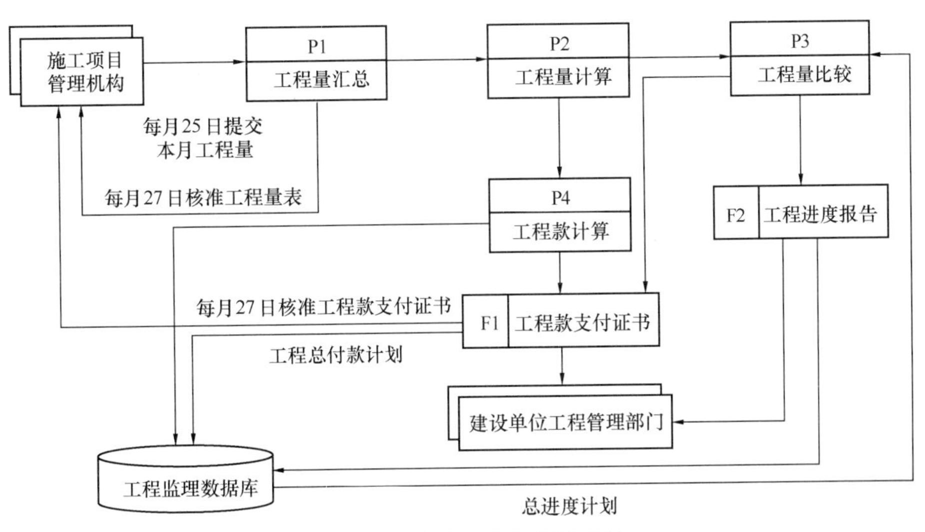

图 8-4　工程量处理数据流程图

2. 信息的分发和检索

加工整理后的信息要及时提供给需要使用信息的部门和人员，信息的分发要根据需要来进行，信息的检索需要建立在一定的分级管理制度上。信息分发和检索的基本原则是：需要信息的部门和人员，有权在需要的第一时间，方便地得到所需要的信息。

（1）信息分发。设计信息分发制度时需要考虑：

1）了解信息使用部门和人员的使用目的、使用周期、使用频率、获得时间及信息的安全要求；

2）决定信息分发的内容、数量、范围、数据来源；

3）决定分发信息的数据结构、类型、精度和格式；

4）决定提供信息的介质。

（2）信息检索。设计信息检索时需要考虑：

1）允许检索的范围，检索的密级划分，密码管理等；

2）检索的信息能否及时、快速地提供，实现的手段；

3）所检索信息的输出形式，能否根据关键词实现智能检索等。

3. 信息的存储

存储信息需要建立统一数据库。需要根据建设工程实际，规范地组织数据文件。

（1）按照工程进行组织，同一工程按照质量、造价、进度、合同等类别组织，各类信息再进一步根据具体情况进行细化；

（2）工程参建各方要协调统一数据存储方式，数据文件名要规范化，要建立统一的编码体系；

（3）尽可能以网络数据库形式存储数据，减少数据冗余，保证数据的唯一性，并实现数据共享。

四、组织协调

建设工程监理目标的实现，需要监理工程师扎实的专业知识和对建设工程监理程序的有效执行。此外，还需要监理工程师有较强的组织协调能力。通过组织协调，能够使影响建设工程监理目标实现的各方主体有机配合、协同一致，促进建设工程监理目标的实现。

（一）项目监理机构组织协调内容

从系统工程角度看，项目监理机构组织协调内容可分为系统内部（项目监理机构）协调和系统外部协调两大类，系统外部协调又分为系统近外层协调和系统远外层协调。近外层和远外层的主要区别是，建设单位与近外层关联单位之间有合同关系，与远外层关联单位之间没有合同关系。

1. 项目监理机构内部的协调

（1）项目监理机构内部人际关系的协调。项目监理机构是由工程监理人员组成的工作体系，工作效率在很大程度上取决于人际关系的协调程度。总监理工程师应首先协调好人际关系，激励项目监理机构人员。

1）在人员安排上要量才录用。要根据项目监理机构中每个人的专长进行安排，做到人尽其才。工程监理人员的搭配要注意能力互补和性格互补，人员配置要尽可能少而精，避免力不胜任和忙闲不均。

2）在工作分配上要职责分明。对项目监理机构中的每一个岗位，都要明确岗位目标和责任，应通过职位分析，使管理职能不重不漏，做到事事有人管，人人有专责，同时明确岗位职权。

3）在绩效评价上要实事求是。要发扬民主作风，实事求是地评价工程监理人员工作绩效，以免人员无功自傲或有功受屈，使每个人热爱自己的工作，并对工作充满信心和希望。

4）在矛盾调解上要恰到好处。人员之间的矛盾总是存在的，一旦出现矛盾，就要进行调解，要多听取项目监理机构成员的意见和建议，及时沟通，使工程监理人员始终处于团结、和谐、热情高涨的工作氛围之中。

（2）项目监理机构内部组织关系的协调。项目监理机构是由若干部门（专业组）组成的工作体系，每个专业组都有自己的目标和任务。如果每个专业组都从建设工程整体利益出发，理解和履行自己的职责，则整个建设工程就会处于有序的良性状态，否则，整个系统便处于无序的紊乱状态，导致功能失调，效率下降。为此，应从以下几方面协调项目监理机构内部组织关系：

1）在目标分解的基础上设置组织机构，根据工程特点及工程监理合同约定的工作内容，设置相应的管理部门。

2）明确规定每个部门的目标，职责和权限，最好以规章制度形式作出明确规定。

3）事先约定各个部门在工作中的相互关系。工程建设中的许多工作是由多个部门共同完成的，其中有主办、牵头和协作、配合之分，事先约定，可避免误事、脱节等贻误工作现象的发生。

4）建立信息沟通制度。如采用工作例会、业务碰头会，发送会议纪要、工作流程图、信息传递卡等来沟通信息，这样有利于从局部了解全局，服从并适应全局需要。

5）及时消除工作中的矛盾或冲突。坚持民主作风，注意从心理学、行为科学角度激励各个成员的工作积极性；实行公开信息政策，让大家了解建设工程实施情况、遇到的问题或危机；经常性地指导工作，与项目监理机构成员一起商讨遇到的问题，多倾听他们的意见、建议，鼓励大家同舟共济。

（3）项目监理机构内部需求关系的协调。建设工程监理实施中有人员需求、检测试验设备需求等，而资源是有限的，因此，内部需求平衡至关重要。协调平衡需求关系需要从以下环节考虑：

1）对建设工程监理检测试验设备的平衡。建设工程监理开始实施时，要做好监理规划和监理实施细则的编写工作，合理配置建设工程监理资源，要注意期限的及时性、规格的明确性、数量的准确性、质量的规定性。

2）对建设工程监理人员的平衡。要抓住调度环节，注意各专业监理工程师的配合。工程监理人员的安排必须考虑到工程进展情况，根据工程实际进展安排工程监理人员进退场计划，以保证建设工程监理目标的实现。

2. 项目监理机构与建设单位的协调

建设工程监理实践证明，项目监理机构与建设单位组织协调关系的好坏，在很大程度上决定了建设工程监理目标能否顺利实现。

我国长期计划经济体制的惯性思维，使得多数建设单位合同意识差、工作随意性大，主要体现在：一是沿袭计划经济时期的基建管理模式，搞“大业主、小监理”，建设单位的工程建设管理人员有时比工程监理人员多，或者由于建设单位的管理层次多，对建设工程监理工作干涉多，并插手工程监理人员的具体工作；二是不能将合同中约定的权力交给工程监理单位，致使监理工程师有职无权，不能充分发挥作用；三是科学管理意识差，随意压缩工期、压低造价，工程实施过程中变更多或不能按时履行职责，给工程监理工作带来困难。因此，与建设单位的协调是建设工程监理工作的重点和难点。项目监理机构应从以下几方面加强与建设单位的协调：

（1）要理解建设工程总目标和建设单位的意图。对于未能参加工程项目决策过程的监理工程师，必须了解项目构思的基础、起因、出发点，否则，可能会对建设工程监理目标及任务有不完整、不准确的理解，从而给监理工作造成困难。

（2）利用工作之便做好建设工程监理宣传工作，增进建设单位对建设工程监理的理解，特别是对建设工程管理各方职责及监理程序的理解；主动帮助建设单位处理工程建设中的事务性工作，以自己规范化、标准化、制度化的工作去影响和促进双方工作的协调一致。

（3）尊重建设单位，让建设单位一起投入工程建设全过程。尽管有预定目标，但建设工程实施必须执行建设单位指令，使建设单位满意。对建设单位提出的某些不适当要求，只要不属于原则问题，都可先执行，然后在适当时机、采取适当方式加以说明或解释；对于原则性问题，可采取书面报告等方式说明原委，尽量避免发生误解，以使建设工程顺利实施。

3. 项目监理机构与施工单位的协调

项目监理机构对工程质量、造价、进度目标的控制，以及履行建设工程安全生产管理的法定职责，都是通过施工单位的工作来实现的，因此，做好与施工单位的协调工作是项目监理机构组织协调工作的重要内容。

（1）与施工单位的协调应注意以下问题：

1）坚持原则，实事求是，严格按规范、规程办事，讲究科学态度。项目监理机构应强调各方面利益的一致性和建设工程总目标；应鼓励施工单位向其汇报建设工程实施状况、实施结果和遇到的困难和意见，以寻求对建设工程目标控制的有效解决办法。双方了解得越多越深刻，建设工程监理工作中的对抗和争执就越少。

2）协调不仅是方法、技术问题，更多的是语言艺术、感情交流和用权适度问题。有时尽管协调意见是正确的，但由于方式或表达不妥，反而会激化矛盾。高超的协调能力则往往能起到事半功倍的效果，令各方面都满意。

（2）与施工单位的协调工作内容主要有：

1）与施工项目经理关系的协调。施工项目经理及工地工程师最希望监理工程师能够公平、通情达理，指令明确而不含糊，并且能及时答复所询问的问题。项目监理机构既要懂得坚持原则，又善于理解施工项目经理的意见，工作方法灵活，能够随时提出或愿意接受变通办法解决问题。

2）施工进度和质量问题的协调。由于工程施工进度和质量的影响因素错综复杂，因而施工进度和质量问题的协调工作也十分复杂。项目监理机构应采用科学的进度和质量控制方法，设计合理的奖罚机制及组织现场协调会议等协调工程施工进度和质量问题。

3）对施工单位违约行为的处理。在工程施工过程中，项目监理机构对施工单位的某些违约行为进行处理是一件需要慎重而又难免的事情。当发现施工单位采用不适当的方法进行施工，或采用不符合质量要求的材料时，项目监理机构除立即制止外，还需要采取相应的处理措施。遇到这种情况，项目监理机构需要在其权限范围内采用恰当的方式及时作出协调处理。

4）施工合同争议的协调。对于工程施工合同争议，项目监理机构应首先采用协商解决方式，协调建设单位与施工单位的关系。协商不成时，才由合同当事人申请调解，甚至申请仲裁或诉讼。遇到非常棘手的合同争议时，不妨暂时搁置等待时机，另谋良策。

5）对分包单位的管理。项目监理机构虽然不直接与分包合同发生关系，但可对分包合同中的工程质量、进度进行直接跟踪监控，然后通过总承包单位进行调控、纠偏。分包单位在施工中发生的问题，由总承包单位负责协调处理。分包合同履行中发生的索赔问题，一般应由总承包单位负责，涉及总包合同中建设单位的义务和责任时，由总承包单位通过项目监理机构向建设单位提出索赔，由项目监理机构进行协调。

4. 项目监理机构与设计单位的协调

工程监理单位与设计单位都是受建设单位委托进行工作的，两者之间没有合同关系，因此，项目监理机构要与设计单位做好交流工作，需要建设单位的支持。

（1）真诚尊重设计单位的意见，在设计交底和图纸会审时，要理解和掌握设计意图、技术要求、施工难点等，将标准过高、设计遗漏、图纸差错等问题解决在施工之前；进行结构工程验收、专业工程验收、竣工验收等工作，要约请设计代表参加；发生质量事故时，要认真听取设计单位的处理意见等。

（2）施工中发现设计问题，应及时按工作程序通过建设单位向设计单位提出，以免造成更大的直接损失；项目监理机构掌握比原设计更先进的新技术、新工艺、新材料、新结构、新设备时，可主动通过建设单位与设计单位沟通。

（3）注意信息传递的及时性和程序性。监理工作联系单、工程变更单等要按规定的程序进行传递。

5. 项目监理机构与政府部门及其他单位的协调

建设工程实施过程中，政府部门、金融组织、社会团体、新闻媒介等也会起到一定的控制、监督、支持、帮助作用，如果这些关系协调不好，建设工程实施也可能严重受阻。

（1）与政府部门的协调。包括：与工程质量监督机构的交流和协调；建设工程合同备案；协助建设单位在征地、拆迁、移民等方面的工作争取得到政府有关部门的支持；现场消防设施的配置得到消防部门检查认可；现场环境污染防治得到环保部门认可等。

（2）与社会团体、新闻媒介等的协调。建设单位和项目监理机构应把握机会，争取社会各界对建设工程的关心和支持。这是一种争取良好社会环境的远外层关系的协调，建设单位应起主导作用。如果建设单位确需将部分或全部远外层关系协调工作委托工程监理单位承担，则应在建设工程监理合同中明确委托的工作和相应报酬。

（二）项目监理机构组织协调方法

项目监理机构可采用以下方法进行组织协调：

1. 会议协调法

会议协调法是建设工程监理中最常用的一种协调方法，包括第一次工地会议、监理例会、专题会议等。

（1）第一次工地会议。第一次工地会议是建设工程尚未全面展开、总监理工程师下达开工令前，建设单位、工程监理单位和施工单位对各自人员及分工、开工准备、监理例会的要求等情况进行沟通和协调的会议，也是检查开工前各项准备工作是否就绪并明确监理程序的会议。第一次工地会议应由建设单位主持，监理单位、总承包单位授权代表参加，也可邀请分包单位代表参加，必要时可邀请有关设计单位人员参加。第一次工地会议上，总监理工程师应介绍监理工作的目标、范围和内容、项目监理机构及人员职责分工、监理工作程序、方法和措施等。

（2）监理例会。监理例会是项目监理机构定期组织有关单位研究解决与监理相关问题的会议。监理例会应由总监理工程师或其授权的专业监理工程师主持召开，宜每周召开一次。参加人员包括：项目总监理工程师或总监理工程师代表、其他有关监理人员、施工项目经理、施工单位其他有关人员。需要时，也可邀请其他有关单位代表参加。

监理例会主要内容应包括：

1）检查上次例会议定事项的落实情况，分析未完事项原因；

2）检查分析工程进度计划完成情况，提出下一阶段进度目标及其落实措施；

3）检查分析工程质量、施工安全管理状况，针对存在的问题提出改进措施；

4）检查工程量核定及工程款支付情况；

5）解决需要协调的有关事项；

6）其他有关事宜。

（3）专题会议。专题会议是由总监理工程师或其授权的专业监理工程师主持或参加的，为解决工程监理过程中的工程专项问题而不定期召开的会议。

2. 交谈协调法

在建设工程监理实践中，并不是所有问题都需要开会来解决，有时可采用“交谈”的方法进行协调。交谈包括面对面交谈和电话、微信等形式交谈。

无论是内部协调还是外部协调，交谈协调法的使用频率是相当高的。由于交谈本身没有合同效力，而且具有方便、及时等特性，因此，工程参建各方之间及项目监理机构内部都愿意采用这一方法进行协调。此外，相对于书面寻求协作而言，人们更难于拒绝面对面的请求。因此，采用交谈方式请求协作和帮助比采用书面方法实现的可能性要大。

3. 书面协调法

当会议或者交谈不方便或不需要时，或者需要精确地表达自己的意见时，就会采用书面协调方法。书面协调法的特点是具有合同效力，一般常用于以下几方面：

（1）不需双方直接交流的书面报告、报表、指令和通知等；

（2）需要以书面形式向各方提供详细信息和情况通报的报告、信函和备忘录等；

（3）事后对会议记录、交谈内容或口头指令的书面确认。

总之，组织协调是一种管理艺术和技巧，监理工程师尤其是总监理工程师需要掌握领导科学、心理学、行为科学方面的知识和技能，如激励、交际、表扬和批评的艺术、开会艺术、谈话艺术、谈判技巧等。只有这样，监理工程师才能进行有效的组织协调。

五、安全生产管理

项目监理机构应根据法律法规、工程建设强制性标准，履行建设工程安全生产管理的监理职责，并应将安全生产管理的监理工作内容、方法和措施纳入监理规划及监理实施细则。

（一）施工单位安全生产管理体系的审查

1. 审查施工单位的管理制度、人员资格及验收手续

项目监理机构应审查施工单位现场安全生产规章制度的建立和实施情况；审查施工单位安全生产许可证的符合性和有效性；审查施工单位项目经理、专职安全生产管理人员和特种作业人员的资格；核查施工机械和设施的安全许可验收手续。

施工单位在使用施工起重机械和整体提升脚手架、模板等自升式架设设施前，应当组织有关单位进行验收，也可以委托具有相应资质的检验检测机构进行验收；使用承租的机械设备和施工机具及配件的，由施工总承包单位、分包单位、出租单位和安装单位共同进行验收，验收合格的方可使用。

2. 审查专项施工方案

项目监理机构应审查施工单位报审的专项施工方案，符合要求的，应由总监理工程师签认后报建设单位。超过一定规模的危险性较大的分部分项工程的专项施工方案，应检查施工单位组织专家进行论证、审查的情况，以及是否附具安全验算结果。

专项施工方案审查的基本内容包括：

（1）编审程序应符合相关规定。专项施工方案由施工项目经理组织编制，经施工单位技术负责人签字后，才能报送项目监理机构审查。

（2）安全技术措施应符合工程建设强制性标准。

（二）专项施工方案的监督实施及安全事故隐患的处理

1. 专项施工方案的监督实施

项目监理机构应要求施工单位按已批准的专项施工方案组织施工。专项施工方案需要调整时，施工单位应按程序重新提交项目监理机构审查。

项目监理机构应巡视检查危险性较大的分部分项工程专项施工方案实施情况。发现未按专项施工方案实施时，应签发监理通知单，要求施工单位按专项施工方案实施。

2. 安全事故隐患的处理

项目监理机构在实施监理过程中，发现工程存在安全事故隐患时，应签发监理通知单，要求施工单位整改；情况严重时，应签发工程暂停令，并应及时报告建设单位。施工单位拒不整改或不停止施工时，项目监理机构应及时向有关主管部门报送监理报告。

紧急情况下，项目监理机构可通过电话、传真或者电子邮件向有关主管部门报告，事后应形成监理报告。

第二节　建设工程监理主要方式

项目监理机构应根据建设工程监理合同约定，采用巡视、平行检验、旁站、见证取样等方式对建设工程实施监理，巡视、平行检验、旁站、见证取样是建设工程监理的主要方式。

一、巡视

巡视是指项目监理机构监理人员对施工现场进行定期或不定期的检查活动。巡视检查

是项目监理机构对实施建设工程监理的重要方式之一，是监理人员针对施工现场进行的日常检查。

（一）巡视的作用

巡视是监理人员针对现场施工质量和施工单位安全生产管理情况进行的检查工作，监理人员通过巡视检查，能够及时发现施工过程中出现的各类质量、安全问题，对不符合要求的情况及时要求施工单位进行纠正并督促整改，使问题消灭在萌芽状态。巡视对于实现建设工程目标，加强安全生产管理等起着重要作用。具体体现在以下几方面：

（1）观察、检查施工单位的施工准备情况；

（2）观察、检查包括施工工序、施工工艺、施工人员、施工材料、施工机械、周边环境等在内的施工情况；

（3）观察、检查施工过程中的质量问题、质量缺陷并及时采取相应措施；

（4）观察、检查施工现场存在的各类生产安全事故隐患并及时采取相应措施；

（5）观察、检查并解决其他相关问题。

（二）巡视工作内容和职责

项目监理机构应在监理规划的相关章节中编制体现巡视工作的方案、计划、制度等相关内容，以及在监理实施细则中明确巡视要点、巡视频率和措施，并明确巡视检查记录表。在监理过程中，监理人员应按照监理规划及监理实施细则中规定的频次进行现场巡视（如上午、下午各一次），巡视检查内容以现场施工质量、生产安全事故隐患为主，且不限于工程质量、安全生产方面的内容。监理人员在巡视检查中发现的施工质量、生产安全事故隐患等问题以及采取的相应处理措施、所取得的效果等，应及时、准确地记录在巡视检查记录表中。

总监理工程师应根据经审核批准的监理规划和监理实施细则对现场监理人员进行交底，明确巡视检查要点、巡视频率和采取措施及采用的巡视检查记录表；合理安排监理人员进行巡视检查工作；督促监理人员按照监理规划及监理实施细则的要求开展现场巡视检查工作；总监理工程师应检查监理人员巡视的工作成果，与监理人员就当日巡视检查工作进行沟通，对发现的问题及时采取相应处理措施。

1. 巡视内容

监理人员在巡视检查时，应主要关注施工质量、安全生产两方面情况：

（1）施工质量方面：

1）天气情况是否适宜施工作业，如不适宜施工作业，是否已采取相应措施；

2）施工人员作业情况，是否按照工程设计文件、工程建设标准和批准的施工组织设计（专项）施工方案施工；

3）使用的工程材料、设备和构配件是否已检测合格；

4）施工单位主要管理人员到岗履职情况，特别是施工质量管理人员是否到位；

5）施工机具、设备的工作状态；周边环境是否有异常情况等。

（2）安全生产方面：

1）施工单位安全生产管理人员到岗履职情况、特种作业人员持证情况；

2）施工组织设计中的安全技术措施和专项施工方案落实情况；

3）安全生产、文明施工制度、措施落实情况；

4）危险性较大的分部分项工程施工情况，重点关注是否按方案施工；

5）大型起重机械和自升式架设设施运行情况；

6）施工临时用电情况；

7）其他安全防护措施是否到位；工人违章情况；

8）施工现场存在的事故隐患，以及按照项目监理机构的指令整改实施情况；

9）项目监理机构签发的工程暂停令执行情况等。

2. 巡视发现问题的处理

监理人员应按照监理规划及监理实施细则的要求开展巡视检查工作；在巡视检查中发现问题，应及时采取相应处理措施（比如：巡视监理人员发现个别施工人员在砌筑作业中砂浆饱满度不够，可口头要求施工人员加以整改）；巡视监理人员认为发现的问题自己无法解决或无法判断是否能够解决时，应立即向总监理工程师汇报；在监理巡视检查记录表中及时、准确、真实地记录巡视检查情况；对已采取相应处理措施的质量问题、生产安全事故隐患，检查施工单位的整改落实情况，并反映在巡视检查记录表中。

监理文件资料管理人员应及时将巡视检查记录表归档，同时，注意巡视检查记录与监理日志、监理通知单等其他监理资料的呼应关系。

二、平行检验

平行检验是项目监理机构在施工单位自检的同时，按照有关规定、建设工程监理合同约定对同一检验项目进行的检测试验活动。平行检验的内容包括工程实体量测（检查、试验、检测）和材料检验等内容，平行检验是项目监理机构控制建设工程质量的重要手段之一。

（一）平行检验的作用

《建筑工程施工质量验收统一标准》GB 50300—2013 规定，施工现场质量管理检查记录、检验批、分项工程、分部（子分部）工程、单位（子单位）工程等的验收记录（检查评定结果）由施工单位填写，验收结论由监理（建设）单位填写。监理人员不应只根据施工单位自己的检查、验收情况填写验收结论，而应该在施工单位检查、验收的基础之上进行“平行检验”，这样的质量验收结论才更具有说服力。同样，对于原材料、设备、构配件以及工程实体质量等，也应在见证取样或施工单位委托检验的基础上进行“平行检验”，以使检验、检测结论更加真实、可靠。平行检验是项目监理机构在施工阶段质量控制的重要工作之一，也是工程质量预验收和工程竣工验收的重要依据之一。

（二）平行检验工作内容和职责

项目监理机构首先应依据建设工程监理合同编制符合工程特点的平行检验方案，明确平行检验的方法、范围、内容、频率等，并设计各平行检验记录表式。建设工程监理实施过程中，应根据平行检验方案的规定和要求，开展平行检验工作。对平行检验不符合规范、标准的检验项目，应分析原因后按照相关规定进行处理。

负责平行检验的监理人员应根据经审批的平行检验方案，对工程实体、原材料等进行平行检验，平行检验的方法包括量测、检测、试验等，在平行检验的同时，记录相关数据，分析平行检验结果、检测报告结论等，提出相应的建议和措施。

监理文件资料管理人员应将平行检验方面的文件资料等单独整理、归档。平行检验的资料是竣工验收资料的重要组成部分。

三、旁站

旁站是指项目监理机构对工程的关键部位或关键工序的施工质量进行的监督活动。关键部位、关键工序应根据工程类别、特点及有关规定确定。

（一）旁站的作用

每一项建设工程施工过程中都存在对结构安全、重要使用功能起着重要作用的关键部位和关键工序，对这些关键部位和关键工序的施工质量进行重点控制，直接关系到建设工程整体质量能否达到设计标准要求以及建设单位的期望。

旁站是建设工程监理工作中用以监督工程质量的一种手段，可以起到及时发现问题、第一时间采取措施、防止偷工减料、确保施工工艺工序按施工方案进行、避免其他干扰正常施工的因素发生等作用。旁站与监理工作其他方法手段结合使用，成为工程质量控制工作中相当重要和必不可少的工作方式。

（二）旁站工作内容

项目监理机构在编制监理规划时，应制定旁站方案，明确旁站的范围、内容、程序和旁站人员职责等。旁站方案是监理人员在充分了解工程特点及监控重点的基础上，确定必须加以重点控制的关键工序、特殊工序，并以此制订的旁站作业指导方案。现场监理人员必须按此执行并根据方案的要求，有针对性地进行检查，将可能发生的工程质量问题和隐患加以消除。

旁站应在总监理工程师的指导下，由现场监理人员负责具体实施。在旁站实施前，项目监理机构应根据旁站方案和相关的施工验收规范，对旁站人员进行技术交底。

监理人员实施旁站时，发现施工单位有违反工程建设强制性标准行为的，有权责令施工单位立即整改；发现其施工活动已经或者可能危及工程质量的，应当及时向监理工程师或者总监理工程师报告，由总监理工程师下达局部暂停施工指令或者采取其他应急措施。

旁站记录是监理工程师或者总监理工程师依法行使有关签字权的重要依据。对于需要旁站的关键部位、关键工序施工，凡没有实施旁站或者没有旁站记录的，专业监理工程师或者总监理工程师不得在相应文件上签字。在工程竣工验收后，工程监理单位应当将旁站记录存档备查。

项目监理机构应按照规定的关键部位、关键工序实施旁站。建设单位要求项目监理机构超出规定的范围实施旁站的，应当另行支付监理费用。具体费用标准由建设单位与工程监理单位在合同中约定。

（三）旁站工作职责

旁站人员的主要工作职责包括但不限于以下内容：

（1）检查施工单位现场质量管理人员到岗、特殊工种人员持证上岗以及施工机械、建筑材料准备情况；

（2）在现场跟班监督关键部位、关键工序的施工方案及工程建设强制性标准执行情况；

（3）核查进场建筑材料、建筑构配件、设备和商品混凝土的质量检验报告等，并可在现场监督施工单位进行检验或者委托具有资格的第三方进行复验；

（4）做好旁站记录和监理日志，保存旁站原始资料。

旁站人员应当认真履行职责，对需要实施旁站的关键部位、关键工序在施工现场跟班监督，及时发现和处理旁站过程中出现的质量问题，如实准确地做好旁站记录。凡旁站监理人员未在旁站记录上签字的，不得进行下一道工序施工。

总监理工程师应当及时掌握旁站工作情况，并采取相应措施解决旁站过程中发现的问题。监理文件资料管理人员应妥善保管旁站方案、旁站记录等相关资料。

四、见证取样

见证取样是指项目监理机构对施工单位进行的涉及结构安全的试块、试件及工程材料现场取样、封样、送检工作的监督活动。

（一）见证取样程序

项目监理机构应根据工程的特点和具体情况，制定工程见证取样送检工作制度，将材料进场报验、见证取样送检的范围、工作程序、见证人员和取样人员的职责、取样方法等内容纳入监理实施细则。并可召开见证取样工作专题会议，要求工程参建各方在施工中必须严格按制定的工作程序执行。

为保证试件能代表母体的质量状况和取样的真实，制止出具只对试件（来样）负责的检测报告，保证建设工程质量检测工作的科学性、公正性和准确性，以确保建设工程质量，根据建设部《关于印发〈房屋建筑工程和市政基础设施工程实行见证取样和送检制度的规定〉的通知》（建［2000］211 号）的要求，在建设工程质量检测中实行见证取样和送检制度，即在建设单位或监理单位人员见证下，由施工人员在现场取样，送至试验室进行试验。

见证取样的通常要求和程序如下：

1. 一般规定

（1）见证取样涉及三方行为：施工方，见证方，试验方。

（2）试验室的资质资格管理：①各级工程质量监督检测机构（有 CMA 章，即计量认证，1 年审查一次）。②建筑企业试验室应逐步转为企业内控机构，4 年审查 1 次。

第三方试验室检查：①计量认证书，CMA 章。②查附件，备案证书。

CMA（中国计量认证/认可）是依据《中华人民共和国计量法》为社会提供公正数据的产品质量检验机构。

计量认证分为两级实施：一级为国家级，由国家认证认可监督管理委员会组织实施，一级为省级，实施的效力均完全一致。

见证人员必须取得“见证员证书”，且通过建设单位授权，并授权后只能承担所授权工程的见证工作。对进入施工现场的所有建筑材料，必须按规范要求实行见证取样和送检试验，试验报告纳入质保资料。

2. 授权

建设单位或工程监理单位应向施工单位、工程受监的质监站和工程检测单位递交“见证单位和见证人员授权书”。授权书应写明本工程见证人单位及见证人姓名、证号，见证人不得少于 2 人。

3. 取样

施工单位取样人员在现场抽取和制作试样时，见证人必须在旁见证，且应对试样进行监护，并和委托送检的送检人员一起采取有效的封样措施或将试样送至检测单位。

4. 送检

检测单位在接受委托检验任务时，须有送检单位填写委托单，见证人员应出示“见证员证书”，并在检验委托单上签名。检测单位均须实施密码管理制度。

5. 检验报告

检测单位应在检验报告上加盖“见证检验”章。发生试样不合格情况，应在24h内报送工程质量监督机构，并建立不合格项目台账。

应注意的是，对检验报告有5点要求：①应打印；②应采用统一用表；③个人签名要手签；④应盖有统一格式的“见证检验”专用章；⑤要注明检验人姓名。

（二）见证监理人员工作内容和职责

总监理工程师应督促专业监理工程师制定见证取样实施细则，实施细则中应包括材料进场报验、见证取样送检的范围、工作程序、见证人员和取样人员的职责、取样方法等内容。总监理工程师还应检查监理人员见证取样工作的实施情况，包括现场检查和资料检查，同时积极听取监理人员的汇报，发现问题应立即要求施工单位采取相应措施。

见证取样监理人员应根据见证取样实施细则要求、按程序实施见证取样工作，包括：在现场进行见证，监督施工单位取样人员按随机取样方法和试件制作方法进行取样；对试样进行监护、封样加锁；在检验委托单签字，并出示“见证员证书”；协助建立包括见证取样送检计划、台账等在内的见证取样档案等。

监理文件资料管理人员应全面、妥善、真实记录试块、试件及工程材料的见证取样台账等。

第三节　建设工程监理信息化

随着工程建设规模不断扩大，工程监理信息量不断增加，依靠传统的数据处理方式已难以适应工程监理需求。与此同时，建筑信息建模（BIM）、大数据、物联网、云计算、移动互联网、人工智能、地理信息系统（GIS）等现代信息技术快速发展，也为工程监理信息化提供了重要技术支撑。

一、工程监理信息系统

基于互联网和计算机技术，建立工程监理信息系统已成为工程监理的基本手段。

（一）工程监理信息系统的主要作用

工程监理信息系统作为处理工程监理信息的人-机系统，其主要作用体现在以下几方面：

（1）利用计算机数据存储技术，存储和管理与工程监理有关的信息，并随时进行查询和更新。

（2）利用计算机数据处理功能，快速、准确地处理工程监理所需要的信息，如：工程质量检测数据分析；工程投资动态比较分析和预测；工程进度计划编制和动态比较分析；施工安全数据分析等。

（3）利用计算机分析运算功能，快速提供高质量的决策支持信息和方案比选。

（4）利用计算机网络技术，实现工程参建各方、各部门之间的信息共享和协同工作。

（5）利用计算机虚拟现实技术，直观展示工程项目大量数据和信息。

（二）工程监理信息系统的基本功能

工程监理信息系统的目标是实现工程监理信息的系统管理和提供必要的监理决策支持。工程监理信息系统可为工程监理单位及项目监理机构提供标准化、结构化数据；提供预测、决策所需要的信息及分析模型；提供建设工程目标动态控制的分析报告；提供解决建设工程监理问题的多个备选方案。概括而言，工程监理信息系统应具有以下基本功能：

（1）信息管理。能够收集、加工、整理、存储、传递、应用工程监理信息，为工程监理单位及项目监理机构提供基本支撑。

（2）动态控制。针对工程质量、造价、进度三大目标，不仅能辅助编制相关计划，而且能进行动态分析比较和预测，为项目监理机构实施工程质量、造价、进度动态控制提供支持。

（3）决策支持。能够进行工程建设方案及监理方案比选，为项目监理机构科学决策提供支撑。

（4）协同工作。随着互联网技术的快速发展及协同工作理念的逐步形成，由工程监理单位单独应用的信息系统逐步转变为工程参建各方共同应用的信息平台。越来越广泛应用的工程监理信息平台，可以实现工程参建各方信息共享和协同工作。特别是近年来建筑信息建模（Building Information Modeling，BIM）技术的应用，为工程监理信息管理提供了可视化手段。

二、建筑信息建模（BIM）技术

BIM 是利用数字模型对工程进行设计、施工和运营的过程。BIM 以多种数字技术为依托，可以实现建设工程全寿命期集成管理。在建设工程实施阶段，借助于 BIM 技术，可以进行设计方案比选，实际施工模拟，在施工之前就能发现施工阶段会出现的各种问题，以便能提前处理，从而可提供合理的施工方案，合理配置人员、材料和设备，在最大范围内实现资源的合理运用。

（一）BIM 技术特点

BIM 具有可视化、协调性、模拟性、优化性、可出图性等特点。

1. 可视化

可视化即“所见即所得”。对于工程建设而言，可视化作用非常大。目前，在工程建设中所用的施工图纸只是将各个构件信息用线条来表达，其真正的构造形式需要工程建设参与人员去自行想象。但对于现代建筑而言，构件的形式各异、造型复杂，光凭人脑去想象，不太现实。BIM 技术可将以往的线条式构件形成一种三维的立体实物图形展示在人们面前，如图 8-5 所示。

应用 BIM 技术，不仅可以用来展示效果，还可以生成所需要的各种报表。更重要的是在工程设计、建造、运营过程中的沟通、讨论、决策都能在可视化状态下进行。

2. 协调性

协调是工程建设实施过程中的重要工作。在通常情况下，工程实施过程中一旦遇到问题，就需将各有关人员组织起来召开协调会，找出问题发生的原因及解决办法，然后采取相应补救措施。应用 BIM 技术，可以将事后协调转变为事先协调。如在工程设计阶段，可应用 BIM 技术协调解决施工过程中建筑物内设施的碰撞问题。在工程施工阶段，可以通过模拟施工，事先发现施工过程中存在的问题。此外，还可对空间布置、防火分区、管

图 8-5　3D结构模型

道布置等问题进行协调处理。

3. 模拟性

应用 BIM 技术，在工程设计阶段可对节能、紧急疏散、日照、热能传导等进行模拟；在工程施工阶段可根据施工组织设计将 3D 模型加施工进度（4D）模拟实际施工，从而通过确定合理的施工方案指导实际施工，还可进行 5D 模拟，实现造价控制；在运营阶段，可对日常紧急情况的处理进行模拟，如地震人员逃生模拟及消防人员疏散模拟等。

4. 优化性

应用 BIM 技术，可提供建筑物实际存在的信息，包括几何信息、物理信息、规则信息等，并能在建筑物变化后自动修改和调整这些信息。现代建筑物越来越复杂，在优化过程中需处理的信息量已远远超出人脑的能力极限，需借助其他手段和工具来完成，BIM 技术与其配套的各种优化工具为复杂工程项目进行优化提供了可能。目前，基于 BIM 技术的优化可完成以下工作：

（1）设计方案优化。将工程设计与投资回报分析结合起来，可以实时计算设计变化对投资回报的影响。这样，建设单位对设计方案的选择就不会仅仅停留在对形状的评价上，可以知道哪种设计方案更适合自身需求。

（2）特殊项目的设计优化。有些工程部位往往存在不规则设计，如裙楼、幕墙、屋顶、大空间等处。这些工程部位通常也是施工难度较大、施工问题比较多的地方，对这些部位的设计和施工方案进行优化，可以缩短施工工期、降低工程造价。

5. 可出图性

应用 BIM 技术对建筑物进行可视化展示、协调、模拟、优化后，还可输出有关图纸或报告：

（1）综合管线图（经过碰撞检查和设计修改，消除了相应错误）；

（2）综合结构留洞图（预埋套管图）；

（3）碰撞检查侦错报告和建议改进方案。

（二）BIM 技术在工程监理中的应用

1. 应用目标

工程监理单位应用 BIM 的主要任务是通过借助 BIM 理念及其相关技术搭建统一的数字化工程监理信息平台，实现工程建设过程中各阶段数据信息的整合及其应用，进而更好地为建设单位创造价值，提高工程建设效率和质量。目前，工程监理过程中应用 BIM 技术期望实现如下目标：

（1）可视化展示。应用 BIM 技术可实现建设工程完工前的可视化展示，与传统单一的设计效果图等表现方式相比，由于数字化工程监理信息平台包含了工程建设各阶段所有的数据信息，基于这些数据信息制作的各种可视化展示将更准确、更灵活地表现工程项目，并辅助各专业、各行业之间的沟通交流。

（2）提高工程设计和项目管理质量。BIM 技术可帮助工程项目各参建方在工程建设全过程中更好地沟通协调，为做好设计管理工作，进行工程项目技术、经济可行性论证，提供了更为先进的手段和方法，从而可提升工程项目管理的质量和效率。

（3）控制工程造价。通过数字化工程信息模型，确保工程项目各阶段数据信息的准确性和唯一性，进而在工程建设早期发现问题并予以解决，减少施工过程中的工程变更，大大提高对工程造价的控制力。

（4）缩短工程施工周期。借助 BIM 技术，实现对各重要施工工序的可视化整合，协助建设单位、设计单位、施工单位、工程监理单位更好地沟通协调与论证，合理优化施工工序。

2. 应用范围

现阶段，工程监理单位运用 BIM 技术提升服务价值，仍处于初级阶段，其应用范围主要包括以下几方面：

（1）可视化模型建立。可视化模型的建立是应用 BIM 的基础，包括建筑、结构、设备等各专业工种。BIM 模型在工程建设中的衍生路线就像一棵大树，其源头是设计单位在设计阶段培育的种子模型；其生长过程伴随着工程进展，由施工单位进行二次设计和重塑，以及建设单位、工程监理单位等多方审核。后端衍生的各层级应用如同果实一样。他们之间相互维系，而维系的血脉就是带有种子模型基因的数据信息，数据信息如同新陈代谢随着工程进展不断进行更新维护。

（2）管线综合。随着工程建设快速发展，对协同设计与管线综合的要求愈加强烈。但是，由于缺乏有效的技术手段，不少设计单位都未能很好地解决管线综合问题，各专业设计之间的冲突严重地影响了工程质量、造价、进度等。BIM 技术的出现，可以很好地实现碰撞检查，尤其对于建筑形体复杂或管线约束多的情况是一种很好的解决方案。此类服务可使建设工程监理服务价值得到进一步提升。

（3）4D 虚拟施工。当前，绝大部分工程项目仍采用横道图进度计划，用直方图表示资源计划，无法清晰描述施工进度以及各种复杂关系，难以准确表达工程施工的动态变化过程，更不能动态地优化分配所需要的各种资源和施工场地。将 BIM 技术与进度计划软件（如 MS Project，P6 等）数据进行集成，可以按月、按周、按天看到工程施工进度并根据现场情况进行实时调整，分析不同施工方案的优劣，从而得到最佳施工方案。此外，还可对工程项目的重点或难点部分进行可施工性模拟。通过对施工进度和资源的动态管理及优化控制，以及施工过程的模拟，可以更好地提高工程项目的资源利用率。

（4）成本核算。对于工程项目而言，预算超支现象是极其普遍的。而缺乏可靠的成本数据是造成工程造价超支的重要原因。BIM 是一个包含丰富数据、面向对象、具有智能和参数特点的建筑数字化标识。借助这些信息，计算机可以快速对各种构件进行统计分析，完成成本核算。通过将工程设计和投资回报分析相结合，实时计算设计变更对投资回报的影响，合理控制工程总造价。

由于工程项目本身的特殊性，工程建设过程中随时都可能出现无法预计的各类问题，而 BIM 技术本身也是一项全新技术。因此，在建设工程监理与项目管理服务过程中，使用 BIM 技术具有开拓性意义，同时，也对建设工程监理与项目管理团队带来极大的挑战，不仅要求建设工程监理与项目管理团队具备优秀的技术和服务能力，还需要强大的资源整合能力。

更进一步，随着大数据、云计算、物联网、区块链、人工智能等新一代信息技术的快速发展和广泛应用，并结合 BIM 技术的深度应用，建设工程监理与项目管理服务数智化转型发展将是工程监理企业面临的新挑战和新机遇。

思　考　题

1. 建设工程三大目标之间的关系是什么？
2. 建设工程三大目标控制的任务和措施有哪些？
3. 项目监理机构在处理工程暂停及复工、工程变更、索赔及施工合同争议、解除等方面的合同管理职责有哪些？
4. 建设工程信息管理包括哪些基本环节？
5. 项目监理机构组织协调的内容和方法有哪些？
6. 安全生产管理的监理工作内容有哪些？
7. 项目监理机构巡视工作内容和职责有哪些？
8. 总监理工程师在巡视、旁站中应分别发挥什么作用？
9. 项目监理机构平行检验工作内容和职责有哪些？
10. 旁站人员主要工作内容和职责有哪些？
11. 见证取样工作程序是什么？见证监理人员工作内容和职责有哪些？
12. 建筑信息建模（BIM）技术有哪些特点？可在哪些方面应用于工程监理？

第九章　建设工程监理文件资料管理

建设工程监理实施过程中会涉及大量文件资料，这些文件资料有的是实施建设工程监理的重要依据，更多的是建设工程监理的成果资料。《建设工程监理规范》GB/T 50319—2013 明确了建设工程监理基本表式，也列明了建设工程监理主要文件资料。项目监理机构应明确建设工程监理文件资料管理人员职责，按照相关要求规范化地管理建设工程监理文件资料。

第一节　建设工程监理基本表式及主要文件资料

一、工程监理基本表式及其应用说明

（一）基本表式

根据《建设工程监理规范》GB/T 50319—2013，工程监理基本表式分为三大类，即：A 类表——工程监理单位用表（共 8 个）；B 类表——施工单位报审、报验用表（共 14 个）；C 类表——通用表（共 3 个）。

1. 工程监理单位用表（A 类表）

（1）总监理工程师任命书（表 A.0.1）。建设工程监理合同签订后，工程监理单位法定代表人要通过《总监理工程师任命书》委派有类似工程监理经验的监理工程师担任总监理工程师。《总监理工程师任命书》需要由工程监理单位法定代表人签字，并加盖单位公章。

（2）工程开工令（表 A.0.2）。建设单位对施工单位报送的《工程开工报审表》（表 B.0.2）签署同意开工意见后，总监理工程师应签发《工程开工令》。《工程开工令》需要由总监理工程师签字，并加盖执业印章。

《工程开工令》中应明确具体开工日期，并作为施工单位计算工期的起始日期。

（3）监理通知单（表 A.0.3）。《监理通知单》是项目监理机构在日常监理工作中常用的指令性文件。项目监理机构在建设工程监理合同约定的权限范围内，针对施工单位出现的各种问题所发出的指令、提出的要求等，除另有规定外，均应采用《监理通知单》。监理工程师现场发出的口头指令及要求，也应采用《监理通知单》予以确认。

施工单位有下列行为时，项目监理机构应签发《监理通知单》：

1）施工不符合设计要求、工程建设标准、合同约定；

2）使用不合格的工程材料、构配件和设备；

3）施工存在质量问题或采用不适当的施工工艺，或施工不当造成工程质量不合格；

4）实际进度严重滞后于计划进度且影响合同工期；

5）未按专项施工方案施工；

6）存在安全事故隐患；

7）工程质量、造价、进度等方面的其他违法违规行为。

《监理通知单》应由总监理工程师或专业监理工程师签发，对于一般问题可由专业监

理工程师签发，对于重大问题应由总监理工程师或经其同意后签发。

（4）监理报告（表 A.0.4）。当项目监理机构发现工程存在安全事故隐患签发《监理通知单》、《工程暂停令》而施工单位拒不整改或不停止施工时，项目监理机构应及时向有关主管部门报送《监理报告》。项目监理机构报送《监理报告》时，应附相应《监理通知单》或《工程暂停令》等证明监理人员履行安全生产管理职责的相关文件资料。

紧急情况下，项目监理机构通过电话、传真或者电子邮件向有关主管部门报告的，事后应形成《监理报告》。

（5）工程暂停令（表 A.0.5）。建设工程施工过程中出现《建设工程监理规范》GB/T 50319—2013 规定的停工情形时，总监理工程师应签发《工程暂停令》。《工程暂停令》中应注明工程暂停的原因、部位和范围、停工期间应进行的工作等。《工程暂停令》需要由总监理工程师签字，并加盖执业印章。

（6）旁站记录（表 A.0.6）。项目监理机构对工程关键部位或关键工序的施工质量进行现场跟踪监督时，需要填写《旁站记录》。“关键部位、关键工序”是指影响工程主体结构安全、完工后无法检测其质量的或返工会造成较大损失的部位及其施工过程。

《旁站记录》中，“关键部位、关键工序的施工情况”应记录所旁站部位（工序）的施工作业内容、主要施工机械、材料、人员和完成的工程数量等内容及监理人员检查旁站部位施工质量的情况；“发现的问题及处理情况”应说明旁站所发现的问题及其采取的处置措施。

（7）工程复工令（表 A.0.7）。当暂停施工的原因消失、具备复工条件时，施工单位提出复工申请的，建设单位对施工单位报送的《工程复工报审表》（表 B.0.3）上签署同意复工意见后，总监理工程师应签发《工程复工令》；或者工程具备复工条件而施工单位未提出复工申请的，总监理工程师应根据工程实际情况直接签发《工程复工令》指令施工单位复工。《工程复工令》需要由总监理工程师签字，并加盖执业印章。

（8）工程款支付证书（表 A.0.8）。项目监理机构收到经建设单位签署同意支付工程款意见的《工程款支付报审表》（表 B.0.11）后，总监理工程师应向施工单位签发《工程款支付证书》，同时抄报建设单位。《工程款支付证书》需要由总监理工程师签字，并加盖执业印章。

2. 施工单位报审、报验用表（B 类表）

（1）施工组织设计或（专项）施工方案报审表（表 B.0.1）。施工单位编制的施工组织设计、施工方案、专项施工方案经其技术负责人审查后，需要连同《施工组织设计或（专项）施工方案报审表》一起报送项目监理机构。先由专业监理工程师审查后，再由总监理工程师审核签署意见。《施工组织设计或（专项）施工方案报审表》需要由总监理工程师签字，并加盖执业印章。对于超过一定规模的危险性较大的分部分项工程专项施工方案，还需要报送建设单位审批。

（2）工程开工报审表（表 B.0.2）。单位工程具备开工条件时，施工单位需要向项目监理机构报送《工程开工报审表》。同时具备下列条件时，由总监理工程师签署审查意见，并报建设单位批准后，总监理工程师方可签发《工程开工令》：

1）设计交底和图纸会审已完成；

2）施工组织设计已由总监理工程师签认；

3）施工单位现场质量、安全生产管理体系已建立，管理及施工人员已到位，施工机械具备使用条件，主要工程材料已落实；

4）进场道路及水、电、通信等已满足开工要求。

《工程开工报审表》需要由总监理工程师签字，并加盖执业印章。

（3）工程复工报审表（表 B.0.3）。当暂停施工的原因消失、具备复工条件时，施工单位提出复工申请的，应向项目监理机构报送《工程复工报审表》及有关材料。经审查符合要求的，总监理工程师应及时签署审查意见，并报建设单位批准后签发《工程复工令》。

（4）分包单位资格报审表（表 B.0.4）。施工单位按施工合同约定选择分包单位时，需要向项目监理机构报送《分包单位资格报审表》及相关证明材料。专业监理工程师对《分包单位资格报审表》提出审查意见后，由总监理工程师审核签认。

（5）施工控制测量成果报验表（表 B.0.5）。施工单位完成施工控制测量并自检合格后，需要向项目监理机构报送《施工控制测量成果报验表》及施工控制测量依据和成果表。专业监理工程师审查合格后予以签认。

（6）工程材料、构配件、设备报审表（表 B.0.6）。施工单位在对工程材料、构配件、设备自检合格后，应向项目监理机构报送《工程材料、构配件、设备报审表》及清单、质量证明材料和自检报告。专业监理工程师审查合格后予以签认。

（7）______报验、报审表（表 B.0.7）。该表主要用于隐蔽工程、检验批、分项工程的报验，也可用于为施工单位提供服务的试验室的报审。专业监理工程师审查合格后予以签认。

（8）分部工程报验表（表 B.0.8）。分部工程所包含的分项工程全部自检合格后，施工单位应向项目监理机构报送《分部工程报验表》及分部工程质量控制资料。专业监理工程师验收的基础上，由总监理工程师签署验收意见。

（9）监理通知回复单（表 B.0.9）。施工单位收到《监理通知单》（表 A.0.3）并按要求进行整改、自查合格后，应向项目监理机构报送《监理通知回复单》回复整改情况，并附相关资料。项目监理机构收到施工单位报送的《监理通知回复单》后，一般可由原发出《监理通知单》的专业监理工程师进行核查，认可整改结果后予以签认。重大问题可由总监理工程师进行核查签认。

（10）单位工程竣工验收报审表（表 B.0.10）。单位（子单位）工程完成后，施工单位自检符合竣工验收条件后，应向项目监理机构报送《单位工程竣工验收报审表》及相关附件，申请竣工验收。总监理工程师在收到《单位工程竣工验收报审表》及相关附件后，应组织专业监理工程师进行审查并进行验收，合格后签署预验收意见。《单位工程竣工验收报审表》需要由总监理工程师签字，并加盖执业印章。

（11）工程款支付报审表（表 B.0.11）。该表适用于施工单位工程预付款、工程进度款、竣工结算款等的支付申请。项目监理机构对施工单位的申请事项进行审核并签署意见，经建设单位批准后方可由总监理工程师签发《工程款支付证书》。

（12）施工进度计划报审表（表 B.0.12）。该表适用于施工总进度计划、阶段性施工进度计划的报审。施工进度计划在专业监理工程师审查的基础上，由总监理工程师审核签认。

（13）费用索赔报审表（表B.0.13）。施工单位索赔工程费用时，需要向项目监理机构报送《费用索赔报审表》。项目监理机构对施工单位的申请事项进行审核并签署意见，经建设单位批准后方可作为支付索赔费用的依据。《费用索赔报审表》需要由总监理工程师签字，并加盖执业印章。

（14）工程临时或最终延期报审表（表B.0.14）。施工单位申请工程延期时，需要向项目监理机构报送《工程临时或最终延期报审表》。项目监理机构对施工单位的申请事项进行审核并签署意见，经建设单位批准后方可延长合同工期。《工程临时或最终延期报审表》需要由总监理工程师签字，并加盖执业印章。

3. 通用表（C类表）

（1）工作联系单（C.0.1）。该表用于项目监理机构与工程建设有关方（包括建设、施工、监理、勘察、设计等单位和上级主管部门）之间的日常工作联系。有权签发《工作联系单》的负责人有：建设单位现场代表、施工单位项目经理、工程监理单位项目总监理工程师、设计单位本工程设计负责人及工程项目其他参建单位的相关负责人等。

（2）工程变更单（C.0.2）。施工单位、建设单位、工程监理单位提出工程变更时，应填写《工程变更单》，由建设单位、设计单位、监理单位和施工单位共同签认。

（3）索赔意向通知书（C.0.3）。施工过程中发生索赔事件后，受影响的单位依据法律法规和合同约定，向对方单位声明或告知索赔意向时，需要在合同约定的时间内报送《索赔意向通知书》。

（二）基本表式应用说明

1. 基本要求

（1）应依照合同文件、法律法规及标准等规定的程序和时限签发、报送、回复各类表。

（2）应按有关规定，采用碳素墨水、蓝黑墨水书写或黑色碳素印墨打印各类表，不得使用易褪色的书写材料。

（3）应使用规范语言，法定计量单位，公历年、月、日填写各类表。各类表中相关人员的签字栏均须由本人签署。由施工单位提供附件的，应在附件上加盖骑缝章。

（4）各类表在实际使用中，应分类建立统一编码体系。各类表式应连续编号，不得重号、跳号。

（5）各类表中施工项目经理部用章样章应在项目监理机构和建设单位备案，项目监理机构用章样章应在建设单位和施工单位备案。

2. 由总监理工程师签字并加盖执业印章的表式

下列表式应由总监理工程师签字并加盖执业印章：

（1）A.0.2　工程开工令；

（2）A.0.5　工程暂停令；

（3）A.0.7　工程复工令；

（4）A.0.8　工程款支付证书；

（5）B.0.1　施工组织设计或（专项）施工方案报审表；

（6）B.0.2　工程开工报审表；

（7）B.0.10　单位工程竣工验收报审表；

（8）B.0.11　工程款支付报审表；

（9）B.0.13　费用索赔报审表；

（10）B.0.14　工程临时或最终延期报审表。

3. 需要建设单位审批同意的表式

下列表式需要建设单位审批同意：

（1）B.0.1　施工组织设计或（专项）施工方案报审表（仅对超过一定规模的危险性较大的分部分项工程专项施工方案）；

（2）B.0.2　工程开工报审表；

（3）B.0.3　工程复工报审表；

（4）B.0.11　工程款支付报审表；

（5）B.0.13　费用索赔报审表；

（6）B.0.14　工程临时或最终延期报审表。

4. 需要工程监理单位法定代表人签字并加盖工程监理单位公章的表式

只有"A.0.1 总监理工程师任命书"需要由工程监理单位法定代表人签字，并加盖工程监理单位公章。

5. 需要由施工项目经理签字并加盖施工单位公章的表式

"B.0.2 工程开工报审表""B.0.10 单位工程竣工验收报审表"必须由项目经理签字并加盖施工单位公章。

6. 其他说明

对于涉及工程质量方面的基本表式，由于各行业、各部门的专业要求不同，各类工程的质量验收应按相关专业验收规范及相关表式要求办理。如没有相应表式，工程开工前，项目监理机构应根据工程特点、质量要求、竣工及归档组卷要求，与建设单位、施工单位进行协商，定制工程质量验收相应表式。项目监理机构应事前使施工单位、建设单位明确定制各类表式的使用要求。

二、工程监理主要文件资料及其编制要求

（一）建设工程监理主要文件资料

建设工程监理主要文件资料包括：

（1）勘察设计文件、建设工程监理合同及其他合同文件；

（2）监理规划、监理实施细则；

（3）设计交底和图纸会审会议纪要；

（4）施工组织设计、（专项）施工方案、施工进度计划报审文件资料；

（5）分包单位资格报审会议纪要；

（6）施工控制测量成果报验文件资料；

（7）总监理工程师任命书，工程开工令、暂停令、复工令，开工或复工报审文件资料；

（8）工程材料、构配件、设备报验文件资料；

（9）见证取样和平行检验文件资料；

（10）工程质量检验报验资料及工程有关验收资料；

(11) 工程变更、费用索赔及工程延期文件资料；

(12) 工程计量、工程款支付文件资料；

(13) 监理通知单、工作联系单与监理报告；

(14) 第一次工地会议，监理例会、专题会议等会议纪要；

(15) 监理月报、监理日志、旁站记录；

(16) 工程质量或安全生产事故处理文件资料；

(17) 工程质量评估报告及竣工验收文件资料；

(18) 监理工作总结。

除上述监理文件资料外，在设备采购和设备监造中还会形成监理文件资料，内容详见《建设工程监理规范》GB/T 50319—2013 第 8.2.3 条和第 8.3.14 条规定。

(二) 建设工程监理文件资料编制要求

《建设工程监理规范》GB/T 50319—2013 明确规定了监理规划、监理实施细则、监理日志、监理月报、监理工作总结及工程质量评估报告等监理文件资料的编制内容和要求，其中，监理规划与监理实施细则已在第七章详细阐述，此处不再赘述。

1. 监理例会会议纪要

监理例会是履约各方沟通情况、交流信息、研究解决合同履行中存在的各方面问题的主要协调方式。会议纪要由项目监理机构根据会议记录整理，主要内容包括：

(1) 会议地点及时间；

(2) 会议主持人；

(3) 与会人员姓名、单位、职务；

(4) 会议主要内容、决议事项及其负责落实单位、负责人和时限要求；

(5) 其他事项。

对于监理例会上意见不一致的重大问题，应将各方的主要观点，特别是相互对立的意见记入“其他事项”中。会议纪要的内容应真实准确，简明扼要，经总监理工程师审阅，与会各方代表会签，发至有关各方并应有签收手续。

2. 监理日志

监理日志是项目监理机构在实施建设工程监理过程中，每日对建设工程监理工作及施工进展情况所做的记录，由总监理工程师根据工程实际情况指定专业监理工程师负责记录。每天填写的监理日志内容必须真实、力求详细，主要反映监理工作情况。如涉及具体文件资料，应注明相应文件资料的出处和编号。

监理日志的主要内容包括：

(1) 天气和施工环境情况。准确记录当日的天气状况（晴、雨、温度、风力等），特别是出现异常天气时应予描述。

(2) 当日施工进展情况：

1) 记录当日工程施工部位、施工内容、施工班组及作业人数；

2) 记录当日工程材料、构配件和设备进场情况，并记录其名称、规格、数量、所用部位以及产品出场合格证、材质检验等情况；

3) 记录当日施工现场安全生产状况、安全防护及措施等情况。

(3) 当日监理工作情况，包括旁站、巡视、见证取样、平行检验等情况；

1）记录当日巡视的内容、部位，包括安全防护、临时用电、消防设施，特种作业人员的资格，专项施工方案实施情况，签署的监理指令情况；

2）记录当日对工程材料、构配件和设备进场验收情况，隐蔽工程、检验批、分项工程、分部工程验收情况，监理指令、旁站、见证取样以及签认的监理文件资料等。

（4）当日存在的问题及处理情况。

（5）其他有关事项。

3. 监理月报

监理月报是项目监理机构每月向建设单位和本监理单位提交的建设工程监理工作及建设工程实施情况等分析总结报告。监理月报既要反映建设工程监理工作及建设工程实施情况，也能确保建设工程监理工作可追溯。监理月报由总监理工程师组织编写、签认后报送建设单位和本监理单位。报送时间由监理单位与建设单位协商确定，一般在收到施工单位报送的工程进度，汇总本月已完成工程量和本月计划完成工程量的工程量表、工程款支付申请表等相关资料后，在协商确定的时间内提交。

监理月报应包括以下主要内容：

（1）本月工程实施情况：

1）工程进展情况。实际进度与计划进度的比较，施工单位人、机、料进场及使用情况，本期在施工部位的工程照片等。

2）工程质量情况。分项分部工程验收情况，工程材料、设备，构配件进场检验情况，主要施工、试验情况，本月工程质量分析。

3）施工单位安全生产管理工作评述。

4）已完工程量与已付工程款的统计及说明。

（2）本月监理工作情况：

1）工程进度控制方面的工作情况；

2）工程质量控制方面的工作情况；

3）安全生产管理方面的工作情况；

4）工程计量与工程款支付方面的工作情况；

5）合同及其他事项管理工作情况；

6）监理工作统计及工作照片。

（3）本月工程实施的主要问题分析及处理情况：

1）工程进度控制方面的主要问题分析及处理情况；

2）工程质量控制方面的主要问题分析及处理情况；

3）施工单位安全生产管理方面的主要问题分析及处理情况；

4）工程计量与工程款支付方面的主要问题分析及处理情况；

5）合同及其他事项管理方面的主要问题分析及处理情况。

（4）下月监理工作重点：

1）工程管理方面的监理工作重点；

2）项目监理机构内部管理方面的工作重点。

4. 工程质量评估报告

（1）工程质量评估报告编制的基本要求

1）工程质量评估报告的编制应文字简练、准确、重点突出、内容完整。

2）工程竣工预验收合格后，由总监理工程师组织专业监理工程师编制工程质量评估报告，编制完成后，由项目总监理工程师及监理单位技术负责人审核签认并加盖监理单位公章后报建设单位。工程质量评估报告应在正式竣工验收前提交给建设单位。

（2）工程质量评估报告的主要内容

1）工程概况；

2）工程参建单位；

3）工程质量验收情况；

4）工程质量事故及其处理情况；

5）竣工资料审查情况；

6）工程质量评估结论。

5. 监理工作总结

当监理工作结束时，项目监理机构应进行监理工作总结。监理工作总结由总监理工程师组织专业监理工程师编写，编写完成后的监理工作总结经总监理工程师签字，并加盖项目监理机构印章后报送监理单位和建设单位。

监理工作总结应包括以下内容：

（1）工程概况。包括：

1）工程名称、等级、建设地址、建设规模、结构形式以及主要设计参数；

2）工程建设单位、设计单位、勘察单位、施工单位（包括重点的专业分包单位）、检测单位等；

3）工程项目主要的分项、分部工程施工进度和质量情况；

4）监理工作的难点和特点。

（2）项目监理机构。监理过程中如有变动情况，应予以说明。

（3）建设工程监理合同履行情况。包括：监理合同目标控制情况，监理合同履行情况，监理合同纠纷的处理情况等。

（4）监理工作成效。项目监理机构提出的合理化建议并被建设、设计、施工等单位采纳；发现施工中的差错，通过监理工作避免了工程质量事故、生产安全事故、累计核减工程款及为建设单位节约工程建设投资等事项的数据（可举典型事例和相关资料）。

（5）监理工作中发现的问题及其处理情况。监理过程中产生的监理通知单、监理报告、工作联系单及会议纪要等所提出问题的简要统计；由工程质量、安全生产等问题所引起的今后工程合理、有效使用的建议等。

（6）说明与建议。

第二节　建设工程监理文件资料管理职责和要求

一、管理职责

建设工程监理文件资料应以施工及验收规范、工程合同、设计文件、工程施工质量验收标准、建设工程监理规范等为依据填写，并随工程进度及时收集、整理，认真书写，项目齐全、准确、真实，无未了事项。表格应采用统一格式，特殊要求需增加的表格应统一

归类，按要求归档。

根据《建设工程监理规范》GB/T 50319—2013，项目监理机构文件资料管理的基本职责如下：

（1）应建立和完善监理文件资料管理制度，宜设专人管理监理文件资料。

（2）应及时、准确、完整地收集、整理、编制、传递监理文件资料，宜采用信息技术进行监理文件资料管理。

（3）应及时整理、分类汇总监理文件资料，并按规定组卷，形成监理档案。

（4）应根据工程特点和有关规定，保存监理档案，并应向有关单位、部门移交需要存档的监理文件资料。

二、管理要求

建设工程监理文件资料的管理要求体现在建设工程监理文件资料管理全过程，包括：监理文件资料收发文与登记、传阅、分类存放、组卷归档、验收与移交等。

（一）建设工程监理文件资料收文与登记

项目监理机构所有收文应在收文登记表上按监理信息分类分别进行登记，应记录文件名称、文件摘要信息、文件发放单位（部门）、文件编号以及收文日期，必要时应注明接收文件的具体时间，最后由项目监理机构负责收文人员签字。

在监理文件资料有追溯性要求的情况下，应注意核查所填内容是否可追溯。如工程材料报审表中是否明确注明使用该工程材料的具体工程部位，以及该工程材料质量证明原件的保存处等。

当不同类型的监理文件资料之间存在相互对照或追溯关系（如监理通知与监理通知回复单）时，在分类存放的情况下，应在文件和记录上注明相关文件资料的编号和存放处。

项目监理机构文件资料管理人员应检查监理文件资料的各项内容填写和记录是否真实完整，签字认可人员应为符合相关规定的责任人员，并且不得以盖章和打印代替手写签认。建设工程监理文件资料以及存储介质的质量应符合要求，所有文件资料必须符合文件资料归档要求，如用碳素墨水填写或打印生成，以满足长期保存的要求。

对于工程照片及声像资料等，应注明拍摄日期及所反映的工程部位等摘要信息。收文登记后应交给项目总监理工程师或由其授权的监理工程师进行处理，重要文件内容应记录在监理日志中。

涉及建设单位的指令、设计单位的技术核定单及其他重要文件等，应将其复印件公布在项目监理机构专栏中。

（二）建设工程监理文件资料传阅与登记

建设工程监理文件资料需要由总监理工程师或其授权的监理工程师确定是否需要传阅。对于需要传阅的，应确定传阅人员名单和范围，并在文件传阅纸上注明，如图 9-1 所示将文件传阅纸随同文件资料一起进行传阅。也按文件传阅纸样式刻制方形图章，盖在文件资料空白处，代替文件传阅纸。

每一位传阅人员阅后应在文件传阅纸上签名，并注明日期。文件资料传阅期限不应超过该文件资料的处理期限。传阅完毕后，文件资料原件应交还信息管理人员存档。

文件名称			
收/发文日期			
责任人		传阅期限	
传阅人员	( )		
	( )		
	( )		
	( )		
	( )		

图 9-1 文件传阅纸样式

（三）建设工程监理文件资料发文与登记

建设工程监理文件资料发文应由总监理工程师或其授权的监理工程师签名，并加盖项目监理机构图章。若为紧急处理的文件，应在文件资料首页标注“急件”字样。

所有建设工程监理文件资料应要求进行分类编码，并在发文登记表上进行登记。登记内容包括：文件资料的分类编码、文件名称、摘要信息、接收文件的单位（部门）名称、发文日期（强调时效性的文件应注明发文的具体日期）。收件人收到文件后应签名。

发文应留有底稿，并附一份文件传阅纸，信息管理人员根据文件签发人指示确定文件责任人和相关传阅人员。文件传阅过程中，每位传阅人员阅后应签名并注明日期。发文的传阅期限不应超过其处理期限。重要文件的发文内容应记录在监理日志中。

项目监理机构的信息管理人员应及时将发文原件归入相应的资料柜（夹）中，并在文件资料目录中予以记录。

（四）建设工程监理文件资料分类存放

建设工程监理文件资料经收文、发文、登记和传阅工作程序后，必须进行科学的分类后进行存放。这样既可以满足工程项目实施过程中查阅、求证的需要，又便于工程竣工后文件资料的归档和移交。

项目监理机构应备有存放监理文件资料的专用柜和用于监理文件资料分类存放的专用资料夹。大中型工程项目监理信息应采用计算机进行辅助管理。

建设工程监理文件资料的分类原则应根据工程特点及监理与相关服务内容确定，工程监理单位的技术管理部门应明确本单位文件档案资料管理的基本原则，以便统一管理并体现工程监理单位特色。建设工程监理文件资料应保持清晰，不得随意涂改记录，保存过程中应保持记录介质的清洁和不破损。

建设工程监理文件资料的分类应根据工程项目的施工顺序、施工承包体系、单位工程的划分以及工程质量验收程序等，并结合项目监理机构自身的业务工作开展情况进行，原则上可按施工单位、专业施工部位、单位工程等进行分类，以保证建设工程监理文件资料检索和归档工作的顺利进行。

项目监理机构信息管理部门应注意建立适宜的文件资料存放地点，防止文件资料受潮

霉变或虫害侵蚀。

资料夹装满或工程项目某一分部工程或单位工程结束时，相应的文件资料应转存至档案袋，袋面应以相同编号予以标识。

（五）建设工程监理文件资料组卷归档

工程监理文件资料归档内容、组卷方式及工程监理档案验收、移交和管理工作，应根据《建设工程监理规范》GB/T 50319—2013、《建设工程文件归档规范》GB/T 50328—2014 以及工程所在地有关部门规定执行。

1. 建设工程监理文件资料编制及归档要求

（1）归档的文件资料一般应为原件。

（2）文件资料内容及其深度须符合国家有关工程勘察、设计、施工、监理等方面的技术规范、标准的要求。

（3）文件资料内容必须真实、准确，与工程实际相符。

（4）文件资料应采用耐久性强的书写材料，如碳素墨水、蓝黑墨水，不得使用易褪色的书写材料，如：红色墨水、纯蓝墨水、圆珠笔、复写纸、铅笔等。

（5）文件资料应字迹清楚，图样清晰，图表整洁，签字盖章手续完备。

（6）文件资料中文字材料幅面尺寸规格宜为 A4 幅面（297mm×210mm）。纸张应采用能够长时间保存的韧力大、耐久性强的纸张。

（7）文件资料的缩微制品，必须按国家缩微标准进行制作，主要技术指标（解像力、密度、海波残留量等）要符合国家标准，保证质量，以适应长期安全保管。

（8）文件资料中的照片及声像档案，要求图像清晰，声音清楚，文字说明或内容准确。

（9）文件资料应采用打印形式并使用档案规定用笔，手工签字，在不能使用原件时，应在复印件或抄件上加盖公章并注明原件保存处。

应用计算机辅助管理建设工程监理文件资料时，相关文件和记录经相关负责人员签字确定、正式生效并已存入项目监理机构相关资料夹时，信息管理人员应将储存在计算机中的相应文件和记录的属性改为"只读"，并将保存的目录名记录在书面文件上，以便于进行查阅。在建设工程监理文件资料归档前，不得删除计算机中保存的有效文件和记录。

2. 建设工程监理文件资料组卷方法及要求

（1）组卷原则及方法

1）组卷应遵循监理文件资料的自然形成规律，保持卷内文件的有机联系，便于档案的保管和利用；

2）一个建设工程由多个单位工程组成时，应按单位工程组卷；

3）监理文件资料可按单位工程、分部工程、专业、阶段等组卷。

（2）组卷要求

1）案卷不宜过厚，文字材料卷厚度不宜超过 20mm，图纸卷厚度不宜超过 50mm；电子文件立卷时，应与纸质文件在案卷设置上一致，并应建立相应的标识关系；

2）案卷内不应有重份文件，印刷成册的工程文件应保持原状。

（3）卷内文件排列

卷内文件按表的类别和顺序排列。电子文件的组织和排序可按纸质文件进行。

1）文字材料按事项、专业顺序排列。同一事项的请示与批复、同一文件的印本与定稿、主件与附件不能分开，并按批复在前、请示在后，印本在前、定稿在后，主件在前、附件在后的顺序排列；

2）图纸按专业排列，同专业图纸按图号顺序排列；

3）既有文字材料又有图纸的案卷，文字材料排前，图纸排后。

3. 建设工程监理文件资料归档范围和保管期限

（1）归档范围。《建设工程文件归档规范》GB/T 50328—2014 规定的监理文件资料归档范围，分为必须归档保存和选择性归档保存两类。其中，建筑工程文件归档范围见表 9-1。

建筑工程文件归档范围 **表 9-1**

类别		序号	类别	保存单位及归档要求		
				建设单位	监理单位	城建档案馆
工程准备阶段文件	招标投标文件	1	工程监理招标投标文件	必须	必须	
		2	监理合同	必须	必须	必须
	开工审批文件	1	建设工程施工许可证	必须	必须	必须
	工程建设基本信息	1	监理单位工程项目总监及监理人员名册	必须	必须	必须
监理文件	监理管理文件	1	监理规划	必须	必须	必须
		2	监理实施细则	必须	必须	必须
		3	监理月报	选择性	必须	
		4	监理会议纪要	必须	必须	
		5	监理工作日志		必须	
		6	监理工作总结		必须	必须
		7	工程复工报审表	必须	必须	必须
	进度控制文件	1	工程开工报审表	必须	必须	必须
	质量控制文件	1	质量事故报告及处理资料	必须	必须	必须
		2	旁站监理记录	选择性	必须	
		3	见证取样和送检人员备案表	必须	必须	
		4	见证记录	必须	必须	
	工期管理文件	1	工程延期申请表	必须	必须	必须
		2	工程延期审批表	必须	必须	必须
	监理验收文件	1	竣工移交证书	必须	必须	必须
		2	监理资料移交书	必须	必须	
施工文件	施工管理文件	1	工程概况表	必须	必须	选择性
		2	分包单位资质报审表	必须	必须	
		3	建设单位质量事故勘查记录	必须	必须	必须
		4	建设工程质量事故报告书	必须	必须	必须
		5	见证试验检测汇总表	必须	必须	必须

续表

类别		序号	类别	保存单位及归档要求		
				建设单位	监理单位	城建档案馆
施工文件	施工技术文件	1	图纸会审记录	必须	必须	必须
		2	设计变更通知单	必须	必须	必须
		3	工程洽商记录（技术核定单）	必须	必须	必须
	进度造价文件	1	工程开工报审表	必须	必须	必须
		2	工程复工报审表	必须	必须	必须
		3	工程延期申请表	必须	必须	必须
	施工物资文件	1	砂、石、砖、水泥、钢筋、隔热保温、防腐材料、轻骨料出厂证明文件	必须	必须	选择性
		2	涉及消防、安全、卫生、环保、节能的材料、设备的检测报告或法定机构出具的有效证明文件	必须	必须	选择性
		3	钢材试验报告	必须	必须	必须
		4	水泥试验报告	必须	必须	必须
		5	砂试验报告	必须	必须	必须
		6	碎（卵）石试验报告	必须	必须	必须
		7	外加剂试验报告	选择性	必须	必须
		8	砖（砌块）试验报告	必须	必须	必须
		9	预应力筋复试报告	必须	必须	必须
		10	预应力锚具、夹具和连接器复试报告	必须	必须	必须
		11	钢结构用钢材复试报告	必须	必须	必须
		12	钢结构用防火涂料复试报告	必须	必须	必须
		13	钢结构用焊接材料复试报告	必须	必须	必须
		14	钢结构用高强度大六角头螺栓连接副复试报告	必须	必须	必须
		15	钢结构用扭剪型高强螺栓连接副复试报告	必须	必须	必须
		16	幕墙用铝塑板、石材、玻璃、结构胶复试报告	必须	必须	必须
		17	散热器、供暖系统保温材料、通风与空调工程绝热材料、风机盘管机组、低压配电系统电缆的见证取样复试报告	必须	必须	必须
		18	节能工程材料复试报告	必须	必须	必须

续表

类别		序号	类别	保存单位及归档要求		
				建设单位	监理单位	城建档案馆
施工文件	施工记录文件	1	隐蔽工程验收记录	必须	必须	必须
		2	工程定位测量记录	必须	必须	必须
		3	基槽验线记录	必须	必须	必须
		4	地基验槽记录	必须	必须	必须
	施工质量验收文件	1	分项工程质量验收记录	必须	必须	
		2	分部（子分部）工程质量验收记录	必须	必须	必须
		3	建筑节能分部工程质量验收记录	必须	必须	必须
工程竣工验收文件	竣工验收与备案文件	1	监理单位工程质量评估报告	必须	必须	必须
		2	工程竣工验收报告	必须	必须	必须
		3	工程竣工验收会议纪要	必须	必须	必须
		4	专家组竣工验收意见	必须	必须	必须
		5	工程竣工验收证书	必须	必须	必须
		6	规划、消防、环保、民防、防雷等部门出具的认可文件或准许使用文件	必须	必须	必须
		7	建设工程竣工验收备案表	必须	必须	必须
	竣工决算文件	1	监理决算文件	必须	必须	选择性

建筑工程文件和市政工程文件归档范围中所列城建档案管理机构接收范围，各城市可根据本地情况适当拓宽和缩减。隧道、涵洞等工程文件的归档范围可参照市政工程文件归档范围执行。

（2）保管期限。工程档案保管期限分为永久保管、长期保管和短期保管。永久保管是指工程档案无限期地、尽可能长远地保存下去；长期保管是指工程档案保存到该工程被彻底拆除；短期保管是指工程档案保存 10 年以下。

保管期限的长短应根据卷内文件的保存价值确定。当同一案卷内有不同保管期限的文件时，该案卷保管期限应从长。

（六）建设工程监理文件资料验收与移交

1. 验收

城建档案管理部门对需要归档的工程监理文件资料验收要求包括：

（1）监理文件资料分类齐全、系统完整；

（2）监理文件资料的内容真实，准确反映了工程监理活动和工程实际状况；

（3）监理文件资料已整理组卷，组卷应符合《建设工程文件归档规范》GB/T 50328—2014 规定；

（4）监理文件资料的形成、来源符合实际，要求单位或个人签章的文件，签章手续

完备；

(5) 文件材质、幅面、书写、绘图、用墨、托裱等符合要求。

对国家、省市重点工程项目或一些特大型、大型工程项目的预验收和验收，必须有地方城建档案管理部门参加。

为确保监理文件资料的质量，编制单位、地方城建档案管理部门、建设行政管理部门等要对归档的监理文件资料进行严格检查、验收。对不符合要求的，一律退回编制单位进行改正、补齐。

2. 移交

(1) 列入城建档案管理部门接收范围的工程，建设单位在工程竣工验收后3个月内必须向城建档案管理部门移交一套符合规定的工程档案（监理文件资料）。

(2) 停建、缓建工程的监理文件资料暂由建设单位保管。

(3) 对改建、扩建和维修工程，建设单位应组织工程监理单位据实修改、补充和完善监理文件资料，对改变的部位，应当重新编写，并在工程竣工验收后3个月内向城建档案管理部门移交。

(4) 工程监理单位应根据城建档案管理机构要求，对归档文件完整、准确、移交情况和案卷质量进行审查，审查合格后方可向建设单位移交。

(5) 工程监理单位应在工程竣工验收前将监理文件资料按合同约定的时间、套数移交给建设单位，办理移交手续。

(6) 工程监理单位向建设单位移交档案时，应编制移交清单，双方签字，盖章后方可交接。

(7) 建设单位向城建档案管理部门移交工程档案（监理文件资料），应提交移交案卷目录，办理移交手续，双方签字、盖章后方可交接。

(8) 项目监理机构需向本单位归档的文件，应按国家有关规定和《建设工程文件归档规范》GB/T 50328—2014要求立卷归档。

思　考　题

1. 工程监理基本表式有哪几类？应用时应注意什么？

2. 主要的监理文件资料有哪些？编制时应注意什么？

3. 项目监理机构对监理文件资料的管理职责有哪些？

4. 监理文件资料的编制质量要求有哪些？

5. 根据《建设工程文件归档规范》GB/T 50328—2014，监理文件资料归档范围有哪些？保管期限分别为多长？

6. 需要归档的监理文件资料验收有哪些要求？

第十章　建设工程项目管理服务

工程监理企业集中了大量具有工程技术和管理知识的复合型人才，是以从事工程项目管理服务为专长的企业，未来多种工程项目管理模式为工程监理企业拓展业务提供了广阔的发展空间。

从事工程项目管理服务需要掌握项目管理知识体系和工程项目管理服务内容，也要熟悉工程监理与项目管理一体化、工程项目全过程集成化管理模式。

第一节　项目管理知识体系

国际上有较大影响力的项目管理标准有：美国项目管理协会（PMI）的项目管理知识体系（PMBOK）、国际项目管理协会（IPMA）的个人能力基准（IPMA ICB）和 IPMA 组织能力基准（IPMA OCB），以及国际标准化组织（ISO）发布的项目管理系列标准。美国项目管理学会（PMI）提出的项目管理知识体系（PMBOK）是项目管理者应掌握的基本知识体系。多年来，PMBOK 一直倡导五个基本过程组（Process Group）和十大知识领域（Knowledge Areas），并在每一个知识领域中明确了需要的工具和技术。最新发布的 PMBOK（第 7 版）则在此基础上强调了价值交付。

一、PMBOK 总体框架

（一）价值交付

面对复杂多变的项目环境，价值驱动型项目管理是项目管理的发展趋势。PMBOK（第 7 版）提出了以价值为导向的项目管理，认为度量项目成功的指标应由传统项目管理所强调的范围、进度、成本三重要素约束下满足质量要求（“铁三角”）从而成功地交付项目可交付成果，转变为实现收益并获取价值。

项目成功与否并不在于项目成果是否交付、是否得到相关方验收，而在于项目完成时相关方对可交付成果的价值感知与价值认同，以及项目投入运营后可交付成果为组织和社会创造的价值。为此，应建立以交付价值为导向的项目管理理念，从项目需求提出开始到项目交付使用，以追求价值卓越为目标，最终完整实现项目价值。

1. 价值交付系统

PMBOK（第 7 版）提出，一个符合组织战略的价值交付系统可有多种组件，包括项目组合、项目群、项目、产品和运营，可以单独或共同使用多种组件来创造价值，这些组件共同组成一个符合组织战略的价值交付系统。具体而言，价值交付系统需要考虑以下内容：

（1）创造价值（Creating Value）。项目存在于更大的系统中，如政府机构、企业或合同安排中。为组织及利益相关者创造价值，运作项目的方式有：

① 创造满足客户或最终用户需要的新产品、服务或结果。

② 做出积极的社会或环境贡献。

③ 提高效率、生产力、效果或响应能力。

④ 推动必要的变革，以促进组织向期望的未来状态过渡。

⑤ 维持以前的项目群、项目或业务运营所带来的收益。

(2) 组织治理体系 (Organizational Governance Systems)。组织治理体系包括监督、控制、价值评估及决策能力等要素。组织治理体系还提供了一个整合结构，用于评估与环境和价值交付系统组件相关的变更、问题和风险。这些组件包括项目组合目标、项目群收益和项目生成的可交付物。组织治理体系与价值交付系统协同运作，可实现流畅的工作流程、问题管理并支持决策。

(3) 与项目有关的职能 (Functions Associated with Projects)。包括：提供监督和协调；提出目标和反馈；引导和支持；运用专业知识开展工作；提供资源、业务方向和洞察；维持治理等。

项目价值交付需要人们有效地履行相关职能来实现。因此，协调集体工作对于任何项目的成功都至关重要。项目组织方式不同，会有不同的协调方式。有些项目受益于去中心化的协调，项目团队成员会进行自组织和自管理。有些项目则受益于由委派的项目经理或类似角色领导和指导的集中化协调。当然，对于采用集中化协调的项目，也将自组织项目团队纳入进来，使其承担部分工作。无论采取何种协调方式，项目团队与其他利益相关者之间的支持型领导模式和有意义、持续的互动才是项目成功的基础。

(4) 项目环境 (Project Environment)。组织环境对价值交付有着不同程度的影响。组织的内外部环境可能会对项目特征、利益相关者或项目团队产生有利、不利或中性的影响。组织的内部环境因素可能来自组织自身、项目组合、项目群、其他项目或这些来源的组合。组织的外部环境因素可能会增强、限制项目成果或对项目成果产生中性影响。

(5) 产品管理考虑因素 (Product Management Considerations)。项目组合、项目群、项目与产品管理等领域的相互关联性正逐渐加强。产品既可以是最终制品，也可以是组件制品。产品管理是指将人员、数据、过程和业务系统整合，以便在整个产品生命周期中创建、维护和开发产品或服务。产品管理可以在产品生命周期（引入、成长、成熟到衰退）的任何时点启动项目群或项目，以创建或增强特定组件、职能或功能。因此，产品管理可以表现为不同形式，包括：产品生命周期中的项目群管理、项目管理；项目群中的产品管理。

总之，价值交付要求项目管理者具备更为全面的眼光和更为深远的洞察，不再局限于在项目范围内按时、按预算管理客户对质量的期望，或传统的关键绩效指标，而是要聚焦长远战略和可持续的收益。

2. 价值驱动型项目管理

价值驱动是项目管理领域的新发展，项目管理者应关注项目管理新发展。

(1) 项目管理新理念。价值驱动型项目管理有如下基本理念：

1) 如果做的是错误的项目，那么项目执行得再完美也无关紧要。

2) 在预算范围内按时完成的项目并不一定是成功的项目。

3) 满足进度（工期）、成本、范围和质量“铁三角”的项目并不一定在项目完成后产生必要的商业价值。

4) 拥有成熟的项目管理实践并不能保证项目完成后会有商业价值。

5) 价格是实施项目所付出的，价值是实施项目得到的。

6）商业价值是客户认为值得付出的东西。

7）当商业价值实现时，项目就成功了。

（2）商业价值因素。价值驱动型项目管理应考虑以下商业价值因素：

1）从商业角度看，一个预算超支的项目有时却是划算的。

2）一组产生正现金流的项目，并不一定代表一家公司的总体最佳投资机会。

3）从数学上讲，不可能同时将所有项目列为第一优先级。

4）一个组织在同一时间做太多的项目，并不能真正完成更多的工作。

5）从商业角度看，强迫项目团队接受不切实际的最后期限是极其有害的。

（二）基本过程组及项目交付原则

PMBOK 将项目管理活动归结为五个基本过程组，即：启动（Initiating）、计划（Planning）、执行（Executing）、监控（Monitoring and Controlling）和收尾（Closing）。项目作为临时性工作，必然以启动过程组开始，以收尾过程组结束。项目管理的集成化要求项目管理的监控过程组与其他过程组相互作用，形成一个整体。基本过程组如图 10-1 所示。

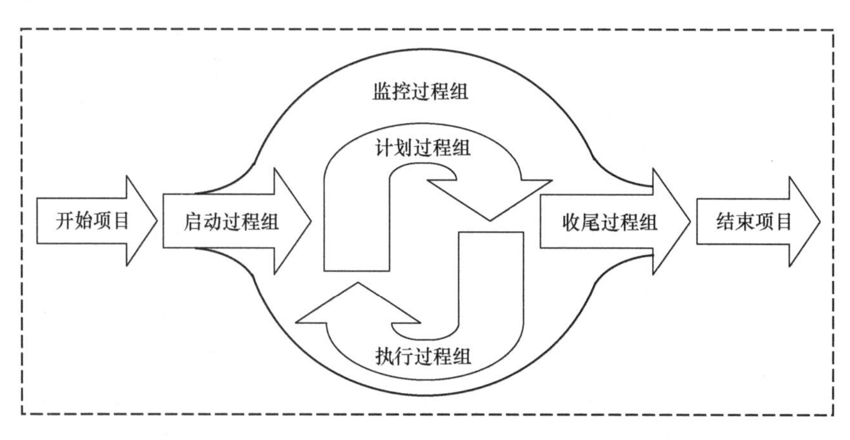

图 10-1　基本过程组

1. 启动过程组（Initiating Processes）

启动过程组是指获得授权，定义一个新项目或现有项目的一个新阶段，正式开始该项目或阶段的一组过程。

2. 计划过程组（Planning Processes）

计划过程组是指明确项目范围，优化目标，为实现目标而制定行动方案的一组过程。

3. 执行过程组（Executing Processes）

执行过程组是指完成项目计划中确定的工作以实现项目目标的一组过程。

4. 监控过程组（Monitoring and Controlling Processes）

监控过程组是指跟踪、检查和调整项目进展和绩效，识别必要的计划变更并启动相应变更的一组过程。

5. 收尾过程组（Closing Processes）

收尾过程组是指为完结所有项目管理过程组的所有活动，以正式结束项目或阶段而实施的一组过程。

PMBOK（第7版）将项目管理的五个基本过程组调整为12项交付原则：①成为勤勉、尊重和关心他人的管家；②创建协作的项目团队环境；③有效的利益相关者参与；④展现领导力行为；⑤识别、评估和响应系统交互；⑥拥抱适应性和韧性；⑦驾驭复杂性；⑧优化风险应对；⑨根据环境进行裁剪；⑩将质量融入过程和可交付成果中；⑪聚焦价值；⑫为实现预期的未来状态而驱动变革。

（三）项目管理知识领域及绩效域

PMBOK提出的中项目管理知识领域包括：项目集成管理（Project Integration Management）、项目范围管理（Project Scope Management）、项目进度管理（Project Schedule Management）、项目费用管理（Project Cost Management）、项目质量管理（Project Quality Management）、项目资源管理（Project Resource Management）、项目沟通管理（Project Communications Management）、项目风险管理（Project Risk Management）、项目采购管理（Project Procurement Management）、项目利益相关者管理（Project Stakeholders Management）。

1. 项目集成管理

项目集成管理是指在项目管理过程组中识别、定义、组合、统一和协调各类过程和项目管理活动的过程。具体内容包括：项目章程编制、项目管理计划、项目工作指挥与管理、项目知识管理、项目工作监控、整体变更控制、项目或阶段收尾。

2. 项目范围管理

项目范围管理是指为成功完成项目而确保项目应包括且仅需包括的工作的过程。具体内容包括：范围管理计划、需求收集、范围定义、工作分解结构（WBS）创建、范围核实和范围控制。

3. 项目进度管理

项目进度管理是指管理项目及时完成的过程。具体内容包括：进度管理计划、活动定义、活动排序、活动时间估算、进度计划和进度控制。

4. 项目费用管理

项目费用管理是指为了在批准的预算内完成项目所需进行的管理过程。具体内容包括：费用管理计划、费用估算、预算确定和费用控制。

5. 项目质量管理

项目质量管理是指为满足项目利益相关者目标而开展的计划、管理和控制活动。具体内容包括：质量管理计划、质量管理和质量控制。

6. 项目资源管理

项目资源管理是指为了成功完成项目对项目所需资源进行管理的过程。具体内容包括：资源管理计划、活动所需资源估算、资源获得、团队管理和资源控制。

7. 项目沟通管理

项目沟通管理是指为确保项目及其利益相关者的信息需求得到满足而进行的必要管理过程。具体内容包括：沟通管理计划、沟通管理和沟通监测。

8. 项目风险管理

项目风险管理是指针对项目进行风险管理计划，识别、分析项目风险，制定和实施风险应对计划并监测风险的过程。具体内容包括：风险管理计划、识别风险、风险定性分析、风险定量分析、风险应对计划、风险对策实施和风险监测。

9. 项目采购管理

项目采购管理是指从项目团队外部采购或获得所需产品、服务或结果的过程。具体内容包括：采购管理计划、采购实施和采购控制。

10. 项目利益相关者管理

项目利益相关者管理是指识别影响项目或被项目所影响的人员或组织，分析这些利益相关者期望和对项目的影响，并制定适宜的管理策略以便使利益相关者在项目决策和实施过程中积极参与的过程。具体内容包括：利益相关者识别、利益相关者互动计划、利益相关者互动管理和利益相关者互动监测。

PMBOK（第7版）提出了一组对有效交付项目成果至关重要的相关活动，称为项目绩效域：①利益相关者；②团队；③开发方法和生命周期；④规划；⑤项目工作；⑥交付；⑦测量；⑧不确定性。

（四）多项目管理

项目管理不仅是指单一项目管理（Individual Project Management），还包括多项目管理，即：项目群管理（Program Management）和项目组合管理（Portfolio Management）。

1. 项目群管理

项目群管理是指组织为实现战略目标、获得收益而以一种综合协调方式对一组相关项目进行的管理。由多个项目组成的通信卫星系统是一个典型的项目群实例，该项目群包括卫星和地面站的设计、卫星和地面站的施工、系统集成、卫星发射等多个项目。

2. 项目组合管理

项目组合管理是指将若干项目或项目群与其他工作组合在一起进行有效管理，以实现组织的战略目标。项目组合中的项目或项目群之间没必要相互关联或直接相关。例如，一个基础设施公司为实现其投资回报最大化的战略目标，可将石油天然气、能源、水利、道路、铁道、机场等多个项目或项目群组合在一起，实施项目组合管理。

二、项目利益相关者管理

项目利益相关者是指与项目有一定利益关系的组织或个人，也即项目参与方及受项目运作影响或能够对项目运作产生影响的组织或个人。这些影响可能是积极的，也可能是消极的。进行项目利益相关者管理，是工程监理和项目管理的重要内容。

（一）项目利益相关者及其分类

对建设工程项目而言，利益相关者包括：投资人、建设单位、勘察单位、设计单位、总承包单位、分包单位、材料设备供应商、咨询单位、工程监理单位、工程检测单位、项目使用单位、工程质量监督机构、政府监管部门等。项目利益相关者可从不同角度进行分类。

1. 按利益相关程度划分

按利益相关程度不同，项目利益相关者可分为主要利益相关者和次要利益相关者。主要利益相关者是指与项目有合同关系的组织或个人，如投资人、建设单位、勘察单位、设计单位、总承包单位、分包单位、材料设备供应商、咨询单位、工程监理单位等。次要利益相关者是指未正式参与到项目中，受项目运作影响或能够对项目运作产生影响的组织或个人，如政府监管部门，项目所在地社区、居民，新闻媒体，环境保护组织等。

2. 按项目掌控力划分

按项目掌控力不同，项目利益相关者可分为强利益相关者和弱利益相关者。强利益相关者是指对项目有较强掌控权的利益相关者，如投资人、建设单位等。弱利益相关者是指对项目的掌控权较弱的利益相关者，如咨询单位、中介组织等。

3. 按损益程度划分

按损益程度不同，项目利益相关者可分为受益利益相关者和受损利益相关者。受益利益相关者是指得益大于受损的利益相关者，而受损利益相关者是指受损大于得益的利益相关者。如对于因工程建设而需要搬迁的工厂或需要拆迁的居民，有可能是受益利益相关者，也有可能是受损利益相关者。

4. 按利益主体划分

按利益主体不同，项目利益相关者可分为内部利益相关者和外部利益相关者。对项目监理机构而言，内部利益相关者是指总监理工程师及项目监理机构其他成员；外部利益相关者则是指项目监理机构以外的其他利益相关者，包括工程监理单位总经理、职能部门及其他项目监理团队。

（二）项目利益相关者识别与分析

1. 项目利益相关者识别

进行项目利益相关者管理的首要任务是结合项目特点及实施环境识别项目利益相关者。如果不能全面准确识别项目利益相关者，在项目实施过程中必定会遇到重重阻力，甚至导致项目失败。识别项目利益相关者的方法主要有以下 5 种。

（1）文件资料分析。若有相关方提供的文件资料，可通过分析文件资料的方式识别项目利益相关者。

（2）访谈。访谈是一种重要的识别方式。通过对已识别或可能的项目利益相关者进行访谈，往往可识别出新的利益相关者。

（3）历史数据分析。通过分析以往类似项目资料、经验或教训来识别项目利益相关者。

（4）假设分析。通过分析假设条件来识别项目利益相关者。

（5）环境因素分析。通过分析组织管理环境（如项目流程、管理制度等）来识别项目利益相关者。

2. 项目利益相关者的重要性和支持度分析

项目利益相关者的重要性和支持度通常不是孤立存在的，二者会交织在一起。为此，可采用如图 10-2 所示的坐标网格法分析项目利益相关者的重要性和支持度。

重要性	不支持	中立	支持
高	A1	A2	A3
中	B1	B2	B3
低	C1	C2	C3

支持度

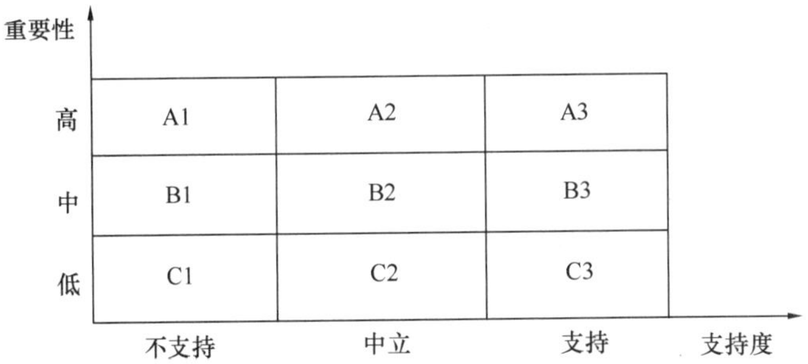

图 10-2　分析项目利益相关者重要性和支持度的坐标网格法

（三）项目利益相关者管理策略

进行项目利益相关者管理的目标是使项目利益相关者都满

意，特别是使项目终端用户满意，这是衡量项目价值的重要标准，也是项目成功的重要标志。为此，要综合考虑项目利益相关者的重要性，采取不同策略应对支持度不同的项目利益相关者：

（1）要充分利用项目发起人和内部支持者。

（2）要积极寻求中间力量（较积极者、参与者和无所谓者）的支持。

（3）要争取让不支持者至少不反对。

项目利益相关者对项目的态度不是一成不变的。需要项目管理者动态分析项目利益相关者的支持度，以便及时采取灵活的应对策略。

第二节　建设工程风险管理

风险管理是项目管理知识体系的重要组成部分，也是建设工程项目管理的重要内容。风险管理并不是独立于质量控制、造价控制、进度控制、合同管理、信息管理、组织协调，而是将上述项目管理内容中与风险管理相关的内容综合而成的独立部分。监理工程师需要掌握风险管理的基本原理，并将其应用于建设工程监理与相关服务。

一、《风险管理指南》ISO31000

2018年2月，国际标准化组织（ISO）发布了《风险管理指南》ISO31000（2018版），对其2009年首次发布的《风险管理指南》进行了更新和升级。

（一）风险管理的原则、框架和流程

《风险管理指南》中采用“三轮”形式概括了风险管理的原则、框架和流程，如图10-3所示。从图10-3可以看出：

（1）风险管理原则轮中，核心是“价值创造和保护”。

（2）风险管理框架轮中，核心是“领导力和承诺”。

（3）风险管理流程轮中，反映了风险评估的经典流程：风险识别-风险分析-风险评价。

（二）风险管理流程

风险管理是一个识别风险、确定和度量风险，并制定、选择和实施风险应对策略的过程。风险管理是对风险进行管理的一个系统、循环过程。风险管理包括风险识别、风险分析与评价、风险应对、风险应对策略实施和监控五个主要环节。

（1）风险识别。风险识别是风险管理的首要步骤，是指通过一定的方式，系统而全面地识别影响项目目标实现的风险事件并加以适当归类的过程。必要时，还需对风险事件的后果进行定性估计。

（2）风险分析与评价。风险分析与评价是将风险事件发生的可能性和损失后果进行定量化的过程。风险分析与评价的结果主要在于确定各种风险事件发生的概率及其对项目目标影响的严重程度，如投资增加的数额、工期延误的天数等。

（3）风险应对。风险应对是确定风险事件最佳应对策略组合的过程。一般来说，风险应对策略有以下四种：风险回避、损失控制、风险转移和风险自留。这些风险应对策略的适用对象各不相同，需要根据风险评价结果，对不同的风险事件选择最适宜的风险应对策略，从而形成最佳的应对策略组合。

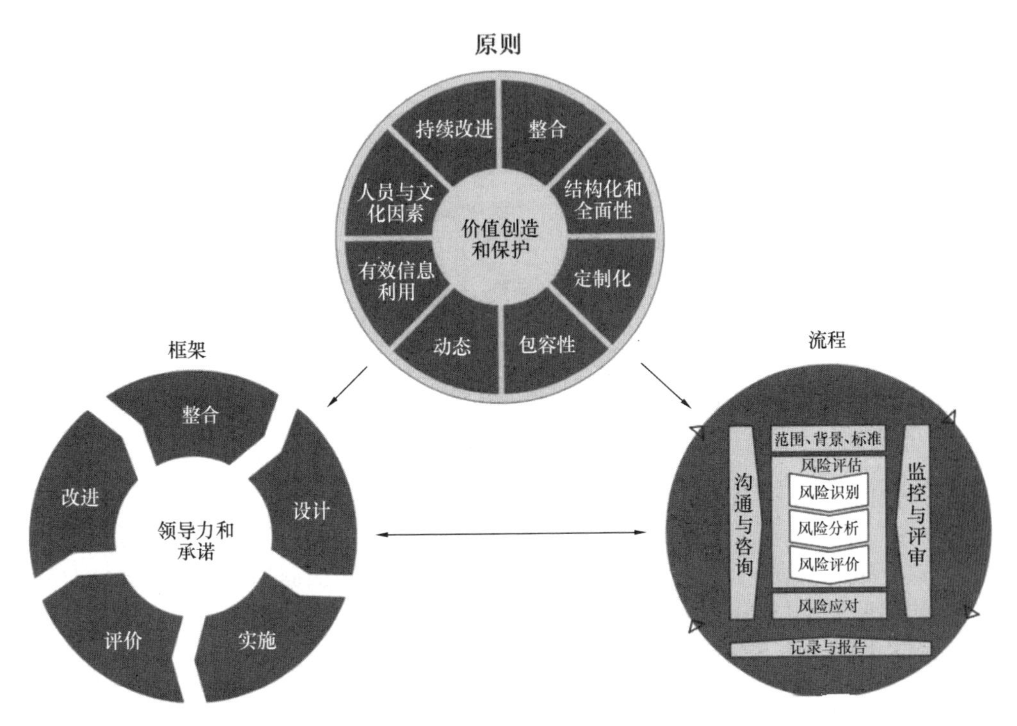

图 10-3　风险管理的原则、框架和流程

(4) 风险应对策略实施。制定的风险应对策略还需要进一步落实到具体的计划和措施。例如，在决定进行风险控制时，要制定预防计划、灾难计划、应急计划等；在决定购买工程保险时，要选择保险公司，确定恰当的保险险种、保险范围、免赔额、保险费等。这些都是实施风险应对策略的重要内容。

(5) 风险应对监控。在项目实施过程中，要跟踪检查各项风险应对策略的执行情况，并评价各项风险应对策略的执行效果。当项目实施条件发生变化时，要确定是否需要提出不同的风险应对策略。

二、建设工程风险及管理过程

(一) 建设工程风险及其分类

1. 建设工程风险

建设工程风险是指在决策和实施过程中，造成实际结果与预期目标的差异性及其发生的概率。项目风险的差异性包括损失的不确定性和收益的不确定性。这里的工程风险是指损失的不确定性。

2. 建设工程风险分类

建设工程风险因素有很多，可从不同角度进行分类。

(1) 按照风险来源进行划分。风险因素包括自然风险、社会风险、经济风险、法律风险和政治风险。

(2) 按照风险涉及的当事人划分。风险因素包括建设单位风险、设计单位风险、施工单位风险、工程监理单位风险等。

（3）按风险可否管理划分。可分为：可管理风险和不可管理风险。

（4）按风险影响范围划分。可分为：局部风险和总体风险。

（二）建设工程风险识别与评价

1. 风险识别

风险识别的主要内容是：识别引起风险的主要因素，识别风险的性质，识别风险可能引起的后果。

（1）风险识别方法。识别建设工程风险的方法有专家调查法、财务报表法、流程图法、初始清单法、经验数据法、风险调查法等。

1）专家调查法。专家调查法主要包括头脑风暴法、德尔菲法和访谈法。

2）财务报表法。财务报表有助于确定一个特定工程可能遭受哪些损失以及在何种情况下遭受这些损失。通过分析资产负债表、现金流量表、损益表及有关补充资料，可以识别企业当前的所有资产、负债、责任及人身损失风险。将这些报表与财务预测、预算结合起来，可以发现建设工程未来风险。

3）流程图法。流程图是按建设工程实施全过程内在逻辑关系制成流程图，针对流程图中的关键环节和薄弱环节进行调查和分析，找出风险存在的原因，从中发现潜在的风险威胁，分析风险发生后可能造成的损失和对建设工程全过程造成的影响。

运用流程图分析，工程项目管理人员可以明确地发现建设工程所面临的风险。但流程图分析仅着重于流程本身，而无法显示发生问题的损失值或损失发生的概率。

4）初始清单法。如果对每一个建设工程风险的识别都从头做起，至少有以下三方面缺陷：一是耗费时间和精力多，风险识别工作的效率低；二是由于风险识别的主观性，可能导致风险识别的随意性，其结果缺乏规范性；三是风险识别成果资料不便积累，对今后的风险识别工作缺乏指导作用。因此，为了避免以上缺陷，有必要建立建设工程风险初始清单。

初始清单法是指有关人员利用所掌握的丰富知识设计而成的初始风险清单表，尽可能详细地列举建设工程所有的风险类别，按照系统化、规范化的要求去识别风险。建立初始清单有两种途径：一是参照保险公司或风险管理机构公布的潜在损失一览表，再结合某建设工程所面临的潜在损失，对一览表中的损失予以具体化，从而建立特定工程的风险一览表；二是通过适当的风险分解方式来识别风险。对于大型复杂工程，首先将其按单项工程、单位工程分解，再对各单项工程、单位工程分别从时间维、目标维和因素维进行分解，可以较容易地识别出建设工程主要的、常见的风险。建设工程风险初始清单参见表10-1。

建设工程风险初始清单 **表10-1**

风险因素		典型风险事件
技术风险	设计	设计内容不全、设计缺陷、错误和遗漏，应用规范不恰当，未考虑地质条件，未考虑施工可能性等
	施工	施工工艺落后，施工技术和方案不合理，施工安全措施不当，应用新技术新方案失败，未考虑场地情况等
	其他	工艺设计未达到先进性指标，工艺流程不合理，未考虑操作安全性等

续表

风险因素		典型风险事件
非技术风险	自然与环境	洪水、地震、火灾、台风、雷电等不可抗拒自然力，不明的水文气象条件，复杂的工程地质条件，恶劣的气候，施工对环境的影响等
	政治法律	法律法规的变化，战争、骚乱、罢工、经济制裁或禁运等
	经济	通货膨胀或紧缩，汇率变化，市场动荡，社会各种摊派和征费的变化，资金不到位，资金短缺等
	组织协调	建设单位、项目管理咨询方、设计方、施工方、监理方之间的不协调及各方主体内部的不协调等
	合同	合同条款遗漏、表达有误，合同类型选择不当，承发包模式选择不当，索赔管理不力，合同纠纷等
	人员	建设单位人员、项目管理咨询人员、设计人员、监理人员、施工人员的素质不高、业务能力不强等
	材料设备	原材料、半成品、成品或设备供货不足或拖延，数量差错或质量规格问题，特殊材料和新材料的使用问题，过度损耗和浪费，施工设备供应不足、类型不配套、故障、安装失误、选型不当等

初始清单只是为了便于人们较全面地认识风险的存在，而不至于遗漏重要的建设工程风险，但并不是风险识别的最终结论。在初始风险清单建立后，还需要结合特定工程的具体情况进一步识别风险，从而对初始风险清单作一些必要的补充和修正。为此，需要参照同类建设工程风险的经验数据，或者针对具体工程的特点进行风险调查。

5）经验数据法。经验数据法也称统计资料法，即根据已建各类建设工程与风险有关的统计资料来识别拟建工程风险。长期从事建设工程监理与相关服务的监理单位，应该积累大量的建设工程风险数据，尽管每一个建设工程及其风险有差异，但经验数据或统计资料足够多时，这些差异会大大减少，呈现出一些规律性。因此，已建各类建设工程与风险有关的数据是识别拟建工程风险的重要基础。

6）风险调查法。由建设工程的特殊性可知，两个不同的建设工程不可能有完全一致的风险。因此，在建设工程风险识别过程中，花费人力、物力、财力进行风险调查是必不可少的，这既是一项非常重要的工作，也是建设工程风险识别的重要方法。

风险调查应当从分析具体工程特点入手，一方面对通过其他方法已识别出的风险（如初始清单所列出的风险）进行鉴别和确认；另一方面，通过风险调查有可能发现此前尚未识别出的重要风险。通常，风险调查可以从组织、技术、自然及环境、经济、合同等方面分析拟建工程的特点以及相应的潜在风险。

（2）风险识别成果。风险识别成果是进行风险分析与评价的重要基础。风险识别的最主要成果是风险清单。风险清单最简单的作用是描述存在的风险并记录可能减轻风险的行为。风险清单格式参见表 10-2。

2. 风险分析与评价

风险分析与评价是指在定性识别风险因素的基础上，进一步分析和评价风险因素发生的概率、影响的范围、可能造成损失的大小以及多种风险因素对建设工程目标的总体影响等，达到更清楚地辨识主要风险因素，有利于工程项目管理者采取更有针对性的对策和措施，从而减少风险对建设工程目标的不利影响。

建设工程风险清单 表 10-2

风险清单			编号：	日期：
工程名称：			审核：	批准：
序号	风险因素	可能造成的后果		可能采取的措施
1				
2				
3				
…				

风险分析与评价的任务包括：确定单一风险因素发生的概率；分析单一风险因素的影响范围大小；分析各个风险因素的发生时间；分析各个风险因素的结果，探讨这些风险因素对建设工程目标的影响程度；在单一风险因素量化分析的基础上，考虑多种风险因素对建设工程目标的综合影响、评估风险的程度并提出可能的措施作为管理决策的依据。

（1）风险度量。

1）风险事件发生的概率及概率分布。根据风险事件发生的频繁程度，可将风险事件发生的概率分为 3～5 个等级。等级的划分反映了一种主观判断。因此，等级数量的划分也可根据实际情况作出调整。

一般应用概率分布函数来描述风险事件发生的概率及概率分布。由于连续型的实际概率分布较难确定，因此在实践中，均匀分布、三角分布及正态分布最为常用。

2）风险度量方法。风险度量可用下列一般表达式来描述：

$$R = F(O,P)) \tag{10-1}$$

式中：R——某一风险事件发生后对建设工程目标的影响程度；

O——该风险事件的所有后果集；

P——该风险事件对应于所有风险结果的概率值集。

最简单的一种风险量化方法是：根据风险事件产生的结果与其相应的发生概率，求解建设工程风险损失的期望值和风险损失的方差（或标准差）来具体度量风险的大小，即：

① 若某一风险因素产生的建设工程风险损失值为离散型随机变量 X，其可能的取值为 x_1，x_2，…，x_n，这些取值对应的概率分别为 $P(x_1)$，$P(x_2)$，…，$P(x_n)$，则随机变量 X 的数学期望值和方差分别为：

$$E(X) = \sum x_i P(x_i) \tag{10-2}$$

$$D(X) = \sum[x_i - E(X)]^2 P(x_i) \tag{10-3}$$

② 若某一风险因素产生的建设工程风险损失值为连续型随机变量 X，其概率密度函数为 $f(x)$，则随机变量 X 的数学期望值和方差分别为：

$$E(X) = \int_{-\infty}^{+\infty} xf(x)dx \tag{10-4}$$

$$D(X) = \int_{-\infty}^{+\infty} [x - E(X)]^2 f(x)dx \tag{10-5}$$

（2）风险评定。

1）风险后果的等级划分。为了在采取措施时能分清轻重缓急，需要评定风险因素等级。通常，可按事故发生后果的严重程度划分为 3～5 个等级。

2）风险重要性评定。将风险事件发生概率（P）的等级和风险后果（O）的等级分别划分为大（H）、中（M）、小（L）三个区间，即可形成如图 10-4 所示的 9 个不同区域。

在这 9 个不同区域中，有些区域的风险量是大致相等的，因此，可以将风险量的大小分为 5 个等级：①VL（很小）；②L（小）；③M（中等）；④H（大）；⑤VH（很大）。

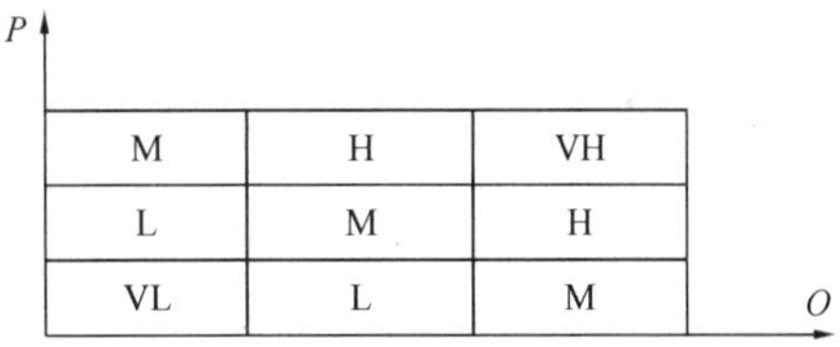

3）风险可接受性评定。根据风险重要性评定结果，可以进行风险可接受性评定。在图 10-2 中，风险等级为大、很大的风险因素表示风险重要性较高，是不可接受的风险，需要给予重点关注；风险等级为中等的风险因素是不希望有的风险；风险等级为小的风险因素是可接受的风险；风险等级为很小的风险因素是可忽略的风险。

P			
	M	H	VH
	L	M	H
	VL	L	M
			O

图 10-4　风险等级图

（3）风险分析与评价的方法。风险的分析与评价往往采用定性与定量相结合的方法来进行，这二者之间并不是相互排斥的，而是相互补充的。目前，常用的风险分析与评价方法有调查打分法、蒙特卡洛模拟法、计划评审技术法和敏感性分析法等。这里仅介绍调查打分法。

调查打分法又称综合评估法或主观评分法，是指将识别出的建设工程风险列成风险表，将风险表提交给有关专家，利用专家经验，对风险因素的等级和重要性进行评价，确定出建设工程主要风险因素。调查打分法是一种最常见、最简单且易于应用的风险评价方法。

1）调查打分法的基本步骤：

① 针对风险识别的结果，确定每个风险因素的权重，以表示其对建设工程的影响程度。

② 确定每个风险因素的等级值，等级值按经常、很可能、偶然、极小、不可能分为五个等级。当然，等级数量的划分和赋值也可根据实际情况进行调整。

③ 将每个风险因素的权重与相应的等级值相乘，求出该项风险因素的得分。计算式如下：

$$r_i = \sum_{j=1}^{m} \omega_{ij} S_{ij} \tag{10-6}$$

式中：r_i——风险因素 i 的得分；

ω_{ij}——j 专家对风险因素 i 赋的权重；

S_{ij}——j 专家对风险因素 i 赋的等级值；

m——参与打分的专家数。

④ 将各个风险因素的得分逐项相加得出建设工程风险因素的总分，总分越高，风险越大。总分计算如下：

$$R = \sum_{i=1}^{n} r_i \tag{10-7}$$

式中：R——项目风险得分；

r_i——风险因素 i 的得分；

n——风险因素的个数。

调查打分法的优点在于简单易懂、能节约时间，而且可以比较容易地识别主要风险因素。

2）风险调查打分表。表 10-3 给出了建设工程风险调查打分表的一种格式。在表中，风险发生的概率按照高、中、低三个档次来进行划分，考虑风险因素可能对质量、造价、工期、安全、环境五个方面的影响，分别按照较轻、一般和严重来加以度量。

风险调查打分表 **表 10-3**

序号	风险因素	可能性			影响程度														
		高	中	低	成本			工期			质量			安全			环境		
					较轻	一般	严重	较轻	一般	严重	较轻	一般	严重	较轻	一般	严重	较轻	一般	严重
1	地质条件失真																		
2	设计失误																		
3	设计变更																		
4	施工工艺落后																		
5	材料质量低劣																		
6	施工水平低下																		
7	工期紧迫																		
8	材料价格上涨																		
9	合同条款有误																		
10	成本预算粗略																		
11	管理人员短缺																		
…	…																		

（三）建设工程风险对策及监控

1. 风险对策

建设工程风险对策包括风险回避、损失控制、风险转移和风险自留。

（1）风险回避。风险回避是指在完成建设工程风险分析与评价后，如果发现风险发生的概率很高，而且可能的损失也很大，又没有其他有效的对策来降低风险时，应采取放弃项目、放弃原有计划或改变目标等方法，使其不发生或不再发展，从而避免可能产生的潜在损失。通常，当遇到下列情形时，应考虑风险回避的策略：

1）风险事件发生概率很大且后果损失也很大的工程项目；

2）发生损失的概率并不大，但当风险事件发生后产生的损失是灾难性的、无法弥补的。

（2）损失控制。损失控制是一种主动、积极的风险对策。损失控制可分为预防损失和减少损失两个方面。预防损失措施的主要作用在于降低或消除（通常只能做到降低）损失发生的概率，而减少损失措施的作用在于降低损失的严重性或遏制损失的进一步发展，使损失最小化。一般来说，损失控制方案都应当是预防损失措施和减少损失措施的有机结合。

制定损失控制措施必须考虑其付出的代价，包括费用和时间两个方面的代价，而时间方面的代价往往又会引起费用方面的代价。损失控制措施的最终确定，需要综合考虑其效果和相应的代价。在采用风险控制对策时，所制定的风险控制措施应当形成一个周密的、完整的损失控制计划系统。该计划系统一般应由预防计划、灾难计划和应急计划三部分组成。

1）预防计划。预防计划的目的在于有针对性地预防损失的发生，其主要作用是降低损失发生的概率，在许多情况下也能在一定程度上降低损失的严重性。在损失控制计划系统中，预防计划的内容最广泛，具体措施最多，包括组织措施、经济措施、合同措施、技术措施。

2）灾难计划。灾难计划是一组事先编制好的、目的明确的工作程序和具体措施，为现场人员提供明确的行动指南，使其在灾难性的风险事件发生后，不至于惊慌失措，也不需要临时讨论研究应对措施，可以做到从容不迫、及时妥善地处理风险事故，从而减少人员伤亡以及财产和经济损失。灾难计划的内容应满足以下要求：①安全撤离现场人员；②援救及处理伤亡人员；③控制事故的进一步发展，最大限度地减少资产和环境损害；④保证受影响区域的安全尽快恢复正常。灾难计划在灾难性风险事件发生或即将发生时付诸实施。

3）应急计划。应急计划就是事先准备好若干种替代计划方案，当遇到某种风险事件时，能够根据应急预案对建设工程原有计划范围和内容作出及时调整，使中断的建设工程能够尽快全面恢复，并减少进一步的损失，使其影响程度减至最小。应急计划不仅要制定所要采取的相应措施，而且要规定不同工作部门相应的职责。应急计划应包括的内容有：调整整个建设工程实施进度计划、材料与设备的采购计划、供应计划；全面审查可使用的资金情况；准备保险索赔依据；确定保险索赔的额度；起草保险索赔报告；必要时需调整筹资计划等。

（3）风险转移。风险转移是建设工程风险管理中十分重要且广泛应用的一项对策。当有些风险无法回避、必须直接面对，而以自身的承受能力又无法有效地承担时，风险转移就是一种十分有效的选择。风险转移可分为非保险转移和保险转移两大类。

1）非保险转移。非保险转移又称为合同转移，因为这种风险转移一般是通过签订合同的方式将建设工程风险转移给非保险人的对方当事人。建设工程风险最常见的非保险转移有以下三种情况：

① 建设单位将合同责任和风险转移给对方当事人。建设单位管理风险必须要从合同管理入手，分析合同管理中的风险分担。在这种情况下，被转移者多数是施工单位。例如，在合同条款中规定，建设单位对场地条件不承担责任；又如，采用固定总价合同将涨价风险转移给施工单位等。

② 施工单位进行工程分包。施工单位中标承接某工程后，将该工程中专业技术要求很强而自己缺乏相应技术的内容分包给专业分包单位，从而更好地保证工程质量。

③ 第三方担保。合同当事人一方要求另一方为其履约行为提供第三方担保。担保方所承担的风险仅限于合同责任，即由于委托方不履行或不适当履行合同以及违约所产生的责任。第三方担保主要有建设单位付款担保、施工单位履约担保、预付款担保、分包单位付款担保、工资支付担保等。

与其他的风险对策相比，非保险转移的优点主要体现在：一是可以转移某些不可保的潜在损失，如物价上涨、法规变化、设计变更等引起的投资增加；二是被转移者往往能较好地进行损失控制，如施工单位相对于建设单位能更好地把握施工技术风险，专业分包单位相对于总承包单位能更好地完成专业性强的工程内容。

但是，非保险转移的媒介是合同，这就可能因为双方当事人对合同条款的理解发生分歧而导致转移失效。另外，在某些情况下，可能因被转移者无力承担实际发生的重大损失而导致仍然由转移者来承担损失。例如，在采用固定总价合同的条件下，如果施工单位报价中所考虑涨价风险费很低，而实际的通货膨胀率很高，从而导致施工单位亏损破产，最终只得由建设单位自己来承担涨价造成的损失。此外，非保险转移一般都要付出一定的代价，有时转移风险的代价可能对超过实际发生的损失，从而对转移者不利。

2）保险转移。保险转移通常直接称为工程保险。通过购买保险，建设单位或施工单位作为投保人将本应由自己承担的工程风险（包括第三方责任）转移给保险公司，从而使自己免受风险损失。保险之所以能得到越来越广泛的运用，原因在于其符合风险分担的基本原则，即保险人较投保人更适宜承担建设工程有关的风险。对于投保人来说，某些风险的不确定性很大，但是对于保险人来说，这种风险的发生则趋近于客观概率，不确定性降低，即风险降低。

在决定采用保险转移这一风险对策后，需要考虑与保险有关的几个具体问题：一是保险的安排方式；二是选择保险类别和保险人，一般是通过多家比选后确定，也可委托保险经纪人或保险咨询公司代为选择；三是可能要进行保险合同谈判，这项工作最好委托保险经纪人或保险咨询公司完成，但免赔额的数额或比例要由投保人自己确定。

需要说明的是，保险并不能转移建设工程所有风险，一方面是因为存在不可保风险，另一方面则是因为有些风险不宜保险。因此，对于建设工程风险，应将保险转移与风险回避、损失控制和风险自留结合起来运用。

（4）风险自留。风险自留是指将建设工程风险保留在风险管理主体内部，通过采取内部控制措施等来化解风险。风险自留可分为非计划性风险自留和计划性风险自留两种。

1）非计划性风险自留。由于风险管理人员没有意识到建设工程某些风险的存在，或者不曾有意识地采取有效措施，以致风险发生后只好保留在风险管理主体内部。这样的风险自留就是非计划性的和被动的。导致非计划性风险自留的主要原因有：缺乏风险意识、风险识别失误、风险分析与评价失误、风险决策延误、风险决策实施延误等。

2）计划性风险自留。计划性风险自留是主动的、有意识的、有计划的选择，是风险管理人员在经过正确的风险识别和风险评价后制定的风险对策。风险自留决不可能单独运用，而应与其他风险对策结合使用。在实行风险自留时，应保证重大和较大的建设工程风险已进行工程保险或实施了损失控制计划。

2. 风险监控

（1）风险监控的主要内容。风险监控是指跟踪已识别的风险和识别新的风险，保证风险计划的执行，并评估风险对策与措施的有效性。其目的是考察各种风险控制措施产生的实际效果、确定风险减少的程度、监视风险的变化情况，进而考虑是否需要调整风险管理计划以及是否启动相应的应急措施等。风险管理计划实施后，风险控制措施必然会对风险的发展产生相应的效果，监控风险管理计划实施过程的主要内容包括：

1）评估风险控制措施产生的效果；

2）及时发现和度量新的风险因素；

3）跟踪、评估风险的变化程度；

4）监控潜在风险的发展、监测工程风险发生的征兆；

5）提供启动风险应急计划的时机和依据。

（2）风险跟踪检查与报告。

1）风险跟踪检查。跟踪风险控制措施的效果是风险监控的主要内容，在实际工作中，通常采用风险跟踪表格来记录跟踪的结果，然后定期地将跟踪的结果制成风险跟踪报告，使决策者及时掌握风险发展趋势的相关信息，以便及时地作出反应。

2）风险的重新估计。无论什么时候，只要在风险监控的过程中发现新的风险因素，就要对其进行重新估计。除此之外，在风险管理进程中，即使没有出现新的风险，也需要

在工程进展的关键时段对风险进行重新估计。

3）风险跟踪报告。风险跟踪的结果需要及时地进行报告，报告通常供高层次的决策者使用。因此，风险报告应该及时、准确并简明扼要，向决策者传达有用的风险信息，报告内容的详细程度应按照决策者的需要而定。编制和提交风险跟踪报告是风险管理的一项日常工作，报告的格式和频率应视需要和成本而定。

第三节　建设工程勘察、设计、保修阶段服务内容

建设工程勘察、设计、保修阶段的项目管理服务是工程监理企业需要拓展的业务领域。工程监理企业既可接受建设单位委托，将建设工程勘察、设计、保修阶段项目管理服务与建设工程监理一并纳入建设工程监理合同，使建设工程勘察、设计、保修阶段项目管理服务成为建设工程监理相关服务；也可单独与建设单位签订项目管理服务合同，为建设单位提供建设工程勘察、设计、保修阶段项目管理服务。

建设单位需要工程监理单位提供的相关服务（如勘察阶段、设计阶段、保修阶段服务及其他专业技术咨询、外部协调工作等）的范围和内容应在工程监理合同中约定。

一、工程勘察设计阶段服务内容

（一）协助委托工程勘察设计任务

工程监理单位应协助建设单位编制工程勘察设计任务书和选择工程勘察设计单位，并协助建设单位签订工程勘察设计合同。

1. 工程勘察设计任务书的编制

工程勘察设计任务书应包括以下主要内容：

（1）工程勘察设计范围，包括：工程名称、工程性质、拟建地点、相关政府部门对工程的限制条件等。

（2）建设工程目标和建设标准。

（3）对工程勘察设计成果的要求，包括：提交内容、提交质量和深度要求、提交时间、提交方式等。

2. 工程勘察设计单位的选择

（1）选择方式。根据相关法律法规要求，采用招标或直接委托方式。如果是采用招标方式，需要选择公开招标或邀请招标方式。有的工程可能需要采用设计方案竞赛方式选定工程勘察设计单位。

（2）工程勘察设计单位的审查。应审查工程勘察设计单位的资质等级、勘察设计人员资格、勘察设计业绩以及工程勘察设计质量保证体系等。

3. 工程勘察设计合同谈判与订立

（1）合同谈判。根据工程勘察设计招标文件及任务书要求，在合同谈判过程中，进一步对工程勘察设计工作的范围、深度、质量、进度要求予以细化。

（2）合同订立。应注意以下事项：

1）应界定由于地质情况、工程变化造成的工程勘察、设计范围变更，工程勘察设计单位的相应义务。

2）应明确工程勘察设计费用涵盖的工作范围，并根据工程特点确定付款方式。

3）应明确工程勘察设计单位配合其他工程参建单位的义务。

4）应强调限额设计，将施工图预算控制在工程概算范围内。鼓励设计单位应用价值工程优化设计方案，并以此制定奖励措施。

（二）工程勘察过程中的服务

1. 工程勘察方案的审查

工程监理单位应审查工程勘察单位提交的勘察方案，提出审查意见，并报建设单位。工程勘察单位变更勘察方案时，应按原程序重新审查。

工程监理单位应重点审查以下内容：

(1) 勘察技术方案中工作内容与勘察合同及设计要求是否相符，是否有漏项或冗余。

(2) 勘察点的布置是否合理，其数量、深度是否满足规范和设计要求。

(3) 各类相应的工程地质勘察手段、方法和程序是否合理，是否符合有关规范的要求。

(4) 勘察重点是否符合勘察项目特点，技术与质量保证措施是否还需要细化，以确保勘察成果的有效性。

(5) 勘察方案中配备的勘察设备是否满足本工程勘察技术要求。

(6) 勘察单位现场勘察组织及人员安排是否合理，是否与勘察进度计划相匹配。

(7) 勘察进度计划是否满足工程总进度计划。

2. 工程勘察现场及室内试验人员、设备及仪器的检查

工程监理单位应检查工程勘察现场及室内试验主要岗位操作人员的资格、所使用设备、仪器计量的检定情况。

(1) 主要岗位操作人员。现场及室内试验主要岗位操作人员是指钻探设备操作人员、记录人员和室内实验的数据签字和审核人员，这些人员应具有相应的上岗资格。

(2) 工程勘察设备、仪器。对于工程现场勘察所使用的设备、仪器，要求工程勘察单位做好设备、仪器计量使用及检定台账。工程监理单位不定期检查相应的检定证书。发现问题时，应要求工程勘察单位停止使用不符合要求的勘察设备、仪器，直至提供相关检定证书后方可继续使用。

3. 工程勘察过程控制

(1) 工程监理单位应检查工程勘察进度计划执行情况，督促工程勘察单位完成勘察合同约定的工作内容，审核工程勘察单位提交的勘察费用支付申请。对于满足条件的，签发工程勘察费用支付证书，并报建设单位。

(2) 工程监理单位应检查工程勘察单位执行勘察方案的情况，对重要点位的勘探与测试应进行现场检查。发现问题时，应及时通知工程勘察单位一起到现场进行核查。当工程监理单位与勘察单位对重大工程地质问题的认识不一致时，工程监理单位应提出书面意见供工程勘察单位参考，必要时可建议邀请有关专家进行专题论证，并及时报建设单位。

工程监理单位在检查勘察单位执行勘察方案的情况时，需重点检查以下内容：

1）工程地质勘察范围、内容是否准确、齐全；

2）钻探及原位测试等勘探点的数量、深度及勘探操作工艺、现场记录和勘探测试成果是否符合规范要求；

3）水、土、石试样的数量和质量是否符合要求；

4）取样、运输和保管方法是否得当；

5）试验项目、试验方法和成果资料是否全面；

6）物探方法的选择、操作过程和解释成果资料是否准确、完整；

7）水文地质试验方法、试验过程及成果资料是否准确、完整；

8）勘察单位操作是否符合有关安全操作规章制度；

9）勘察单位内业是否规范要求。

4. 工程勘察成果审查

工程监理单位应审查工程勘察单位提交的勘察成果报告，并向建设单位提交工程勘察成果评估报告，同时应参与工程勘察成果验收。

（1）工程勘察成果报告。工程勘察报告的深度应符合国家、地方及有关部门的相关文件要求，同时需满足工程设计和勘察合同相关约定的要求。

1）岩土工程勘察应正确反映场地工程地质条件、查明不良地质作用和地质灾害，并通过对原始资料的整理、检查和分析，提出资料完整、评价正确、建议合理的勘察报告。

2）工程勘察报告应有明确的针对性。详勘阶段报告应满足施工图设计的要求。

3）勘察文件的文字、标点、术语、代号、符号、数字均应符合有关标准要求。

4）勘察报告应有完成单位的公章（法人公章或资料专用章），应有法人代表（或其委托代理人）和项目主要负责人签章。图表均应有完成人、检查人或审核人签字。各种室内试验和原位测试，其成果应有试验人、检查人或审核人签字。测试、试验项目委托其他单位完成时，受托单位提交的成果还应有该单位公章、单位负责人签章。

（2）工程勘察成果评估报告。勘察评估报告由总监理工程师组织各专业监理工程师编制，必要时可邀请相关专家参加。工程勘察成果评估报告应包括下列内容：①勘察工作概况；②勘察报告编制深度、与勘察标准的符合情况；③勘察任务书的完成情况；④存在问题及建议；⑤评估结论。

（三）工程设计过程中的服务

1. 工程设计进度计划的审查

工程监理单位应依据设计合同及项目总体计划要求审查各专业、各阶段设计进度计划。审查内容包括：

（1）计划中各个节点是否存在漏项；

（2）出图节点是否符合建设工程总体计划进度节点要求；

（3）分析各阶段、各专业工种设计工作量和工作难度，并审查相应设计人员的配置安排是否合理；

（4）各专业计划的衔接是否合理，是否满足工程需要。

2. 工程设计过程控制

工程监理单位应检查设计进度计划执行情况，督促设计单位完成设计合同约定的工作内容，审核设计单位提交的设计费用支付申请。对于符合要求的，签认设计费用支付证书，并报建设单位。

3. 工程设计成果审查

工程监理单位应审查设计单位提交的设计成果，并提出评估报告。评估报告应包括下列主要内容：

（1）设计工作概况。

（2）设计深度、与设计标准的符合情况。

（3）设计任务书的完成情况。

（4）有关部门审查意见的落实情况。

（5）存在的问题及建议。

4. 工程设计“四新”的审查

工程监理单位应审查设计单位提出的新材料、新工艺、新技术、新设备在相关部门的备案情况。必要时应协助建设单位组织专家评审。

5. 工程设计概算、施工图预算的审查

工程监理单位应审查设计单位提出的设计概算、施工图预算，提出审查意见，并报建设单位。设计概算和施工图预算的审查内容包括：

（1）工程设计概算和工程施工图预算的编制依据是否准确；

（2）工程设计概算和工程施工图预算内容是否充分反映自然条件、技术条件、经济条件，是否合理运用各种原始资料提供的数据，编制说明是否齐全等；

（3）各类取费项目是否符合规定，是否符合工程实际，有无遗漏或在规定之外的取费；

（4）工程量计算是否正确，有无漏算、重算和计算错误，对计算工程量中各种系数的选用是否有合理的依据；

（5）各分部分项套用定额单价是否正确，定额中参考价是否恰当。编制的补充定额，取值是否合理；

（6）若建设单位有限额设计要求，则审查设计概算和施工图预算是否控制在规定的范围内。

（四）工程勘察设计阶段其他相关服务

1. 工程索赔事件防范

工程勘察设计合同履行中，一旦发生约定的工作、责任范围变化或工程内容、环境、法规等变化，势必导致相关方索赔事件的发生。为此，工程监理单位应对工程参建各方可能提出的索赔事件进行分析，在合同签订和履行过程中采取防范措施，尽可能减少索赔事件的发生，避免对后续工作造成影响。

工程监理单位对工程勘察设计阶段索赔事件进行防范的对策包括：

（1）协助建设单位编制符合工程特点及建设单位实际需求的勘察设计任务书、勘察设计合同等；

（2）加强对工程设计勘察方案和勘察设计进度计划的审查；

（3）协助建设单位及时提供勘察设计工作必需的基础性文件；

（4）保持与工程勘察设计单位沟通，定期组织勘察设计会议，及时解决工程勘察设计单位提出的合理要求；

（5）检查工程勘察设计工作情况，发现问题及时提出，减少错误；

（6）及时检查工程勘察设计文件及勘察设计成果，并报送建设单位；

（7）严格按照变更流程，谨慎对待变更事宜，减少不必要的工程变更。

2. 协助建设单位组织工程设计成果评审

工程监理单位应协助建设单位组织专家对工程设计成果进行评审。工程设计成果评审程序如下：

（1）事先建立评审制度和程序，并编制设计成果评审计划，列出预评审的设计成果清单；

（2）根据设计成果特点，确定相应的专家人选；

（3）邀请专家参与评审，并提供专家所需评审的设计成果资料、建设单位的需求及相关部门的规定等；

（4）组织相关专家对设计成果评审会议，收集各专家的评审意见；

（5）整理、分析专家评审意见，提出相关建议或解决方案，形成会议纪要或报告，作为设计优化或下一阶段设计的依据，并报建设单位或相关部门。

3. 协助建设单位报审有关工程设计文件

工程监理单位可协助建设单位向政府有关部门报审有关工程设计文件，并根据审批意见，督促设计单位予以完善。

工程监理单位协助建设单位报审工程设计文件时，首先，需要了解设计文件政府审批程序、报审条件及所需提供的资料等信息，以做好充分准备；其次，提前向相关部门进行咨询，获得相关部门咨询意见，以提高设计文件质量；再次，应事先检查设计文件及附件的完整性、合规性；最后，及时与相关政府部门联系，根据审批意见进行反馈和督促设计单位予以完善。

4. 处理工程勘察设计延期、费用索赔

工程监理单位应根据勘察设计合同，协调处理勘察设计延期、费用索赔等事宜。

二、工程保修阶段服务内容

（一）定期回访

工程监理单位承担工程保修阶段服务工作时，应进行定期回访。为此，应制定工程保修期回访计划及检查内容，并报建设单位批准；保修期期间，应按保修期回访计划及检查内容开展工作，做好记录，定期向建设单位汇报；遇突发事件时，应及时到场，分析原因和责任，并妥善处理，将处理结果报建设单位；保修期相关服务结束前，应组织建设单位、使用单位、勘察设计单位、施工单位等相关单位对工程进行全面检查，编制检查报告，作为工程保修期相关服务工作总结内容一起报建设单位。

（二）工程质量缺陷处理

对建设单位或使用单位提出的工程质量缺陷，工程监理单位应安排监理人员进行现场检查和调查分析，并与建设单位、施工单位协商确定责任归属。同时，要求施工单位予以修复，还应监督实施过程，合格后予以签认。对于非施工单位原因造成的工程质量缺陷，应核实施工单位申报的修复工程费用，并应签认工程款支付证书，同时报建设单位。

工程监理单位核实施工单位申报的修复工程费用应注意以下内容：

（1）修复工程费用核实应以各方确定的修复方案作为依据；

（2）修复质量合格验收后，方可计取全部修复费用；

（3）修复工程的建筑材料费、人工费、机械费等价格应按正常的市场价格计取，所发生的材料、人工、机械台班数量一般按实结算，也可按相关定额或事先约定的方式结算。

第四节　建设工程监理与项目管理一体化

一、建设工程监理与项目管理服务的区别

项目管理服务是指具有工程项目管理服务能力的单位受建设单位委托，按照合同约定，对建设工程项目组织实施进行全过程或若干阶段的管理服务。尽管工程监理与项目管理服务均是由社会化的专业单位为建设单位（业主）提供服务，但在服务的性质、范围及侧重点等方面有着本质区别。

（一）服务性质不同

建设工程监理是一种强制实施的制度。属于国家规定强制实施监理的工程，建设单位必须委托建设工程监理，工程监理单位不仅要承担建设单位委托的工程项目管理任务，还需要承担法律法规所赋予的社会责任，如安全生产管理方面的职责和义务。工程项目管理服务属于委托性质，建设单位的人力资源有限、专业性不能满足工程建设管理需求时，才会委托工程项目管理单位协助其实施项目管理。

（二）服务范围不同

目前，建设工程监理定位于工程施工阶段；而工程项目管理服务可以覆盖项目策划决策、建设实施（设计、施工）全过程。

（三）服务侧重点不同

工程监理单位尽管也要采用规划、控制、协调等方法为建设单位提供专业化服务，但其中心任务是目标控制。工程项目管理单位能够在项目策划决策阶段为建设单位提供专业化项目管理服务，更能体现项目策划的重要性，更有利于实现工程项目的全寿命期、全过程管理。

二、工程监理与项目管理一体化的实施条件和组织职责

工程监理与项目管理一体化是指工程监理单位在实施建设工程监理的同时，为建设单位提供项目管理服务。由同一家工程监理单位为建设单位同时提供建设工程监理与项目管理服务，既符合国家推行建设工程监理制度的要求，也能满足建设单位对于工程项目管理专业化服务的需求，而且从根本上避免了建设工程监理与项目管理职责的交叉重叠。推行建设工程监理与项目管理一体化，对于深化我国工程建设管理体制和工程项目实施组织方式的改革，促进工程监理企业持续健康发展具有十分重要的意义。

（一）实施条件

实施工程监理与项目管理一体化，须具备以下条件：

1. 建设单位的信任和支持是前提

建设单位的信任和支持是顺利推进建设工程监理与项目管理一体化的前提。首先，建设单位要有工程监理与项目管理一体化的需求；其次，建设单位要严格履行合同，充分信任工程监理单位，全力支持工程监理与项目管理机构的工作，尊重工程监理与项目管理机构的意见和建议，这是鼓舞和激发工程监理与项目管理机构人员积极主动开展工作的重要条件。

2. 工程监理与项目管理队伍素质是基础

高素质的专业队伍是提供优质工程监理与项目管理一体化服务的基础。工程监理与项目管理一体化服务对工程监理与项目管理人员提出了更高要求，专业管理人员必须是复合型人

才，需要懂技术、会管理、善协调。如果没有集工程技术、工程经济、项目管理、法规标准于一体的综合素质，不具有工程项目集成化管理能力，很难得到建设单位的认可和信任。

3. 建立健全相关制度和标准是保证

工程监理与项目管理一体化模式的实施，需要相关制度和标准加以规范。对工程监理与项目管理机构而言，需要在总监理工程师的全面管理和指导下，建立健全相关规章制度，并进一步明确工程监理与项目管理一体化服务的工作流程，不断完善工程监理与项目管理一体化服务的工作指南，实现工程监理与项目管理一体化服务的规范化、标准化。

（二）组织机构及岗位职责

对于工程监理企业而言，实施工程监理与项目管理一体化，首先需要结合工程项目特点、工程监理与项目管理要求，建立科学的组织机构，合理划分管理部门和岗位职责。

1. 组织机构设置

实施工程监理与项目管理一体化，仍应实行总监理工程师负责制。在总监理工程师全面管理下，工程监理单位派驻工程现场的机构可下设工程监理部、规划设计部、合同信息部、工程管理部等。工程监理与项目管理一体化组织机构参见图 10-5。

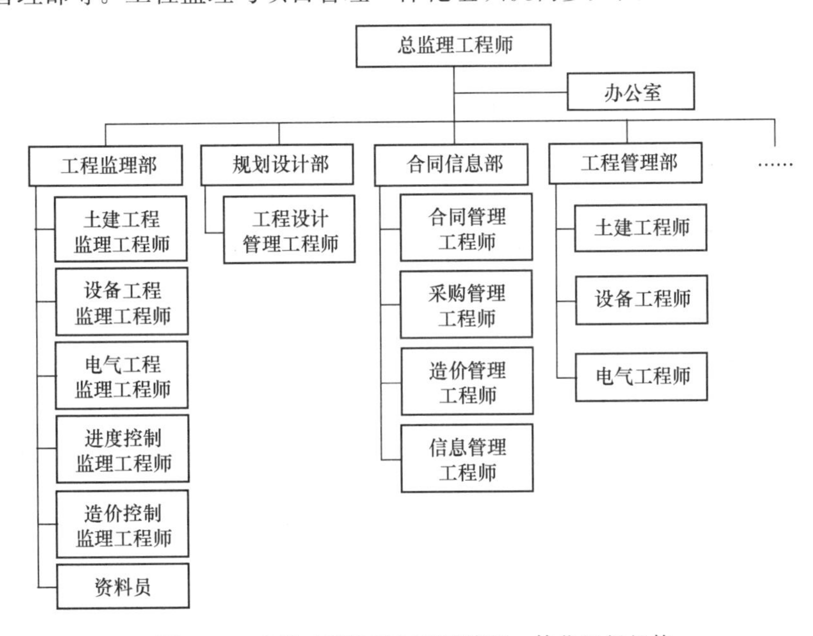

图 10-5　建设工程监理与项目管理一体化组织机构

2. 部门及岗位职责

总监理工程师是工程监理单位在建设工程项目的代表人。总监理工程师将全面负责履行工程监理与项目管理合同、主持工程监理与项目管理机构的工作。

总监理工程师负责确定工程监理与项目管理机构的人员分工和岗位职责；组织编写工程监理与项目管理计划大纲，并负责工程监理与项目管理机构的日常工作；负责对工程监理与项目管理情况进行监控和指导；组织制定和实施工程监理与项目管理制度；组织工程监理与项目管理会议；定期组织形成工程监理与项目管理报告；发布有关工程监理与项目管理指令；协调有关各方之间的关系等。

第十章

除工程监理部负责完成建设工程监理合同和《建设工程监理规范》GB/T 50319—2013 中规定的监理工作外，规划设计、合同信息、工程管理等部门将分别负责承担工程项目管理服务相关职责。

（1）规划设计部职责。规划设计部负责协助建设单位进行工程项目策划以及设计管理工作。工程项目策划包括：项目方案策划、融资策划、项目组织实施策划、项目目标论证及控制策划等；工程设计管理工作包括：协助建设单位组织重大技术问题的论证；组织审查各阶段设计方案；组织设计变更的审核和咨询；协助建设单位组织设计交底和图纸会审会议等。

（2）合同信息部职责。合同信息部协助建设单位组织工程勘察、设计、施工及材料设备的招标工作；协助建设单位进行各类合同管理工作；审核与合同有关的实施方案、变更申请、结算申请；协助建设单位进行材料设备的采购管理工作；负责工程项目信息管理工作等。

（3）工程管理部职责。协助建设单位编制工程项目管理计划、办理前期有关报批手续、进行外部协调工作，为建设工程顺利实施创造条件。

第五节 建设工程项目全过程集成化管理

建设工程项目全过程集成化管理是指工程监理单位受建设单位委托，为其提供覆盖工程项目策划决策、建设实施阶段全过程的集成化管理。工程监理单位的服务内容可包括项目策划、设计管理、招标代理、造价咨询、施工过程管理等。

一、全过程集成化管理服务模式

目前在我国工程建设实践中，按照工程项目管理单位与建设单位的结合方式不同，全过程集成化项目管理服务可归纳为独立式、融合式和植入式三种模式。

（一）独立式服务模式

在通常情况下，工程项目管理单位派出的项目管理团队置身于建设单位外部，为其提供项目管理咨询服务。此时，项目管理团队具有较强的独立性，如图 10-6 所示。

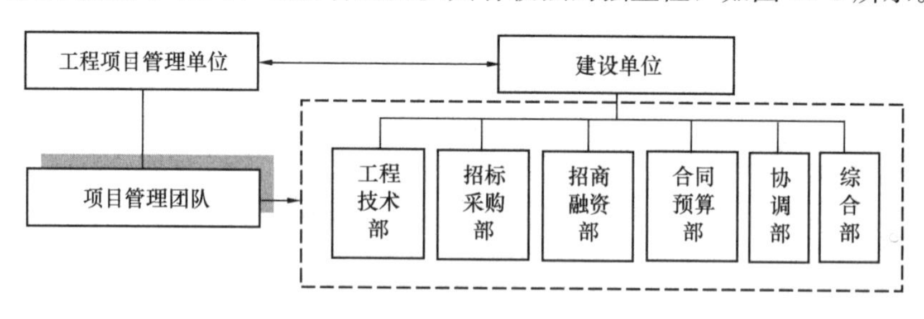

图 10-6 独立式服务模式

（二）融合式服务模式

工程项目管理单位不设立专门的项目管理团队或设立的项目管理团队中留有少量管理人员，而将大部分项目管理人员分别派到建设单位各职能部门中，与建设单位项目管理人员融合在一起，如图 10-7 所示。

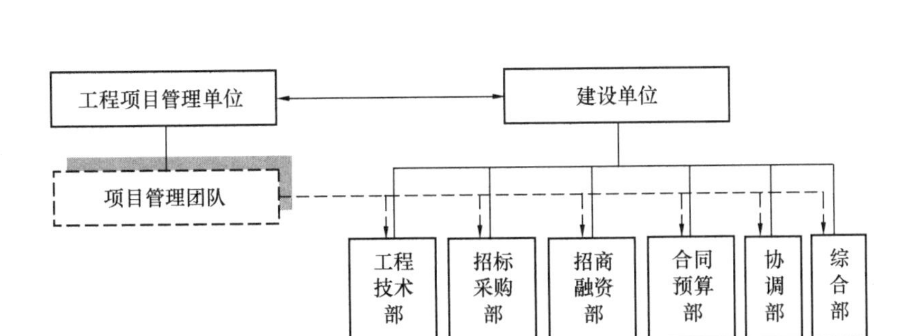

图 10-7　融合式服务模式

（三）植入式服务模式

在建设单位充分信任的前提下，工程项目管理单位设立的项目管理团队直接作为建设单位的职能部门。此时，项目管理团队具有项目管理和职能管理的双重功能，如图 10-8 所示。

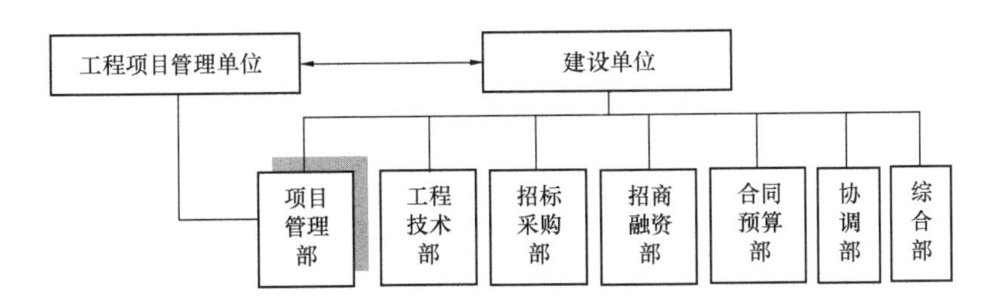

图 10-8　植入式服务模式

需要指出的是，对于属于强制监理范围内的建设工程项目，无论采用何种项目管理服务模式，由具有高水平的专业化单位提供建设工程监理与项目管理一体化服务是值得提倡的。否则，建设单位既委托项目管理服务，又委托建设工程监理，而实施单位不是同一家单位时，会造成管理职责重叠，降低工程效率，增加交易成本。

二、全过程集成化管理服务内容

工程项目策划决策与建设实施全过程集成化管理服务可包括以下内容：

（1）协助建设单位进行工程项目策划、投资估算、融资方案设计、可行性研究、专项评估等。

（2）协助建设单位办理土地征用、规划许可等有关手续。

（3）协助建设单位提出工程设计要求、组织工程勘察设计招标；协助建设单位签订工程勘察设计合同并在其实施过程中履行管理职责。

（4）组织设计单位进行工程设计方案的技术经济分析和优化，审查工程概预算；组织评审工程设计方案。

（5）协助建设单位组织工程监理、施工、材料设备采购招标；协助建设单位签订工程总承包或施工合同、材料设备采购合同并在其实施过程中履行管理职责。

（6）协助建设单位提出工程实施用款计划，进行工程变更控制，处理工程索赔，结算工程价款。

（7）协助建设单位组织工程竣工验收，办理工程竣工结算，整理、移交工程竣工档案资料。

（8）协助建设单位编制工程竣工决算报告，参与生产试运行及工程保修期管理，组织工程项目后评估。

三、全过程集成化管理服务的重点和难点

建设工程项目全过程集成化管理是指运用集成化思想，对工程建设全过程进行综合管理。这种“集成”不是有关知识、各管理部门、不同进展阶段的简单叠加和简单联系，而是以系统工程为基础，实现知识门类的有机融合、各管理部门的协调整合、不同进展阶段的无缝衔接。

建设工程项目全过程集成化管理服务更加强调项目策划、范围管理、综合管理，更加需要组织协调、信息沟通，并能切实解决工程技术问题。

作为工程项目管理服务单位，需要注意以下重点和难点：

（1）准确把握建设单位需求。要准确判断建设单位的工程项目管理需求，明确工程项目项目管理服务范围和内容，这是进行工程项目管理规划、为建设单位提供优质服务、获得用户满意的重要前提和基础。

（2）不断加强项目团队建设。工程项目管理服务主要依靠项目团队。要配备合理的专业人员组成项目团队。结构合理、运作高效、专业能力强、综合素质高的项目团队是高水平工程项目管理服务的组织保障。

（3）充分发挥沟通协调作用。要重视信息管理，采用报告、会议等方式确保信息准确、及时、畅通，使工程各参建单位能够及时得到准确的信息并对信息做出快速反应，形成目标明确、步调一致的协同工作局面。

（4）高度重视技术支持。工程建设全过程集成化管理服务需要更多、更广的工程技术支持。除工程项目管理人员需要加强学习、提高自身水平外，还应有效地组织外部协作专家进行技术咨询。工程项目管理单位应将切实帮助建设单位解决实际技术问题作为首要任务，技术问题的解决也是使建设单位能够直观感受服务价值的重要途径。

思考题

1. 价值交付系统需考虑哪些内容？项目管理基本过程组有哪些？项目管理知识领域是指什么？项目交付原则及绩效域分别有哪些？
2. 国际标准 ISO 31000《风险管理指南》中提出的管理管理原则、框架和流程分别是什么？
3. 建设工程风险管理过程包括哪些环节？风险对策有哪些？
4. 建设工程风险识别方法有哪些？建设工程风险分析与评价方法有哪些？
5. 建设工程勘察、设计、保修阶段服务内容有哪些？
6. 建设工程监理与项目管理服务有哪些区别？
7. 建设工程监理与项目管理一体化的实施条件有哪些？
8. 建设工程监理与项目管理一体化管理组织的职责有哪些？
9. 建设工程项目全过程集成化管理服务模式有哪些？
10. 建设工程项目全过程集成化管理的重点和难点有哪些？

第十一章　国际工程咨询与组织实施模式

工程咨询是一种智力服务，可有针对性地向客户（Client）提供可供选择的方案、计划或有参考价值的数据、调查结果、预测分析等，亦可实际参与工程实施过程管理。随着经济全球化及建筑市场的国内外融合，国际工程咨询业务越来越多。与此同时，国际上诸如CM、Partnering、Project Controlling等建设工程组织实施组织模式也得到日益广泛应用。当今时代，监理工程师应具有国际化视野，熟悉国际工程实施组织模式。

第一节　国际工程咨询

工程咨询通常是指适应现代经济发展和社会进步的需要，集中专家群体或个人的智慧和经验，运用现代科学技术和工程技术以及经济、管理、法律等方面知识，为建设工程决策和管理提供的智力服务。国际工程咨询也在向全过程服务和全方位服务方向发展。其中，全过程服务分为建设工程实施阶段全过程服务和工程建设全过程服务两种情况。全方位服务是指除对建设工程三大目标实施控制外，还包括决策支持、项目策划、项目融资、项目规划和设计、重要工程设备和材料的国际采购等。

一、咨询工程师

咨询工程师（Consulting Engineer）是以从事工程咨询业务为职业的工程技术人员和其他专业（如经济、管理）人员的统称。国际上对咨询工程师的理解与我国习惯上的理解有很大不同。按国际上的理解，我国的建筑师、结构工程师、各种专业设备工程师、监理工程师、造价工程师、招标师等都属于咨询工程师；甚至从事工程咨询业务有关工作（如处理索赔时可能需要审查承包商的财务账簿和财务记录）的审计师、会计师也属于咨询工程师之列。因此，不要将咨询工程师理解为“从事咨询工作的工程师”。也许是出于以上原因，1990年国际咨询工程师联合会（FIDIC）在其出版的《业主/咨询工程师标准服务协议书条件》（简称“白皮书”）中已用“Consultant”取代了“Consulting Engineer”。Consultant一词可译为咨询人员或咨询专家，但我国仍按原习惯将“白皮书”中Consultant翻译为咨询工程师。

需要说明的是，由于绝大多数咨询工程师都是以公司形式开展工作，因此，咨询工程师一词在很多场合是指工程咨询公司。例如，“白皮书”中的业主显然不是与咨询工程师个人签订合同，而是与工程咨询公司签订合同；“白皮书”中具体条款的“咨询工程师”也是指工程咨询公司。为此，在阅读有关工程咨询外文资料时，要注意鉴别咨询工程师一词的确切含义。

（一）咨询工程师素质

工程咨询是科学性、综合性、系统性、实践性均很强的职业。作为从事这一职业的主体，咨询工程师应具备以下素质才能胜任这一职业：

1. 知识面宽

建设工程自身的复杂程度及其不同的环境和背景、工程咨询公司服务内容的广泛性，要求咨询工程师具有较宽的知识面。除需要掌握建设工程专业技术知识外，还应熟悉与工程建设有关的经济、管理、金融和法律等方面的知识，对工程建设管理过程有深入地了解，并熟悉项目融资、设备采购、招标咨询的具体运作和有关规定。

在工程技术方面，咨询工程师不仅要掌握建设工程的专业应用技术，而且要有较深的理论基础，并了解当前最新技术水平和发展趋势；不仅要掌握建设工程的一般设计原则和方法，而且要掌握优化设计、可靠性设计、功能—成本设计等系统设计方法；不仅要熟谙工程设计各方面的技术要点和难点，而且要熟悉主要的施工技术和方法，能充分考虑设计与施工的结合，从而保证顺利地建成工程。

2. 精通业务

工程咨询公司的业务范围很宽，作为咨询工程师个人来说，不可能从事本公司所有业务范围内的工作。但是，每个咨询工程师都应有自己比较擅长的一个或多个业务领域，成为该领域的专家。对精通业务的要求，首先意味着要具有实际动手能力。工程咨询业务的许多工作都需要实际操作，如工程设计、项目财务评价、技术经济分析等，不仅要会做，而且要做得对、做得好、做得快。其次，要具有丰富的工程实践经验。只有通过不断的实践经验积累，才能提高业务水平和熟练程度，才能总结经验，找出规律，指导今后的工程咨询工作。此外，在当今社会，计算机应用和外语已成为必要的工作技能，作为咨询工程师也应在这两方面具备一定的水平和能力。

3. 协调管理能力强

工程咨询业务中有些工作并不是咨询工程师自己直接去做，而是组织其他人员去做；不仅涉及与本公司各方面人员的协同工作，而且经常与客户、建设工程参与各方、政府部门、金融机构等发生联系，处理各种面临的问题。在这方面，需要的不是专业技术和理论知识，而是组织、协调能力。这表明，咨询工程师不仅要是技术方面的专家，而且要成为组织管理、沟通协调方面的专家。

4. 责任心强

咨询工程师的责任心首先表现在职业责任感和敬业精神，要通过自己的实际行动来维护个人、公司、职业的尊严和名誉；同时，咨询工程师还负有社会责任，即应在维护国家和社会公众利益的前提下为客户提供服务。

责任心并不是空洞、抽象的，可以在实际咨询工作中得到充分体现。工程咨询业务往往由多个咨询工程师协同完成，每个咨询工程师独立完成其中某一部分工作。这时，咨询工程师的责任心就显得尤为重要。因为每个咨询工程师的工作成果都与其他咨询工程师的工作有密切联系，任何一个环节的错误或延误都会给该项咨询业务带来严重后果。因此，每个咨询工程师都必须确保按时、按质地完成预定工作，并对自己的工作成果负责。

5. 不断进取，勇于开拓

当今世界，科学技术日新月异，经济发展一日千里，新思想、新理论、新技术、新产品、新方法等层出不穷，对工程咨询不断提出新的挑战。如果咨询工程师不能以积极的姿态面对这些挑战，终将被时代所淘汰。因此，咨询工程师必须及时更新知识，了解、熟悉乃至掌握与工程咨询相关领域的新进展；同时，要勇于开拓新的工程咨询领域（包括业务领域和地区领域），以适应客户新需求，顺应工程咨询市场发展趋势。

（二）咨询工程师职业道德

咨询工程师职业道德规范或准则虽然不是法律，但对咨询工程师的行为却有着相当大的约束力。国际上许多国家（尤其是发达国家）的工程咨询业已相当发达，相应地制定了各自的行业规范和职业道德规范，以指导和规范咨询工程师的职业行为。这些众多的咨询行业规范和职业道德规范虽然各不相同，但基本上是大同小异，其中在国际上最具普遍意义和权威性的是 FIDIC 道德准则。

FIDIC 道德准则要求咨询工程师具有正直、公平、诚信、服务等的工作态度和敬业精神，充分体现了 FIDIC 对咨询工程师要求的精髓，主要内容如下：

1. 对社会和咨询业的责任

（1）承担咨询业对社会所负有的责任；

（2）寻求符合可持续发展原则的解决方案；

（3）在任何情况下，始终维护咨询业的尊严、地位和荣誉。

2. 能力

（1）保持其知识和技能水平与技术、法律和管理的发展相一致的水平，在为客户提供服务时运用应有的技能、谨慎和勤勉；

（2）只承担能够胜任的任务。

3. 廉洁和正直

在任何时候均为委托人的合法权益行使其职责，始终维护客户的合法利益，并廉洁、正直和忠实地进行职业服务。

4. 公平

（1）在提供职业咨询、评审或决策时公平地提供专业建议、判断或决定；

（2）为客户服务过程中可能产生的一切潜在的利益冲突，都应告知客户；

（3）不接受任何可能影响其独立判断的报酬。

5. 对他人公正

（1）推动“基于质量选择咨询服务”的理念，即加强按照能力进行选择的观念；

（2）不得故意或无意地做出损害他人名誉或事务的事情；

（3）不得直接或间接取代某一特定工作中已经任命的其他咨询工程师的位置；

（4）在通知该咨询工程师之前，并在未接到客户终止其工作的书面指令之前，不得接管该咨询工程师的工作；

（5）如被邀请评审其他咨询工程师的工作，应以恰当的行为和善意的态度进行。

6. 反腐败

（1）既不提供也不收受任何形式的酬劳，这种酬劳意在试图或实际：

① 设法影响对咨询工程师选聘过程或对其的补偿，和（或）影响其客户；

② 设法影响咨询工程师的公正判断。

（2）当任何合法组成的机构对服务或建筑合同管理进行调查时，咨询工程师应充分予以合作。

二、工程咨询公司的服务对象和内容

工程咨询公司的业务范围很广泛，其服务对象可以是业主、承包商、国际金融机构和贷款银行，工程咨询公司也可以与承包商联合投标承包工程。工程咨询公司的服务对象不同，相应的服务内容也有所不同。

(一) 为业主服务

为业主服务是工程咨询公司最基本、最广泛的业务，这里所说的业主包括各级政府(此时不是以管理者身份出现)、企业和个人。

工程咨询公司为业主服务既可以是全过程服务（包括实施阶段全过程和工程建设全过程)，也可以是阶段性服务。

工程建设全过程服务的内容包括可行性研究（投资机会研究、初步可行性研究、详细可行性研究)、工程设计（概念设计、基本设计、详细设计)、工程招标（编制招标文件、评标、合同谈判)、材料设备采购、施工管理（监理)、生产准备、调试验收、后评价等一系列工作。在全过程服务的条件下，咨询工程师不仅是作为业主的受雇人开展工作，而且也代行业主的部分职责。

阶段性服务是指工程咨询公司仅承担上述工程建设全过程服务中某一阶段的服务工作。一般来说，除了生产准备和调试验收之外，其余各阶段工作业主都可能单独委托工程咨询公司来完成。阶段性服务又分为两种不同的情况：一种是业主已经委托某工程咨询公司进行全过程服务，但同时又委托其他工程咨询公司对其中某一或某些阶段的工作成果进行审查、评价，例如，对可行性研究报告、设计文件都可以采取这种方式。另一种是业主分别委托多个工程咨询公司完成不同阶段的工作，在这种情况下，业主仍然可能将某一阶段工作委托某一工程咨询公司完成，再委托另一工程咨询公司审查、评价其工作成果；业主还可能将某一阶段工作（如施工监理）分别委托多个工程咨询公司来完成。

工程咨询公司为业主服务既可以是全方位服务，也可以是某一方面的服务，例如，仅提供决策支持服务、仅从事工程投资控制等。

(二) 为承包商服务

工程咨询公司为承包商服务主要有以下几种情况：

一是为承包商提供合同咨询和索赔服务。如果承包商对建设工程的某种组织管理模式不了解，如CM模式、EPC/DB模式，或对招标文件中所选择的合同条件很陌生，如从未接触过AIA合同条件或JCT合同条件，就需要工程咨询公司为其提供合同咨询，以便了解和把握该模式或该合同条件的特点、要点以及需要注意的问题，从而避免或减少合同风险，提高合同管理水平。另外，当承包商对合同所规定的适用法律不熟悉甚至根本不了解，或发生重大、特殊的索赔事件而承包商自己又缺乏相应的索赔经验时，承包商都可能委托工程咨询公司为其提供索赔服务。

二是为承包商提供技术咨询服务。当承包商遇到施工技术难题，或工业项目中工艺系统设计和生产流程设计方面的问题时，工程咨询公司可以为其提供相应的技术咨询服务。在这种情况下，工程咨询公司的服务对象大多是技术实力不太强的中小承包商。

三是为承包商提供工程设计服务。在这种情况下，工程咨询公司实质上是承包商的设计分包商，其具体表现又有两种方式：一种是工程咨询公司仅承担详细设计（相当于我国的施工图设计）工作。在国际工程招标时，在不少情况下仅达到基本设计（相当于我国的扩初设计)，承包商不仅要完成施工任务，而且要完成详细设计。如果承包商不具备完成详细设计的能力，就需要委托工程咨询公司来完成。需要说明的是，这种情况在国际上仍然属于施工承包，而不属于工程总承包。另一种是工程咨询公司承担全部或绝大部分设计

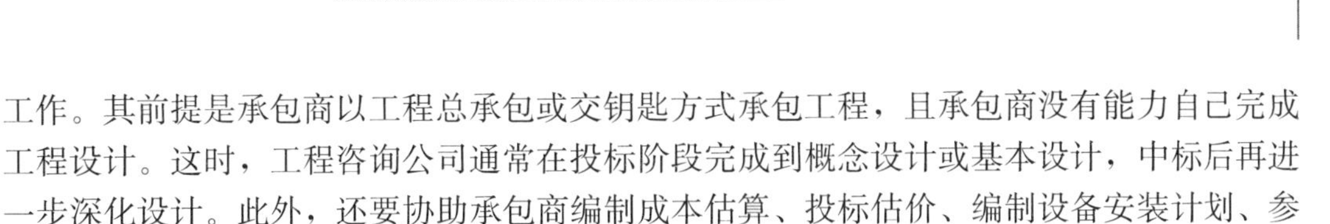

工作。其前提是承包商以工程总承包或交钥匙方式承包工程，且承包商没有能力自己完成工程设计。这时，工程咨询公司通常在投标阶段完成到概念设计或基本设计，中标后再进一步深化设计。此外，还要协助承包商编制成本估算、投标估价、编制设备安装计划、参与设备的检验和验收、参与系统调试和试生产等。

（三）为贷款方服务

这里所说的贷款方包括一般的贷款银行、国际金融机构（如世界银行、亚洲开发银行等）和国际援助机构（如联合国开发计划署、粮农组织等）。

工程咨询公司为贷款方服务的常见形式有两种：一是对申请贷款的项目进行评估。工程咨询公司的评估侧重于项目的工艺方案、系统设计的可靠性和投资估算的准确性，并核算项目的财务评价指标并进行敏感性分析，最终提出客观、公正的评估报告。由于申请贷款项目通常都已完成可行性研究，因此，工程咨询公司的工作主要是对该项目的可行性研究报告进行审查、复核和评估。二是对已接受贷款的项目的执行情况进行检查和监督。国际金融或援助机构为了解已接受贷款的项目是否按照有关的贷款规定执行，确保工程和设备在国际招标过程中的公开性和公正性，保证贷款资金的合理使用、按项目实施的实际进度拨付，并能对贷款项目的实施进行必要的干预和控制，就需要委托工程咨询公司为其服务，对已接受贷款的项目执行情况进行检查和监督，提出阶段性工作报告，以便及时、准确地掌握贷款项目动态，从而做出正确决策（如停贷、缓贷）。

（四）联合承包工程

在国际上，一些大型工程咨询公司往往与设备制造商和土木工程承包商组成联合体，参与工程总承包或交钥匙工程的投标，中标后共同完成工程建设的全部任务。在少数情况下，工程咨询公司甚至可以作为总承包商，承担建设工程的主要责任和风险，而承包商则成为分包商。工程咨询公司还可能参与 PPP/BOT 项目，甚至作为这类项目的发起人和策划公司。

虽然联合承包工程的风险相对较大，但可以给工程咨询公司带来更多的利润，而且在有些项目上可以更好地发挥工程咨询公司在技术、信息、管理等方面的优势。采用多种形式参与联合承包工程，已成为国际上大型工程咨询公司拓展业务的一个趋势。

第二节　国际工程组织实施模式

随着社会技术经济水平的发展，建设工程业主的需求也在不断变化和发展，总的趋势是希望简化自身管理工作，得到更全面、更高效的服务，更好地实现建设工程预定目标。与此相适应，建设工程组织实施模式也在不断地发展，国际上出现了许多新型模式。这里主要介绍 CM 模式、Partnering 模式和 Project Controlling 模式。

一、CM 模式

CM（Construction Management）在我国被翻译为建筑工程管理。但由于“建筑工程管理”的内涵很广泛，难以准确反映 CM 模式的含义，故这里直接用 CM 表示。

（一）CM 模式产生背景

1968 年，汤姆森（Charles B. Thomson）等人受美国建筑基金会委托，在美国纽约州立大学研究关于如何加快设计和施工速度以及如何改进控制方法的报告中，通过对许多大建筑公司的调查，在综合各方面经验的基础上，提出了快速路径法（Fast-Track Method），又称为阶段施工法（Phased Construction Method）。这种方法的基本特征是将设计工作分为若干阶段（如基础工程、上部结构工程、装修工程、安装工程）完成，每一阶段设计工作完成后，就组织相应工程内容的施工招标，确定施工单位后即开始相应工程内容的施工。与此同时，下一阶段设计工作继续进行，完成后再组织相应的施工招标，确定相应的施工单位……其建设实施过程如图 11-1 所示。

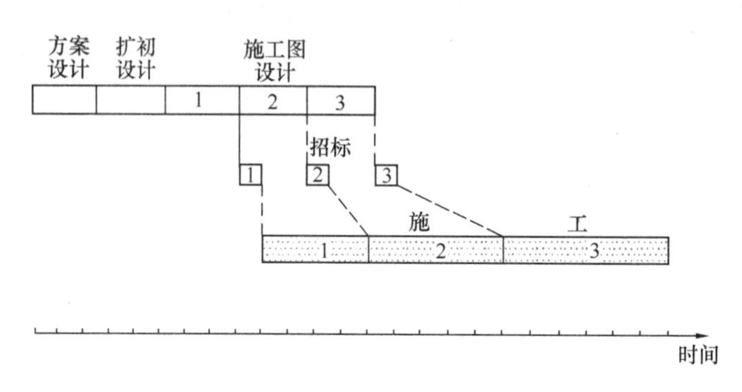

图 11-1　快速路径法

由图 11-1 可以看出，采用快速路径法可以将设计工作和施工招标工作与施工搭接起来，整个建设周期是第一阶段设计工作和第一次施工招标工作所需要的时间与整个工程施工所需要的时间之和。与传统模式相比，快速路径法可以缩短建设周期。从理论上讲，其缩短的时间应为传统模式条件下设计工作和施工招标工作所需时间与快速路径法条件下第一阶段设计工作和第一次施工招标工作所需时间之差。对于大型、复杂的建设工程来说，这一时间差额很长，甚至可能超过 1 年。但实际上，与传统模式相比，快速路径法大大增加了施工阶段组织协调和目标控制的难度，例如，设计变更增多，施工现场多个施工单位同时分别施工导致工效降低等。这表明，在采用快速路径法时，如果管理不当，就可能欲速不达。因此，迫切需要采用一种与快速路径法相适应的新的组织管理模式。CM 模式便在如此背景下应运而生。

所谓 CM 模式，就是在采用快速路径法时，从建设工程开始阶段就雇用具有施工经验的 CM 单位（或 CM 经理）参与到建设工程实施过程中，以便为设计人员提供施工方面的建议且随后负责管理施工过程。这种安排的目的是将建设工程实施作为一个完整过程来对待，并同时考虑设计和施工因素，力求使建设工程在尽可能短的时间内以尽可能低的费用和满足要求的质量建成并投入使用。

特别要注意的是，不要将 CM 模式与快速路径法混为一谈。因为快速路径法只是改进了传统模式条件下建设工程实施顺序，不仅可在 CM 模式中使用，也可在其他模式中使用，如平行承发包模式、工程总承包模式（此时设计与施工的搭接是在工程总承包商内部完成的，且不存在施工与招标的搭接）。而 CM 模式则是以使用 CM 单位为特征的建设工程组织实施模式，具有独特的合同关系和组织形式。

美国建筑师学会（AIA）和美国总承包商联合会（AGC）于 20 世纪 90 年代初共同制定了 CM 标准合同条件。

（二）CM 模式种类

CM 模式可分为代理型 CM 和非代理型 CM 两种类型。

1. 代理型 CM（CM /Agency）

代理型 CM 模式又称为纯粹 CM 模式。采用代理型 CM 模式时，CM 单位是业主的咨询单位，业主与 CM 单位签订咨询服务合同，CM 合同价就是 CM 费，其表现形式可以是百分率（以今后陆续确定的工程费用总额为基数）或固定数额的费用；业主分别与多个施工单位签订所有的工程施工合同。其合同关系和协调管理关系如图 11-2 所示。

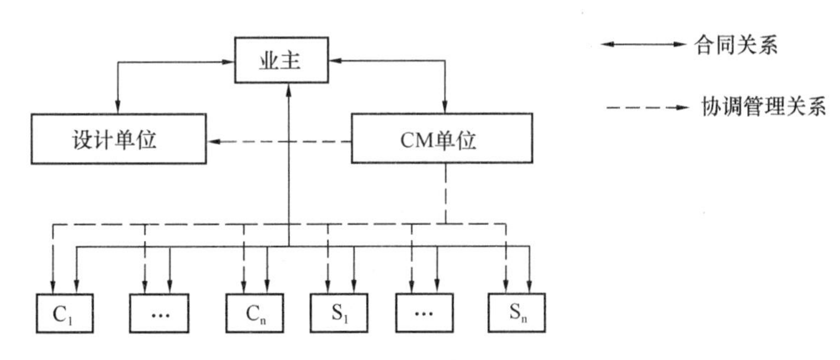

图 11-2　代理型 CM 模式的合同关系和协调管理关系

图中 C 表示施工单位，S 表示材料设备供应单位。需要说明的是，CM 单位对设计单位没有指令权，只能向设计单位提出一些合理化建议。这一点同样适用于非代理型 CM 模式。这也是 CM 模式与全过程工程项目管理的重要区别。

代理型 CM 模式中，CM 单位通常是具有较丰富施工经验的专业 CM 单位或咨询单位。

2. 非代理型 CM（CM /Non-Agency ）

非代理型 CM 模式又称为风险型 CM 模式（At-Risk CM），在英国则称为管理承包（Management Contracting）。采用非代理型 CM 模式时，业主一般不与施工单位签订工程施工合同，但也可能在某些情况下，对某些专业性很强的工程内容和工程专用材料、设备，业主与少数施工单位和材料、设备供应单位签订合同。业主与 CM 单位所签订的合同既包括 CM 服务内容，也包括工程施工承包内容；而 CM 单位与施工单位和材料、设备供应单位签订合同。其合同关系和协调管理关系如图 11-3 所示。

在图 11-3 中，CM 单位与施工单位之间似乎是总分包关系，但实际上却与总分包模

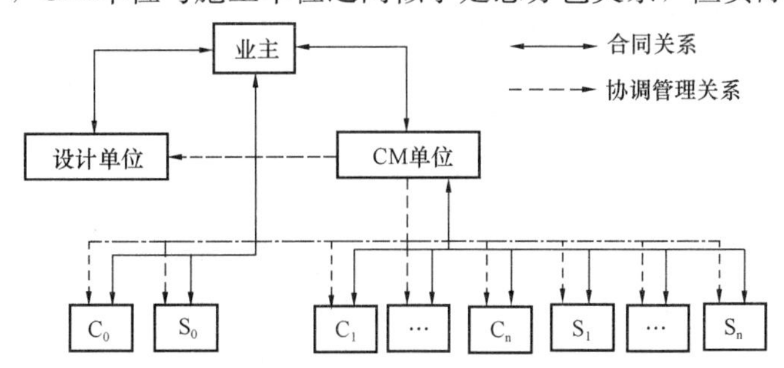

图 11-3　非代理型 CM 模式的合同关系和协调管理关系

第十一章

式有本质的不同。其根本区别主要表现在：一是虽然CM单位与各个分包商直接签订合同，但CM单位对各分包商的资格预审、招标、议标和签约都对业主公开并必须经过业主的确认才有效。二是由于CM单位介入工程时间较早（一般在设计阶段介入）且不承担设计任务，因此，CM单位并不向业主直接报出具体数额的价格，而是报CM费，至于工程本身的费用则是今后CM单位与各分包商、供应商的合同价之和。也就是说，CM合同价由以上两部分组成，但在签订CM合同时，该合同价尚不是一个确定的具体数据，而主要是确定计价原则和方式，本质上属于成本加酬金合同的一种特殊形式。

由此可见，采用非代理型CM模式时，业主对工程费用不能直接控制，因而在这方面存在很大风险。为了促使CM单位加强费用控制，业主往往要求在CM合同中预先确定一个具体数额的保证最大价格（Guaranteed Maximum Price，GMP），GMP包括总的工程费用和CM费。而且在合同条款中通常规定，如果实际工程费用加CM费超过GMP，超出部分应由CM单位承担；反之，节余部分归业主所有。为提高CM单位控制工程费用的积极性，也可在合同中约定，节余部分由业主与CM单位按一定比例分成。

不难理解，如果GMP数额过高，就失去了控制工程费用的意义，业主所承担的风险增大；反之，GMP数额过低，则CM单位所承担的风险加大。因此，GMP具体数额的确定就成为CM合同谈判的一个焦点和难点。确定一个合理的GMP，一方面取决于CM单位的水平和经验，另一方面更主要的是取决于设计所达到的深度。因此，如果CM单位介入时间较早（如在方案设计阶段即介入），则可能在CM合同中暂不确定GMP具体数额，而是规定确定GMP的时间（不是从日历时间而是从设计进度和深度考虑）。但是，这样会大大增加GMP谈判的难度和复杂性。

非代理型CM模式中，CM单位通常是由过去的总承包商演化而来的专业CM单位或总承包商。

（三）CM模式适用情形

从CM模式特点来看，在以下几种情况下尤其能体现其优点：

（1）设计变更可能性较大的建设工程。某些建设工程，即使采用传统模式即等全部设计图纸完成后再进行施工招标，在施工过程中仍然会有较多的设计变更（不包括因设计本身缺陷引起的变更）。在这种情况下，传统模式利于工程造价控制的优点体现不出来，而CM模式则能充分发挥其缩短建设周期的优点。

（2）时间因素最为重要的建设工程。尽管建设工程的质量、造价、进度三者是一个目标系统，三大目标之间存在对立统一关系。但是，某些建设工程的进度目标可能是第一位的，如生产某些急于占领市场的产品的建设工程。如果采用传统模式组织实施，建设周期太长，虽然总投资可能较低，但可能因此而失去市场，导致投资效益降低乃至很差。

（3）因总的范围和规模不确定而无法准确确定造价的建设工程。这种情况表明业主的前期项目策划工作做得不好，如果等到建设工程总的范围和规模确定后再组织实施，持续时间太长。因此，可采取确定一部分工程内容即进行相应的施工招标，从而选定施工单位开始施工。但是，由于建设工程总体策划存在缺陷，因而应用CM模式的局部效果可能较好，而总体效果可能不理想。

值得注意的是，不论哪一种情形，应用CM模式都需要有具备丰富施工经验的高水平CM单位，这是应用CM模式的关键和前提条件。

二、Partnering 模式

Partnering 模式于 20 世纪 80 年代中期首先在美国出现，到 20 世纪 90 年代中后期，其应用范围逐步扩大到英国、澳大利亚、新加坡等国家和中国香港特别行政区，近年来日益受到工程管理界的重视。

Partnering 一词看似简单，但要准确地译成中文却比较困难。我国将其译为伙伴关系。

Partnering 模式意味着业主与建设工程参与各方在相互信任、资源共享的基础上达成一种短期或长期的协议；在充分考虑参与各方利益的基础上确定建设工程共同的目标；建立工作小组，及时沟通以避免争议和诉讼的产生，相互合作、共同解决建设工程实施过程中出现的问题，共同分担工程风险和有关费用，以保证参与各方目标和利益的实现。

（一）Partnering 模式主要特征

Partnering 模式的主要特征表现在以下几方面：

1. 出于自愿

Partnering 协议并不仅仅是建设单位与承包单位双方之间的协议，而需要工程项目参建各方共同签署，包括建设单位、总承包单位、主要的分包单位、设计单位、咨询单位、主要的材料设备供应单位等。参与 Partnering 模式的有关各方必须是完全自愿，而非出于任何原因的强迫。Partnering 模式的参与各方要充分认识到，这种模式的出发点是实现建设工程的共同目标以使参与各方都能获益。只有在认识上达到统一，才能在行动上采取合作和信任的态度，才能愿意共同承担风险和有关费用，共同解决问题和争议。

2. 高层管理者参与

Partnering 模式的实施需要突破传统的观念和组织界限，因而工程项目参建各方高层管理者参与以及在高层管理者之间达成共识，对于该模式的顺利实施是非常重要的。由于 Partnering 模式需要参与各方共同组成工作小组，要分担风险、共享资源，因此，高层管理者的认同、支持和决策是关键因素。

3. Partnering 协议不是法律意义上的合同

Partnering 协议与工程合同是两个完全不同的文件。在工程合同签订后，工程参建各方经过讨论协商后才会签署 Partnering 协议。该协议并不改变参与各方在有关合同中规定的权利和义务。Partnering 协议主要用来确定参建各方在工程建设过程中的共同目标、任务分工和行为规范，是工作小组的纲领性文件。当然，该协议的内容也不是一成不变的，当有新的参与者加入时，或某些参与者对协议的某些内容有意见时，都可以召开会议经过讨论对协议内容进行修改。

4. 信息开放性

Partnering 模式强调资源共享，信息作为一种重要的资源，对于参与各方必须公开。同时，参与各方要保持及时、经常和开诚布公的沟通，在相互信任的基础上，要保证工程质量、造价、进度等方面的信息能为参与各方及时、便利地获取。这不仅能保证建设工程目标得到有效控制，而且能减少许多重复性工作，降低成本。

（二）Partnering 模式与其他模式的比较

Partnering 模式与工程建设其他组织实施模式的比较详见表 11-1。

Partnering 模式与其他模式比较　　表 11-1

	其他模式	Partnering 模式
目标	业主与施工单位均有三大目标，但除了质量方面双方目标一致外，在费用和进度方面双方目标可能矛盾	将建设工程参与各方的目标融为一个整体，考虑业主和参与各方利益的同时要满足甚至超越业主的预定目标，着眼于不断的提高和改进
期限	合同规定的期限	可以是一个建设工程的一次性合作，也可以是多个建设工程的长期合作
信任性	信任是建立在对完成建设工程能力的基础上，因而每个建设工程均需组织招标（包括资格预审）	信任是建立在共同的目标、不隐瞒任何事实以及相互承诺的基础上，长期合作则不再招标
回报	根据建设工程完成情况的好坏，施工单位有时可能得到一定的奖金（如提前工期奖、优质工程奖）或再接到新的工程	认为建设工程产生的结果很自然地已被彼此共享，各自都实现了自身的价值；有时可能就建设工程实施过程中产生的额外收益进行分配
合同	传统的具有法律效力的合同	传统的具有法律效力的合同加非合同性的 Partnering 协议
相互关系	强调各方的权利、义务和利益，在微观利益上相互对立	强调共同的目标和利益，强调合作精神，共同解决问题
争议与索赔	次数多、数额大，常常导致仲裁或诉讼	较少出现甚至完全避免

（三）Partnering 模式组成要素

成功运作 Partnering 模式所不可缺少的元素包括以下几方面：

1. 长期协议

虽然 Partnering 模式也经常用于单个工程项目，但从各国实践情况看，在多个工程项目上持续运用 Partnering 模式可以取得更好效果，这也是 Partnering 模式的发展方向。通过与业主达成长期协议、进行长期合作，承包单位能够更加准确地了解业主需求；同时能保证承包单位不断地获取工程任务，从而使承包单位将主要精力放在工程项目的具体实施上，充分发挥其积极性和创造性。这样既有利于对工程项目质量、造价、进度的控制，同时也降低了承包单位的经营成本。对业主而言，一般只有通过与某一承包单位的成功合作，才会与其达成长期协议，这样不仅使业主避免了在选择承包单位方面的风险，而且可以大大降低“交易成本”，缩短建设周期，取得更好的投资效益。

2. 共享

工程参建各方共享有形资源（如人力、机械设备等）和无形资源（如信息、知识等）、共享工程项目实施所产生的有形效益（如费用降低、质量提高等）和无形效益（如避免争议和诉讼的产生、工作积极性提高、承包单位社会信誉提高等）；同时，工程项目参建各方共同分担工程的风险和采用 Partnering 模式所产生的相应费用。

在 Partnering 模式中，信息应在工程参建各方之间及时、准确而有效地传递、转换，才能保证及时处理和解决已经出现的争议和问题，提高整个建设工程组织的工作效率。为此，需将传统的信息传递模式转变为基于电子信息网络的现代传递模式，如图 11-4 所示。

3. 信任

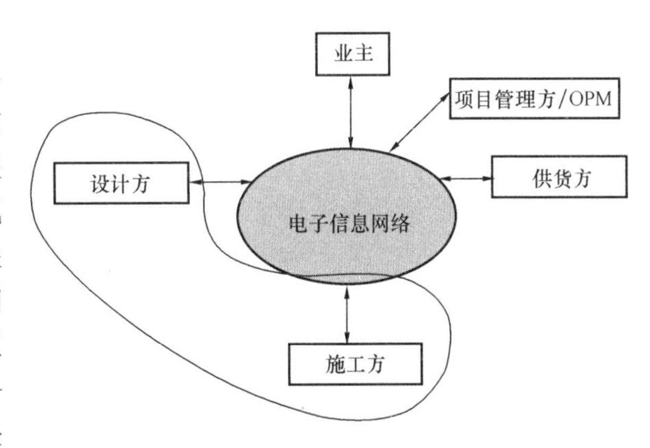

图 11-4　基于电子信息网络的信息传递模式

相互信任是确定工程项目参建各方共同目标和建立良好合作关系的前提，是 Partnering 模式的基础和关键。只有对工程参建各方的目标和风险进行分析和沟通，并建立良好的关系，彼此间才能更好地理解；只有相互理解，才能产生信任。而只有相互信任，才能产生整体性效果。Partnering 模式所达成的长期协议本身就是相互信任的结果，其中每一方的承诺都是基于对其他参建方的信任。只有相互信任，才能将建设工程其他承包模式中常见的参建各方之间相互对立的关系转化为相互合作关系，才能够实现参建各方的资源和效益共享。

4. 共同目标

在一个确定的建设工程中，参建各方都有其各自不同的目标和利益，在某些方面甚至还有矛盾和冲突。尽管如此，工程参建各方之间还是有许多共同利益的。例如，通过工程设计单位、施工单位、业主三方的配合，可以降低工程风险，对参建各方均有利；还可以提高工程的使用功能和使用价值，这样不仅提高了业主的投资效益，而且也提高了设计单位和施工单位的社会声誉。因此，采用 Partnering 模式要使工程参建各方充分认识到，只有建设工程实施结果本身是成功的，才能实现他们各自的目标和利益，从而取得双赢或多赢的结果。为此，就需要通过分析、讨论、协调、沟通，针对特定建设工程确定参与各方共同的目标，在充分考虑参与各方利益的基础上努力实现这些共同的目标。

5. 合作

工程参建各方要有合作精神，并在相互之间建立良好的合作关系。但这只是基本原则，要做到这一点，还需要有组织保证。Partnering 模式需要突破传统的组织界限，建立一个由工程参建各方人员共同组成的工作小组。同时，要明确各方的职责，建立相互之间的信息流程和指令关系，并建立一套规范的操作程序。该工作小组围绕共同的目标展开工作，在工作过程中鼓励创新、合作的精神，对所遇到的问题要以合作的态度公开交流，协商解决，力求寻找一个使工程参建各方均满意或均能接受的解决方案。工程参建各方之间这种良好的合作关系创造出和谐、愉快的工作氛围，不仅可以大大减少争议和矛盾的产生，而且可以及时做出决策，大大提高工作效率，有利于共同目标的实现。

（四）Partnering 模式适用情况

Partnering 模式总是与建设工程组织管理模式中的某一种模式结合使用的，较为常见的情况是与总分包模式、工程总承包模式、CM 模式结合使用。这表明，Partnering 模式并不能作为一种独立存在的模式。从 Partnering 模式的实践情况看，并不存在什么适用范围的限制。但是，Partnering 模式的特点决定了其特别适用于以下几类建设工程：

1. 业主长期有投资活动的建设工程

比较典型的有：大型房地产开发项目、商业连锁建设工程、代表政府进行基础设施建设投资的业主的建设工程等。由于长期有连续的建设工程作保证，业主与承包单位等工程参建各方的长期合作就有了基础，有利于增加业主与工程参建各方之间的了解和信任，从而可以签订长期的Partnering协议，取得比在单个建设工程中运用Partnering模式更好的效果。

2. 不宜采用公开招标或邀请招标的建设工程

例如，军事工程、涉及国家安全或机密的工程、工期特别紧迫的工程等。在这些建设工程中，相对而言，投资一般不是主要目标，业主与承包单位较易形成共同的目标和良好的合作关系。而且，虽然没有连续的建设工程，但良好的合作关系可以保持下去，在今后新的建设工程中仍然可以再度合作。这表明，即使对于短期内一个确定的建设工程，也可以签订具有长期效力的协议（包括在新的建设工程中套用原来的Partnering协议）。

3. 复杂的不确定因素较多的建设工程

如果建设工程的组成、技术、参建单位复杂，尤其是技术复杂、施工的不确定因素多，在采用一般模式时，往往会产生较多的合同争议和索赔，容易导致业主与承包单位产生对立情绪，相互之间的关系紧张，影响整个建设工程目标的实现，其结果可能是两败俱伤。在这类建设工程中采用Partnering模式，可以充分发挥其优点，能协调工程参建各方之间的关系，有效避免和减少合同争议，避免仲裁或诉讼，较好地解决索赔问题，从而更好地实现工程参建各方共同的目标。

4. 国际金融组织贷款的建设工程

按贷款机构的要求，这类建设工程一般应采用国际公开招标（或称国际竞争性招标），常常有外国承包商参与，合同争议和索赔经常发生而且数额较大。另一方面，一些国际著名的承包商往往有Partnering模式的实践经验，至少对这种模式有所了解。因此，在这类建设工程中采用Partnering模式，容易为外国承包商所接受并较为顺利地运作，从而可以有效地防范和处理合同争议和索赔，避免仲裁或诉讼，较好地控制建设工程目标。当然，在这类建设工程中，一般是针对特定建设工程签订Partnering协议而不是签订长期的Partnering协议。

三、Project Controlling模式

Project Controlling模式于20世纪90年代中期在德国首次出现并形成相应理论。Project Controlling可理解为“项目总控”，但这里仍采用英文原文。

（一）Project Controlling模式产生背景

Project Controlling模式是适应大型建设工程业主高层管理人员决策需要而产生的。在大型建设工程的实施中，即使业主委托了工程咨询单位进行全过程、全方位的项目管理，但重大问题仍需业主自己决策。例如，当进度目标与造价目标发生矛盾时或质量目标与造价目标发生矛盾时，要做出正确的决策对业主来说是相当困难的。另一方面，某些大型和特大型建设工程（如我国长江三峡工程、德国统一铁路改造工程等）往往由多个颇具规模和复杂性的单项工程和单位工程组成，业主通常是委托多个各具专业优势的工程项目管理咨询单位分别对不同的单项工程和单位工程进行项目管理，而不可能仅仅委托一家工程项目管理咨询单位对整个建设工程进行全面的项目管理。在这种情况下，如果不同的单项工程之间出现矛盾，业主是很难做出正确决策的。

要做出正确决策，必须具备一定的前提：首先，要有准确、详细的信息，使业主对工

程实施情况有一个正确、清晰而全面的了解；其次，要对工程实施情况和有关矛盾及其原因有正确、客观的分析（包括偏差分析）；再次，要有多个经过技术经济分析和比较的决策方案供业主选择。而常规的工程项目管理往往难以满足业主决策的这些要求。

Project Controlling 方实质上是建设工程业主的决策支持机构，其日常工作就是及时、准确地收集建设工程实施过程中产生的与建设工程目标有关的各种信息，并科学地对其进行分析和处理，最后将处理结果以多种不同的书面报告形式提供给业主管理人员，以使业主能够及时地作出正确决策。

Project Controlling 模式的出现反映了工程项目管理专业化发展的一种新趋势，即专业分工的细化。工程项目管理咨询服务既可以是全过程、全方位的服务，也可以仅仅是某一阶段（如设计阶段或施工阶段）的服务或仅仅是某一方面（如质量控制或投资控制）的服务；既可以是建设工程实施过程中的实务性服务或综合管理服务，也可以仅仅是为业主提供决策支持服务。这样，不仅可以更好地适应业主的不同要求，而且有利于工程项目管理咨询单位发挥各自的特长和优势，有利于在工程项目管理咨询服务市场形成有序竞争的局面。

（二）Project Controlling 模式种类

根据建设工程的特点和业主方组织结构的具体情况，Project Controlling 模式可分为单平面 Project Controlling 和多平面 Project Controlling 两种类型。

1. 单平面 Project Controlling 模式

当业主只有一个管理平面（指独立的功能齐全的管理机构），一般只设置 1 个 Project Controlling 机构，称为单平面 Project Controlling 模式，其组织结构如图 11-5 所示。

单平面 Project Controlling 模式的组织关系简单，Project Controlling 方的任务明确，仅向项目总负责人（泛指与项目总负责人所对应的管理机构）提供决策支持服务。为此，Project Controlling 方首先要协调和确定整个项目的信息组织，并确定项目总负责人对信息的需求。在项目实施过程中，收集、分析和处理信息，并将信息处理结果提供给项目总负责人，以使其掌握项目总体进展情况和趋势，并做出正确决策。

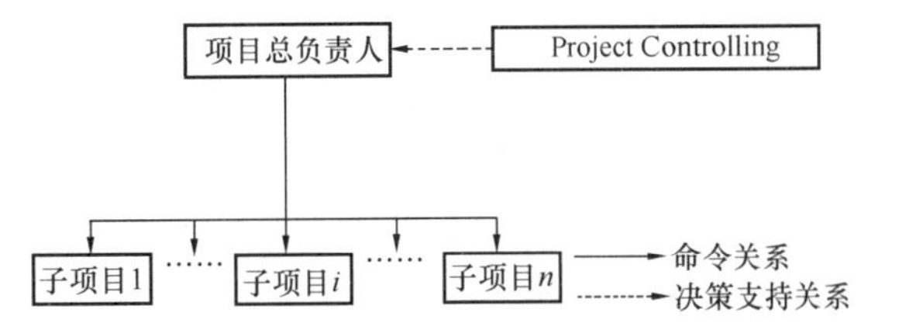

图 11-5　单平面 Project Controlling 模式的组织结构

2. 多平面 Project Controlling 模式

当项目规模大到业主必须设置多个管理平面时，Project Controlling 方可以设置多个平面与之对应，这就是多平面 Project Controlling 模式，如图 11-6 所示。

多平面 Project Controlling 模式的组织关系较为复杂，Project Controlling 方的组织需要采用集中控制和分散控制相结合的形式，即针对业主项目总负责人（或总管理平面）设置总 Project Controlling 机构，同时针对业主各子项目负责人（或子项目管理平面）设置相应的分 Project Controlling 机构。这表明，Project Controlling 方的组织结构与业主项目管理的组织结构有明显的一致性和对应关系。在多平面 Project Controlling 模式中，总 Project Controlling 机构对外服务于业主项目总负责人；对内则确定整个项目的信息规

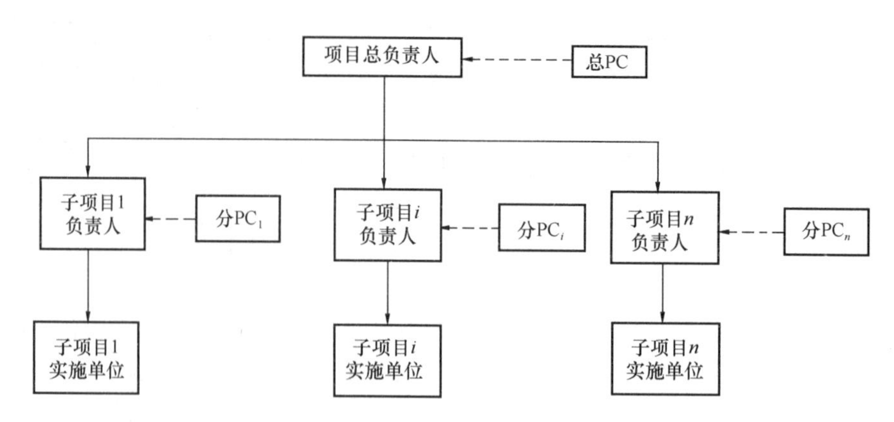

图 11-6　多平面 Project Controlling 模式的组织结构

则，指导、规范并检查分 Project Controlling 机构的工作，同时还承担了信息集中处理者的角色。而分 Project Controlling 机构则服务于业主各子项目负责人，且必须按照总 Project Controlling 机构所确定的信息规则进行信息处理。

这里以德国统一铁路改造工程为例，说明多平面 Project Controlling 模式的具体应用。

德国统一铁路改造工程总投资高达 360 亿德国马克，工程内容包括铁轨铺设、车站新建和改建、公路和铁路桥梁架设、隧道贯通以及电气设施建设和安装等。该工程的子项目分布在数千公里铁路线上，工地分散，最多有 60 多个不同的子项目同时在进行设计、施工，而且 80%的施工项目必须在不影响铁路正常运输的前提下进行施工，即采用边运行边施工的建设方式。

该工程由德国统一铁路交通工程规划公司（PBDE）承担业主角色，负责整个工程的统一管理和控制。鉴于该工程规模巨大、工程内容复杂和工地分散的特点，PBDE 设置了 12 个地方项目管理中心，形成两平面的项目管理组织结构。为了提高决策水平和对整个工程建设的控制效果，PBDE 委托德国 GIB 工程咨询公司担任 Project Controlling 方。针对业主方的项目管理组织结构，GIB 工程咨询公司设置了中央和地方两级 Project Controlling 机构，分别与业主项目管理组织机构相对应，如图 11-7 所示。GIB 工程咨询公司利用所建立的 GRANID 信息处理系统，进行该工程战略策划、投资、进度、合同付款和资源等方面的信息处理；根据处理结果进行分析和协调，在必要时还提出一些建议；最终形成一系列的书面报告，满足了 PBDE 不同领导层项目管理工作的需要。

（三）Project Controlling 与工程项目管理服务的比较

Project Controlling 与工程项目管理服务具有一些相同点，主要表现在：一是工作属性相同，即都属于工程咨询服务；二是控制目标相同，即都是控制建设工程质量、造价、进度三大目标；三是控制原理相同，即都是采用动态控制、主动控制与被动控制相结合并尽可能采用主动控制。

Project Controlling 与工程项目管理服务的不同之处主要表现在以下几方面：

（1）两者地位不同。工程项目管理咨询单位是在业主或业主代表的直接领导下，具体负责工程项目建设过程的管理工作，业主或业主代表可在合同规定的范围内向工程项目管理咨询单位在该项目上的具体工作人员下达指令；而 Project Controlling 咨询单位直接向

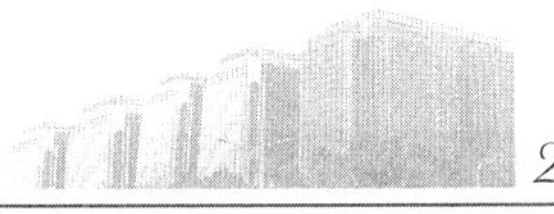

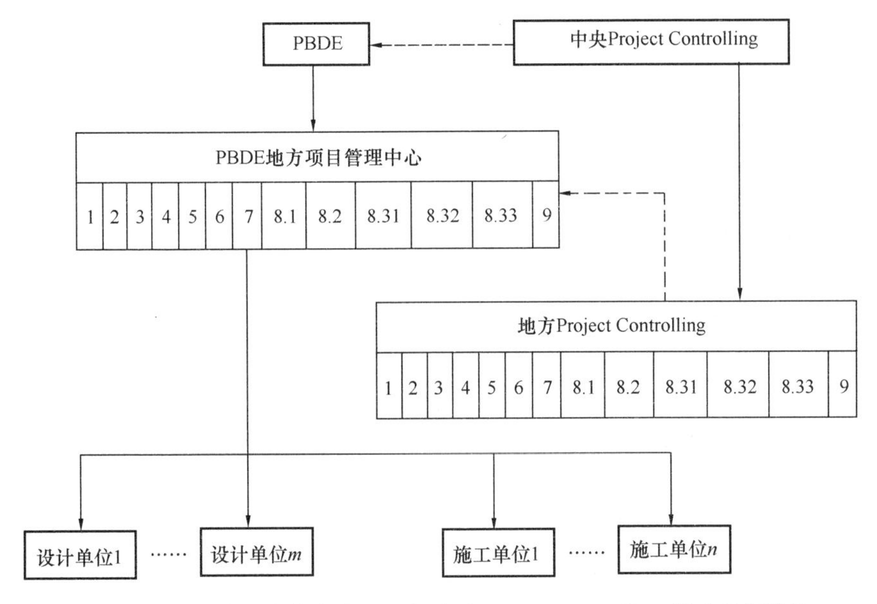

图 11-7　德国统一铁路改造工程多平面 Project Controlling 模式组织结构

业主的决策层负责，相当于业主决策层的智囊，为其提供决策支持，业主不向 Project Controlling 咨询单位在该项目上的具体工作人员下达指令。

（2）两者服务时间不尽相同。工程项目管理咨询单位可以为业主仅仅提供施工阶段的服务，也可以为业主提供实施阶段全过程乃至工程建设全过程的服务，其中以实施阶段全过程服务在国际上最为普遍；而 Project Controlling 咨询单位一般不为业主仅仅提供施工阶段的服务，而是为业主提供实施阶段全过程和工程建设全过程的服务，甚至还可能提供项目策划阶段的服务。由于到本书完稿为止 Project Controlling 模式在国际上的应用尚不普遍，已有的项目实践尚不具有统计学上的意义，因而还很难说以哪一种情况为主。

（3）两者工作内容不同。工程项目管理咨询单位围绕建设工程目标控制有许多具体工作，例如，设计和施工文件的审查，分部分项工程乃至工序的质量检查和验收，各施工单位施工进度的协调，工程结算和索赔报告的审查与签署等；而 Project Controlling 咨询单位不参与建设工程具体的实施过程和管理工作，其核心工作是信息处理，即收集信息、分析信息、出具有关的书面报告。可以说，工程项目管理咨询单位侧重于负责组织和管理建设工程物质流的活动，而 Project Controlling 咨询单位只负责组织和管理建设工程信息流的活动。

（4）两者权力不同。由于工程项目管理咨询单位具体负责工程建设过程的管理工作，直接面对设计单位、施工单位以及材料和设备供应单位，因而对这些单位具有相应的权力，如下达开工令、暂停施工令、工程变更令等指令权，对已实施工程的验收权、对工程结算和索赔报告的审核与签署权，对分包商的审批权等；而 Project Controlling 咨询单位不直接面对这些单位，对这些单位没有任何指令权和其他管理方面的权力。

（四）应用 Project Controlling 模式需注意的问题

应用 Project Controlling 模式时需注意以下问题：

（1）Project Controlling 模式一般适用于大型和特大型建设工程。因为在这些工程中，即使委托多个工程项目管理咨询单位分别进行全过程、全方位的项目管理，业主仍然有数量众多、内容复杂的项目管理工作，往往涉及重大问题的决策，业主自己没有把握做出正确决策，而一般的工程项目管理咨询单位也不能提供这方面服务，因而业主迫切需要高水平的 Project Controlling 咨询单位为其提供决策支持服务。而对于中小型建设工程来说，常规工程项目管理服务已能够满足业主需求，不必采用 Project Controlling 模式。

（2）Project Controlling 模式不能作为一种独立存在的模式。在这一点上，Project Controlling 模式与 Partnering 模式有共同之处。但是，Project Controlling 模式与 Partnering 模式仍有明显的区别。由于 Project Controlling 模式一般适用于大型和特大型建设工程，而在这些建设工程中往往同时采用多种不同的组织管理模式，这表明，Project Controlling 模式往往是与建设工程组织管理模式中的多种模式同时并存，且对其他模式没有任何“选择性”和“排他性”。另外，采用 Project Controlling 模式时，仅在业主与 Project Controlling 咨询单位之间签订有关协议，该协议不涉及建设工程其他参与方。

（3）Project Controlling 模式不能取代工程项目管理服务。Project Controlling 与工程项目管理服务都是业主所需要的，在同一个建设工程中，两者是同时并存的，不存在相互替代、孰优孰劣的问题，也不存在领导与被领导的关系。实际上，应用 Project Controlling 模式能否取得预期效果，在很大程度上取决于业主是否得到高水平的工程项目管理服务。不难理解，在特定建设工程中，工程项目管理咨询单位的水平越高，业主自己项目管理的工作就越少，面对的决策压力就越小，从而使 Project Controlling 咨询单位的工作较为简单，效果就较好。尤其要注意的是，不能因为有了 Project Controlling 咨询单位的信息处理工作，而淡化或弱化工程项目管理咨询单位常规的信息管理工作。

（4）Project Controlling 咨询单位需要工程参建各方的配合。Project Controlling 咨询单位的工作与工程参建各方有非常密切的联系。信息是 Project Controlling 咨询单位的工作对象和基础，而建设工程的各种有关信息都来源于工程参建各方；另一方面，为了能向业主决策层提供有效的、高水平的决策支持，必须保证信息的及时性、准确性和全面性。由此可见，如果没有工程参建各方的积极配合，Project Controlling 模式就难以取得预期效果。需要特别强调的是，在这一点上，所谓工程参建各方也包括工程项目管理咨询单位或工程监理单位。而且，由于工程项目管理咨询单位直接面对工程其他参建方，因而其与 Project Controlling 咨询单位的配合显得尤为重要。

思 考 题

1. 咨询工程师应具备哪些素质？FIDIC 规定的咨询工程师道德准则有哪些？
2. 工程咨询公司的服务对象和内容有哪些？
3. CM 模式有哪几种？分别适用于哪些情形？
4. Partnering 模式的主要特征、组成要素有哪些？适用于哪些情形？
5. Project Controlling 模式有哪几种？应用中需注意哪些问题？
6. Project Controlling 模式与工程项目管理服务的区别有哪些？

主 要 参 考 文 献

[1] 中国建设监理协会．建设工程监理概论(第四版)[M]．北京：中国建筑工业出版社，2014.
[2] 刘伊生．建设工程项目管理理论与实务(第2版)[M]．北京：中国建筑工业出版社，2018.

网上增值服务说明

为了给全国监理工程师职业资格考试人员提供更优质、持续的服务，我社为购买正版考试图书的读者免费提供网上增值服务，增值服务分为文档增值服务和视频增值服务，具体内容如下：

文档增值服务：主要包括各科目的考点解析、应试技巧、在线答疑，每本图书都会提供相应内容的增值服务。

视频增值服务：由权威老师进行网络在线授课，对考试用书重点难点内容进行全面讲解，旨在帮助考生掌握重点内容。视频涵盖所有考试科目，网上免费增值服务使用方法如下：

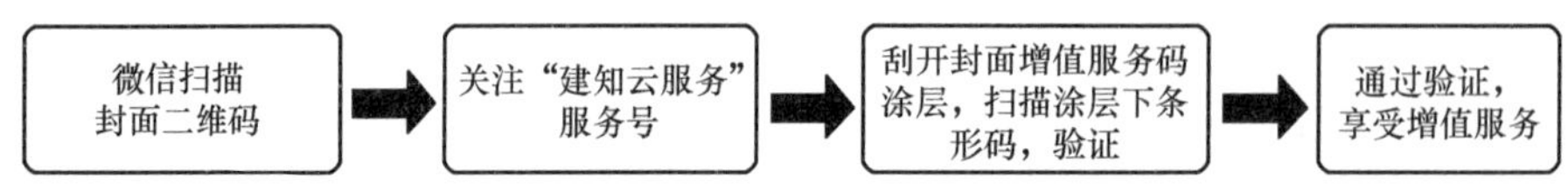

注：增值服务从本书发行之日起开始提供，至次年新版图书上市时结束，提供形式为在线阅读、观看。如果输入卡号和密码或扫码后无法通过验证，请及时与我社联系。

Email：jls@cabp. com. cn

防盗版举报电话：010-58337026，举报查实重奖。

网上增值服务如有不完善之处，敬请广大读者谅解。欢迎提出宝贵意见和建议，谢谢！